信息基础设施安全保护丛书

下一代电信网与服务的安全管理

Security Management of Next Generation Telecommunications Networks and Services

〔美〕 斯图亚特·雅各布斯 著

郭世泽 张 磊 张 帆 等 译

科学出版社

北 京

图字：01-2016-4575 号

内 容 简 介

本书深入分析了网络概念的发展演变流程，常用的网络组织结构，当前及未来网络中的安全管理、风险管理和运营安全管理等诸多方面的问题，本书所介绍的安全管理概念，既适用于传统的网络环境，也适用于下一代网络环境。

本书主要适用于攻读计算机科学、信息科学、计算机工程、信息工程、系统工程、技术管理、企业管理等专业的大学生和在电信领域工作的专业人员。

Security management of next generation telecommunications networks and services / Stuart Jacobs. ISBN 978-0-470-56513-1.

Copyright © 2014 by The Institute of Electrical and Electronics Engineers, Inc. 版权所有。译本经授权译自威利出版的英文图书(All Rights Reserved. This translation published under license. Authorized translation from the English language edition, Published by John Wiley & Sons)

图书在版编目（CIP）数据

下一代电信网与服务的安全管理 / （美）斯图亚特·雅各布斯 (Stuart Jacobs)著；郭世泽等译. —北京：科学出版社，2019.11
（信息基础设施安全保护丛书）

书名原文：Security Management of Next Generation Telecommunications Networks and Services

ISBN 978-7-03-062963-0

Ⅰ. ①下… Ⅱ. ①斯… ②郭… Ⅲ. ①通信网－安全管理－研究 Ⅳ. ①TN915.08

中国版本图书馆 CIP 数据核字 (2019) 第 252236 号

责任编辑：陈 静 霍明亮 / 责任校对：樊雅琼
责任印制：吴兆东 / 封面设计：迷底书装

科 学 出 版 社 出版
北京东黄城根北街 16 号
邮政编码：100717
http://www.sciencep.com

北京中石油彩色印刷有限责任公司 印刷
科学出版社发行 各地新华书店经销
*
2019 年 11 月第 一 版 开本：720×1 000 1/16
2020 年 5 月第二次印刷 印张：19 1/2
字数：373 000
定价：118.00 元

（如有印装质量问题，我社负责调换）

作 者 简 介

Stuart Jacobs(斯图亚特·雅各布斯)，波士顿大学城市学院计算机科学系培训师，负责为大学生讲授"企业信息安全""网络安全""网络法理分析"等课程，兼任该系的安全课程协调员，负责协调安排该系的所有安全课程。

斯图亚特曾担任电信行业解决方案联盟(ATIS)的行业安全主题专家、《下一代电信网聚合服务 IP 网络和基础设施的信息与通信安全》(电信行业解决方案联盟发布的技术报告)技术编辑、国际电信联盟电信标准部 M.3410 号建议书《安全管理系统指南与需求》(ITU-T M.3410)技术编辑。

2007 年，斯图亚特从威瑞森(Verizon)公司退休，曾任技术主管，负责安全体系结构开发、安全需求分析、标准研究制定等活动。作为威瑞森公司安全体系结构方面的技术领导，斯图亚特担任了该公司许多网络设备征求意见书(RFP)的安全总工程师，负责提供无线网、有线网、7 号信令系统(SS7)、《通信协助执法法案》/合法监听(CALEA/LI)、漏洞分析、入侵检测、系统工程方法等方面的咨询。斯图亚特还曾多次以该公司安全主题专家身份,参加美国国家标准学会-电信行业解决方案联盟(ANSI-ATIS)、国际电信联盟电信标准部(ITU-T)、电信管理论坛(TMF)、光互联网论坛(OIF)、安全管理论坛(MSF)、对象管理组织(OMG)、互联网工程任务组(IETF)等组织机构举办的有关活动。除了履行工作职责，斯图亚特还孜孜不倦地从事网络设计与安全方面的应用研究，特别是对政府部门和商业组织机构的无线网、关键基础设施、网络认证方案、分布式计算安全机制(包括自主代理系统、移动 IP 认证机制、移动自组织网络、智能代理)有独到的研究。

斯图亚特获得了理学硕士学位和注册信息系统安全专家(CISSP)证书，正在攻读信息系统专业博士，研究方向为信息安全，是下列组织机构成员：

(1)电气和电子工程师协会(IEEE)；

(2)电气和电子工程师协会计算机分会；

(3)计算机协会(ACM)；

(4)国际信息系统安全认证协会(ISC²)；

(5)信息系统安全协会(ISSA)。

编译委员会

丛 书 序

"没有网络安全，就没有国家安全"，没有信息基础设施安全就没有网络安全。信息基础设施是指为社会生产和生活提供公共信息服务的工程设施，是用于保证社会活动和关键基础设施正常运行的信息服务系统。它们支撑着政府、金融、能源、交通、电信、医疗卫生、教育、科技、公用设施等关键业务，其安全保护问题成为国家安全的重中之重。为了更好地对信息基础设施安全保护进行研究，编译委员会对国外相关论著进行了系统梳理，挑选了几本有影响的力作，既涉及传统信息基础设施(如传统 IT 基础设施和工业控制系统等的保护)，也涉及一些新型信息基础设施(如云计算和移动互联网等的保护)；不仅涉及信息基础设施的保护理论、技术和具体做法，还包括具体的实践案例和解决方案。相信本丛书将成为当今开展网络安全研究的重要参考资料。

编译委员会

2015 年 1 月

译者序

当前，电信网络已成为信息基础设施的重要组成部分。19世纪上半叶电报在世界范围内得到了快速应用，开启了人类使用电信号传输信息的先河；19世纪下半叶，电话的发明和应用，从根本上改变了人类的通信方式；20世纪，通信技术得到长足发展和广泛普及，尤其是计算机和互联网发明之后，人类信息通信和信息传输的能力迅猛发展；21世纪，随着移动通信的普及和宽带移动通信的发展，人类交流受到的空间限制越来越小。从某种角度而言，人类的历史就是一部通信史。

电信网络作为人类科技文明的工具，极大地解放了人类，使其可以更多地摆脱时空距离的限制，随心所欲地感知世界各个角落的信息。我们可以和任何一个人乃至机器进行交流、沟通、协作、分享，存储多样海量的信息，执行庞大的运算……。

很难想象，现有的通信网络如果发生故障或者被攻击，将会对人类社会造成怎样的改变和影响。2006年12月，我国台湾地区地震，导致至少6条国际海底通信光缆发生断裂，严重影响太平洋沿岸地区大范围的通信，多个国际站点无法访问。2009年以来，黑客组织大行其道、活动频繁，其攻击目标较多聚焦于电信企业、能源公司、交通公司等高价值目标网络。2015年，在全英国拥有2000万用户的沃达丰（Vodafone）公司遭到黑客攻击，大量用户数据被窃。2016年，德国电信遭遇大规模的网络故障，约百万个路由器发生故障，导致大面积网络访问受限。2017年，因设备配置不当和安全管理不到位，美国电信巨头Verizon公司泄露了600万用户数据。

不难看出，电信网络已成为当前社会正常运转的重要支撑资源。对于国家而言，网络空间也成为陆、海、空、天之外的"第五维空间"，其彰显国家主权的属性也逐步清晰。譬如，美军术语JP1-02（2013-9修订）中将网络空间（Cyberspace）定义为：信息环境中的一个全球性领域，由包含信息技术基础设施的相互依赖的网络组成，其中的信息技术基础设施包括互联网、电信网络、计算机系统及内置的处理器和控制器。

总而言之，电信网络作为重要的基础设施和信息平台，越来越多地被运营商、企业、民众、军队乃至黑客组织所关注。对于电信网络及其业务的安全管理，也愈发显得亟须、重要和紧迫。

谈到网络安全问题，实际上包含两层含义：系统或技术自身的脆弱性或漏洞、人或组织落实措施或政策的程度。本书作者 Stuart Jacobs 先生作为运营商的安全主管、国际电信联盟的咨询专家、注册信息系统安全专家(CISSP)，结合他丰富的行业阅历、实践经验、理论知识，一方面从技术发展演进和行业政策制定的路线图等角度出发，序列化、体系化地介绍了网络互联、点对点通信、下一代网络等架构、概念、脆弱性，力图从技术角度解决"电信网安全"的问题；另一方面，又从网络犯罪、ISO/IEC 27000 系列技术文件、信息技术基础架构库等实践层面，构建广泛的知识体系，力图从管理角度解决电信网安全的问题。

管理是一门实践类的学科，对于电信网络安全管理而言，有效落实和推进企业级电信网络及服务的安全管理尤为重要，本书作者从实践的角度提出标准化的流程和可操作的路线图。电信网络安全管理的重要工作之一是网络的风险管理，可以通过资产识别和编制资产台账、进行风险影响分析、风险抵消控制措施构建和升级、风险抵消控制措施部署试验等程序实施。

作为运营商或运营商的网络安全管理人员，更需要完成技术性和程序性安全管理工作。作者从专业的管理系统安全、管理网络安全、运营支撑系统安全、典型电信网络安全实践经验、电信网络安全服务和安全机制、安全管理框架等技术角度介绍了安全管理应用程序和安全管理通信；从安全运营规程、安全运营检查与审查、安全实践应对与事故管理、渗透测试、通用标准评估系统、认可与认证等程序角度描述了安全管理运营与维护。

"纸上得来终觉浅，绝知此事要躬行"。安全管理无小事，何况是对于电信网络及服务的安全管理，更多的努力和工作都应投入到对于技术和程序持之以恒的学习和落实中。

译　者

2018 年 8 月

前　言

　　本书站在电信运营商、商业企业及其他类型的网络管理组织的视角，重点研究分析下一代网络的信息安全管理问题，这些组织机构都遵循"计划、实施、检查、措施"（PDCA循环管理）理论，该理论由W·爱德华兹·戴明创立，因适用于安全管理而列入国际标准化组织第27001号标准（ISO 27001）。本书首先回顾近20年来标准化网络管理概念的发展演变进程，揭示联网概念及安全形势的日益复杂性，然后论述网络安全管理的必要性。在网络安全管理方面，本书不但分析现行的网络安全管理体系结构，而且论述颁布周密细致的信息安全政策，建立安全组织机构，制定安全程序，提高安全要求等方面的必要性。风险管理是信息安全管理的核心要素，本书着眼于识别漏洞、判定威胁、降低风险、划分降低风险计划的优先等级等几个方面，从资产盘点与归类入手，论述风险管理，接着探讨运营安全（OPSEC）这一主题，因为运营安全最能充分体现戴明提出的"检查"和"措施"两个方面要求。本书所介绍的安全管理概念，既适用于传统的网络环境，也适用于下一代网络环境。本书提供的附录涵盖信息安全政策、详细具体的安全要求、征求安全方面的建议材料、呈递安全建议评估报告书、合同中的安全报告书、审查与平台加固安全程序、信息安全加密、验证授权、网络安全机制、网络安全协议等诸多方面，对信息安全领域的专家和学者大有裨益。

　　本书框架结构

第1章主要论述：
（1）长期以来网络概念实质要义的发展演变；
（2）从标准视角分析的网络安全概念的发展演变；
（3）网络与安全管理系统；
（4）网络与安全管理概念的发展演变；
（5）信息安全管理方面的要求是如何随时间发生诸多方面的重大变化。

第2章主要论述：
（1）长期以来现代网络的发展演变过程；
（2）常用的网络组织结构，包括有线网、无线网、城域网、广域网、监视控制

与数据采集(SCADA)网、传感器网、云计算网;

(3)下一代网络框架结构设计理念;

(4)发展中的互联网协议(IP)多媒体子系统服务组织。

第 3 章主要论述:

(1)网络犯罪如何成为信息安全的重大驱动因素之一;

(2)"信息安全管理"发展成为一个有组织的核心管理部门;

(3)信息安全管理的主要框架结构及每种框架结构的优缺点;

(4)统筹协调现有框架结构各种力量的信息安全管理总方法。

第 4 章主要论述:

(1)资产确认和编列有组织的资产目录;

(2)有组织的资产因人为事故或人为恶意活动而损毁、丢失或无用所造成的影响;

(3)风险抵消管控程序;

(4)技术性风险抵消管控措施的获取或研发;

(5)风险抵消管控措施部署试验。

第 5 章主要论述:

(1)网元管理系统和网络管理系统的安全;

(2)电信管理网络安全;

(3)运行保障系统安全需求;

(4)ITU-T M.3410 号建议书所定义的安全管理框架结构;

(5)安全运营规程;

(6)安全运营检查与审查;

(7)安全事件应对与事故管理;

(8)渗透测试;

(9)通用标准评估系统;

(10)鉴定与认证;

(11)停止服务。

适用对象

本书主要适用于:

(1)攻读计算机科学、信息科学、计算机工程、信息工程、系统工程、技术管理、企业管理等专业的大学生;

(2)在电信领域工作的专业人员,他们依靠可靠性、可信度高的信息处理与通信系统和基础设施才能工作。

目　　录

1 绪论

本书开篇提出了三大问题：

(1) "安全"一词的含义是什么？

(2) "安全管理"一词的含义是什么？

(3) 什么是下一代网络与服务？

"安全"一词的含义随着使用的语言环境、个人习惯倾向或个人成长背景的不同而不同。有人认为，安全只是与围栏、安保、警报、摄像头等有关。有人认为，安全与使用密码、登录口令、防火墙等有关。还有一些人认为，安全只是与军事情报组织相关，对商业和企业而言，其无关紧要甚至是累赘，这一点从安全研讨会上的激烈辩论就可以看出。

发言者：我们在互联网上毫无隐私可言，这不是件可怕的事吗？

质问者 1：你说的是保密问题，请直说，别绕圈子。

质问者 2：为何负责安全的人士一贯喜欢发明自己的新词？

质问者 3：这是拒绝服务攻击。

上述事例清晰说明，人们在讨论安全问题时，经常会对"安全"一词的含义发生混淆、产生歧义或误用。

之所以发生这种现象，正是因为"安全管理"一词的出现。"安全管理"一词的含义是什么？

(1) 管理与安全相关的技术？

(2) 管理安全活动？

(3) 信息处理的管理安全？

(4) 组织管理的安全？

(5) 以上都包括？

"安全管理"一词的含义与个人的理解偏好密切相关。

本书接着论述了"下一代网络 (Next-Generation Network，NGN)"一词的含义。什么是 NGN？NGN 采用了哪些技术？NGN 与当今使用的基于互联网协议 (Internet Protocol，IP) 运行的网络和广泛应用的公共交换电话网 (Public Switched Telephone

Networks，PSTN)有何区别？要想回答这些问题，需要考虑大量问题，厘清一些基本概念。本书旨在回答这些问题。

本章主要论述了：

(1)长期以来联网概念实质要义的发展演变；

(2)从标准视角分析的网络安全概念的发展演变；

(3)网络与安全管理系统；

(4)网络与安全管理概念的发展演变；

(5)信息安全管理方面的要求是如何随时间发生诸多方面的重大变化。

第2章主要论述了：

(1)长期以来现代网络的发展演变过程；

(2)常用的网络组织结构，包括有线网、无线网、城域网(Metropolitan Area Networks，MAN)、广域网(Wide Area Network，WAN)、监视控制与数据采集(Supervisory Control and Data Acquisition，SCADA)网、传感器网、云计算网；

(3)NGN 网络框架结构设计理念；

(4)互联网协议多媒体子系统(IP Multimedia Subsystem，IMS)网络及服务发展概况。

第3章主要论述了：

(1)网络犯罪如何成为信息安全的重大驱动因素之一；

(2)"信息安全管理"发展成为一个有组织的核心管理部门；

(3)信息安全管理的主要框架结构及每种框架结构的优缺点；

(4)统筹协调现有框架结构各种力量的信息安全管理总方法。

第4章主要论述了：

(1)资产确认和编列有组织的资产目录；

(2)有组织的资产因人为事故或人为恶意活动而损毁、丢失或无用所造成的影响；

(3)风险抵消管控程序；

(4)技术性风险抵消管控措施的获取或研发；

(5)风险抵消管控措施部署试验。

第5章主要论述了：

(1)网元管理系统和网络管理系统 EMS/NMS 的安全；

(2)电信管理网络(Telecommunications Management Network，TMN)安全；

(3)运行保障系统(Operations Support Systems，OSS)安全需求；

(4)ITU-T M.3410 号建议书所定义的安全管理框架结构；

(5)安全运营规程；

(6)安全运营检查与审查；

(7)安全事件应对与事故管理；

(8)渗透测试；

(9)通用标准评估系统；

(10)鉴定与认证；

(11)停止服务。

1.1 网络互联概念的发展演变

20 世纪六七十年代，联网有两种方法。

(1)公共交换电话网(PSTN)，也称固定电话网。

(2)计算机/数据通信网。

每种方法都是相互独立地发展改进，代表了对两个问题迥然不同的看法：一是设备之间如何相互通信？二是谁应当负责控制通信技术？

1.1.1　PSTN

PSTN 是一个由美国政府批准、管控、垄断的"电话公司"，由美国电话电报公司(AT&T，前身为美国贝尔电话公司)掌控着约 65%的所有权与经营权，通用电话电子(General Telephone & Electronic，GTE)公司掌控着约 30%的所有权与经营权，约 20个小型独立运营商掌控着其余的 5%。美国电话电报公司是最大的 PSTN 运营商，其属下的贝尔实验室为大多数 PSTN 技术(特别是网络接口和协议)的发展提供了强大动力，其他运营商规模都很小，不得不接入美国电话电报公司的基础设施。只是到 1968 年美国最高法院通过了一个有关调制解调器的"卡特电话机(Carterphone)"判决(美国联邦通信委员会第 13 FCC 2d 420 号裁决)之后，才准许非电话公司供应的装置接入电话网。"Carterphone"判决出台后，直到 20 世纪 90 年代，PSTN 技术的发展仍然主要受 PSTN 运营公司和设备运营商控制。自 20 世纪 90 年代开始，标准开发组织(Standards Development Organizations，SDOs)和产业论坛，逐渐对 PSTN技术的发展产生重大影响。对 PSTN 技术的发展产生重大影响的标准开发组织和产业论坛如下。

(1)国际电信联盟电信标准部(International Telecommunication Union-Telecommunications Standardization Sector，ITU-T)，其前身是国际电报电话咨询委员会(International Telegraph and Telephone Consultative Committee，CCITT)。

(2)电信行业协会(Telecommunications Industry Association，TIA)。

(3)电信行业解决方案联盟(Alliance for Telecommunications Industry Solutions，ATIS)。

(4)欧洲电信标准化协会(European Telecommunications Standards Institute，ETSI)。

(5)国际标准化组织(International Standards Organization，ISO)。

(6)第三代合作计划(3rd Generation Partnership Project，3GPP)。

当前，上述组织及名目繁多的其他类似组织，对于确定与电话相关的技术如何发展起着重大作用。

1.1.2 计算机/数据通信网

20世纪六七十年代，计算机/数据通信网技术主要由具备独特的网络开发能力、能够保障其专用生产线的计算机厂家控制。这一时期，国际商业机器(IBM)公司的计算机销量占全球总销量的70%以上，因此其他计算机厂家必须经常与IBM公司的网络技术保持一定程度的互操作性。各类专用计算机网络互联的成功实现主要依赖于比特同步的链路协议和端对端传输方法。每个计算机厂家都根据自己的私有网络体系结构开发了独特的联网能力，这种私有网络体系结构无须经过外部组织机构审查与审批。20世纪80年代，有关"无连接的分组网络"(Connectionless Packet Networking)概念的研究工作，没有依靠任何一个计算机生产厂家，而是在美国政府国防部高级研究计划局(Defense Advanced Research Projects Agency, DARPA)的赞助下开始成熟，很多情况下，以互联网工程任务组(Internet Engineering Task Force，IETF)的名义发布第791、792、793号征求意见书(Request for Comments，RFC)，分别指出第4版互联网协议(IPv4)、第4版互联网控制消息协议(ICMPv4)、第4版传输控制协议(TCPv4)，是现代互联网协议套件的基础协议，明确了一般性无连接的互联网的基本分组联网和端到端传输能力。20世纪90年代初期，IPv4和TCPv4成为计算机与计算机通信的实际标准，在互联网工程任务组的控制下负责上述协议等许多协议。目前，几乎所有的计算机都固有基于互联网协议(International Protocol，IP)和传输控制协议(Transmission Control Protocol，TCP)的通信能力。必须指明的是，互联网工程任务组所开发的协议，除了采用了标准的互联网协议、传输控制协议、用户数据报协议(User Datagram Protocol，UDP)，没有仿效任何一种标准化的网络体系结构。

1.1.3 网络体系结构

开发非专用网络体系结构的第一种方法，导致国际标准化组织/国际电工委员会(ISO/IEC)于1984年公布ISO/IEC 7498-1号文件"开放系统互联模型"(OSI模型)，很快又陆续公布ISO/IEC 7498-2、ISO/IEC 7498-3、ISO/IEC 7498-4号文件。这些标准的主要贡献如下。

(1)正式介绍了"分层协议"概念，以其他协议为基础除了提供端到端互联/传输能力，还提供了基本通信连接功能。

(2)提出了某个协议应当只利用其他协议(上层协议或下层协议)的信息(这种信息能够通过完善的层间接口获取)这一概念，从而保证改变某个协议的内部结构或内部运行时，不对其他协议产生不利影响。

(3)认识到网络体系结构不仅仅是必须提供协议，还必须：

① 正式说明多个协议层中的协议概念(ISO/IEC 7498-1)；

② 介绍一套分析通信安全能力的标准方法(ISO/IEC 7498-2)；

③ 认识到标准化命名、分址、分级目录能力的必要性(ISO/IEC 7498-3)；

④ 为管理通信元件、特色项目和服务提供框架结构与基本概念(ISO/IEC 7498-4)。

尽管世界各国尚未广泛接受这些国际标准中所明确的 7 个协议层和专用协议，但是在下述几个方面达成了共识。

(1)ISO/IEC 7498-1(也称 ITU-T X.200)号文件中的协议分层和明确定义的协议之间接口，被普遍接受。

(2)ISO/IEC 7498-2(也称 ITU-T X.800)号文件中的通信安全服务、安全机制和安全管理机制，对安全做出了合法解释。

(3)ISO/IEC 7498-4(也称 ITU-T X.700)号文件中的通信设备管理(分为故障管理、配置管理、计费管理、性能管理、安全管理等 5 个方面)，集中考虑了网络管理的法律问题。

图 1.1 分析了开放系统互联(OSI)模型中的协议层与互联网协议套件层的关系。有人认为，互联网套件的应用层协议是第 5 层协议。

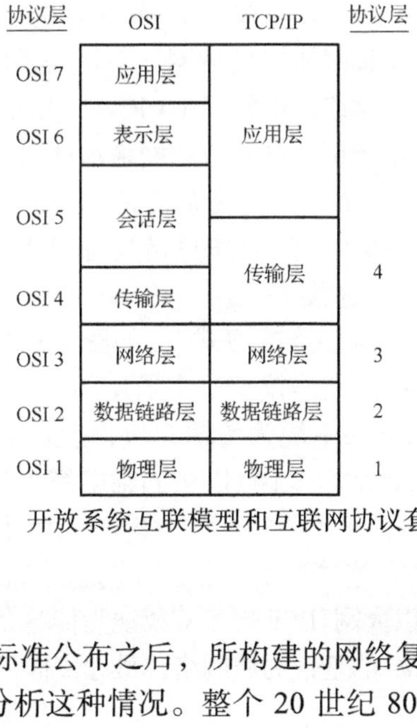

协议层	OSI	TCP/IP	协议层
OSI 7	应用层	应用层	
OSI 6	表示层		
OSI 5	会话层	传输层	4
OSI 4	传输层		
OSI 3	网络层	网络层	3
OSI 2	数据链路层	数据链路层	2
OSI 1	物理层	物理层	1

图 1.1　开放系统互联模型和互联网协议套件层

1.1.4　数据网复杂性

自从上面所说的国际标准公布之后，所构建的网络复杂程度急剧上升，本书第 2 章会更加详细地说明和分析这种情况。整个 20 世纪 80 年代，专门为计算机构建的网络，通常为单一设备/位置，与计算机直接相连，或者与局域网（Local Area Network，LAN）保持连接，局域网中可能有很多主机靠桥接装置（如以太网 Ethernet 第 2 层中的集线器装置）保持着连接。计算机或局域网之间设备/位置的互联，需要使用调制解调器和电话线（拨号服务）把局域网接入 PSTN，或者使用一个信道服务装置接入租用的 PSTN 运营商的线路（位于连接层两个不同设备之间的专用电路，能够提供 56Mbit/s、1.544Mbit/s、甚至 45Mbit/s 的带宽）。

20 世纪七八十年代，人们在使用小型计算机的基础上研制并使用了路由器，路由器概念的广泛应用使得计算机数据网络互联发生了翻天覆地的变化。在这一时期，小型计算机路由器因费用高昂、操作复杂，通常仅用于学术机构、政府部门和行业研究组织的网络。20 世纪 80 年代晚期，独立式多协议无线路由器被推向市场。这种路由设备从根本上改变了计算机网络的构建方式。自 20 世纪 80 年代晚期至今，基于路由器构建的网络经常利用多个路由器，把设备/位置网构建成逻辑上相互分离的子网，或把多个设备/位置网连接为跨地理区域的企业网。这种高性能、大容量版本的路由器一直有利于互联网的发展与推广，互联网确实成为一种依靠路由器把若干超大型公司或企业管理的路由器网络相互连接起来的网络。图 1.2 描绘了美国电话电报公司（AT&T）、威瑞森商业公司（Verizon Business，前身为 MCI）、Quest、斯普林特通信公司（Sprint）、Level 3 通信公司（L3 通信公司）、日本电报电话通信公司（NTTC）、环球电信公司（GBLX）、第 1 层互联网运营商（ISP）构建的核心骨干网络架构，并举例说明了一些商家或居民经常接入的互联网运营商（图中用字母 A、B、D、E、T、Z 代替这些互联网运营商的真实名称）。广域网（WAN）一词表示跨广大地理区域的、互联网服务提供商运营的骨干网络。"互联网协议城域网"一词表示跨大都市面积大小的地理区域、接入互联网运营商路由的网络。正如图 1.1 所示，互联网并非只是 1 个网，而是由许多相互连接的网构成的，用于把不计其数的网络和计算机相互连接起来的互联网络。

国际标准没有考虑的另一个方面的复杂性是，OSI 模型的第 2 层。国际标准公布时，把局域网中 OSI 模型的第 2 层看作只是具备把 2 个装置相互连接起来的一种非常简单的能力，并采用下列连接方式。

（1）点到点方式，也称"直接连接方式"，如图 1.3 所示。

（2）环型方式。多个设备相互连接至一个通用的物理介质，例如，早期版本的以太网、10base5 以太网（以粗同轴电缆为传输介质，速度为 10Mbit/s 的基带局域网络，最远传输距离 500m）、10base2 以太网（以粗同轴电缆为传输介质，速度为 10Mbit/s 的基带局域网络，最远传输距离约 200m），如图 1.4 所示。

（3）星状方式。许多设备都连接至 1 个中心的节点设备，例如，使用集线器或交换机版本的以太网，即 10baseT 以太网（以非屏蔽双绞线为传输介质，使用集线器或交换机作为连接设备，速度为 10Mbit/s 的基带局域网络，最远传输距离 500m），如图 1.5 所示。

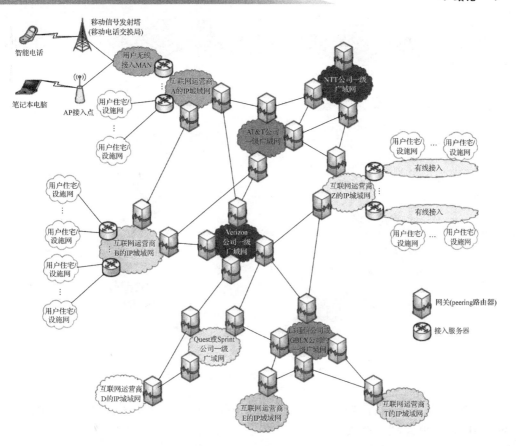

图 1.2　互联网中的运营商核心网和接入网概念

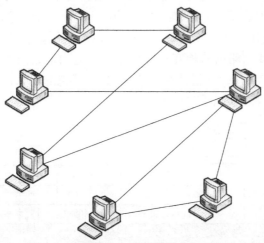

图 1.3　直接相互连接的计算机网络架构

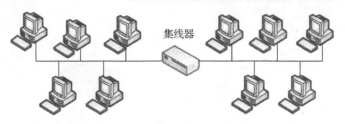

图 1.4　多站相互连接的计算机网络架构

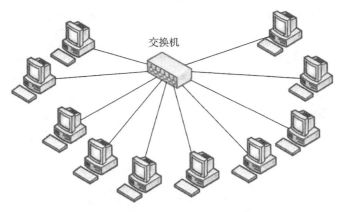

图 1.5　星状相互连接的计算机网络架构

　　局域网的相互连接需要依靠某种形式的中间节点分组交换网，例如，商用 X.25 网。20 世纪 90 年代，有关第 2 层的网络技术取得巨大进步，从而催生了同步光纤网（Synchronous Optical Network，SONET）和异步传输模式（Asynchronous Transfer Mode，ATM）第 2 层联网，并继续使用 X.25 网及其升级版帧中继（Frame Relay，FR）网。这些技术进步，促成了设备/位置之间的相互连接，通常采用的相互连接方式是，在第 3 层协议之下使用 2 或 3 个协议（一般为 IPv4）。例如，某个组织机构若想把位于 3 个地点的子网使用路由器相互连接起来，则应当把路由器配置为使用 SONET 连接，并在 SONET 使用 ATM 模式传输携带 IP 数据包的以太网帧。图 1.6 描绘了第 2 层中各种分层协议的不同布局。

								IP			
IP					IP		IP	PPP	IP		
10/100baseT		IP		IP	MPLS	ATM	FR	Serial	PPPoE	IP	
PON	MPLS		IP	1(10)gigEthernet	↓	SONET		↓	xDSL	802.3	802.11
Optical fiber									TP		RF

Layer3　Layer2　Layer1

图 1.6　第 2 层中协议的复杂程度现状

在图 1.6 中：

（1）PON 表示无源光纤网；

（2）MPLS 表示多协议标签交换；

（3）xDLS 表示各种形式的数字用户线技术；

（4）FR 表示帧中继；

（5）Serial 表示异步拨号接入 PSTN；

（6）802.3 表示基于 IEEE 802.3 标准的以太网；

（7）802.11 表示基于 IEEE 802.11 标准的无线以太网（也称"WiFi"）；

（8）PPP 表示点对点协议；

（9）PPPoE 表示以太网上的点对点协议；

（10）1（10）Ethernet 表示 1（10）G 以太网；

（11）Optical fiber 表示光纤。

需要指明的有以下几点。

（1）SONET 不仅提供了直接、多站和星状 3 种连接方式，而且能够把诸多设备呈环形相互连接起来，甚至还能把这些环形相互连接为更加复杂的组织结构，如图 1.7所示。

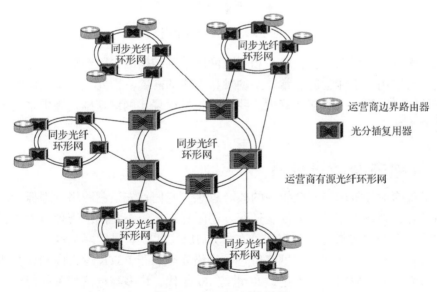

图 1.7 SONET 网络示例

（2）ATM 不仅提供了直接、多站和星状 3 种连接方式，而且能够把诸多设备呈网状相互连接起来，把现有的和新加入的每个异步传输模式交换机全都连接起来，就能创建非常复杂的 ATM 连接，如图 1.8 所示。

ATM 交换机通常相互连接在同步光纤网基础设施上，从而以层层叠加的方式，把相互连接的设备创建成一个又一个的复杂组织结构。

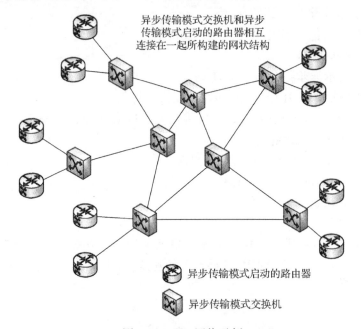

图 1.8　ATM 网络示例

从上面论述中可以看出，统一和规范网络体系结构的国际标准，远远落后于技术的发展与应用，不能适应非常复杂的现代网络的需要。因此，本书从国际标准的视角开始探讨网络安全和网络管理。我们还将探讨现代网络基础设施中采用的一些典型的安全技术。

1.2　网络安全历史分析

为了正确地分析网络安全管理的核心思想，我们首先追溯网络管理概念的起源和网络安全管理数十年的发展演变过程。国际标准化组织对网络管理概念进行统一规范的第一个努力成果是，制定和公布 ISO/IEC 7498-4 号国际标准。在 ISO/IEC 7498-1 号国际标准公布之前，网络管理与网络安全属于 PSTN 运营商和计算机制造商产品与服务的专属概念。不过，20 世纪 80 年代，许多与电信相关的行业逐渐认识到，网络管理的内容大致分为 5 个方面：

(1) 故障(Fault)管理；

(2) 配置(Configuration)管理；

(3) 计费(Accounting)管理；

(4) 性能(Performance)管理；

(5) 安全 (Security) 管理。

在 ISO/IEC 7498-4 号国际标准中，这五个领域内容用英文首字母缩写词统称为 FCAPS。ISO/IEC 7498-2 号国际标准对安全管理作了比较全面细致的说明，而 ISO/IEC 7498-4 号国际标准只是按照下述功能说明了如何贯彻落实安全策略：

(1) 创建、删除、控制安全服务和机制；

(2) 分发与安全相关的信息；

(3) 报告与安全相关的事件。

然后告诉读者，如果想了解国际标准安全体系结构中管理功能的详细情况，请参阅 ISO/IEC 7498-2 号国际标准。因此，为了追溯安全管理概念的根源，我们很有必要进一步研究分析 ISO/IEC 7498-1 和 ISO/IEC 7498-2 号国际标准。

前面提到的 ISO/IEC 7498-1、ISO/IEC 7498-2 和 ISO/IEC 7498-4 号国际标准一直是基础性文件，甚至被国际电信联盟电信标准部直接引用，公布为 ITU-T X.200 (ISO/IEC 7498-1)、ITU-T X.800 (ISO/IEC 7498-2) 和 ITU-T X.700 (ISO/IEC 7498-4) 号文件。这些文件都非常值得一看。

1.2.1 ISO/IEC 7498-1 (ITU-T X.200) 号文件包含的管理内容

ISO/IEC 7498-1 (ITU-T X.200) 号文件主要是正式统一规范了网络体系结构和网络构件 (各种设备、程序和资源等) 的管控。然而，该份文件总共有 60 多页，却只有 2 页论述网络资源管理。该份文件对一些概念作了解释说明，例如：

(1) 应用管理功能涉及管理应用过程，应用管理软件提供应用管理功能；

(2) 系统管理功能涉及管理各种网络资源及其在某个网络体系结构所有协议层中的状态，系统管理软件提供系统管理功能；

(3) 协议层管理功能涉及管理每层中如激活和错误控制之类的活动，有一部分属于系统管理范畴。

ISO/IEC 7498-1 (ITU-T X.200) 号文件明确指出，该标准只涉及网络体系结构中联网设备管理功能之间与管理相关的通信，局限于具体联网设备的管理活动不在该标准考虑范围之内，因为该标准只考虑与数据处理、数据通信相关的网络资源。应用管理是指管理网络应用过程，主要包括下述几类活动：

(1) 参数初始化；

(2) 启动、维护、终止应用程序；

(3) 网络资源的分配和回收；

(4) 网络资源冲突的检测和避免；

(5) 完整性与数据交付控制；

(6) 安全控制；

(7) 应用检查点和恢复控制。

该标准没有对应用安全控制活动进行详细解释说明，认为系统管理是管理所有协议层的网络资源，主要包括下述几类活动：

(1) 激活/停用管理，包括激活、维护、终止网络资源，程序安装功能，控制管理实体之间的连接，参数初始化/调整更改；

(2) 监控，包括报告状态、改变状态、统计数字；

(3) 错误控制，包括检测错误、诊断功能、重新配置、重新启动。

系统管理所用的协议是应用层协议。例如，激活和错误控制之类的协议层管理活动，会发生在各自的协议层中，而其他层管理活动是系统管理的一部分。ISO/IEC 7498-1(ITU-T X.200)号文件考虑的管理和安全主题太笼统，几乎毫无价值。5 年后公布的 ISO/IEC 7498-4(ITU-T X.700)和 ISO/IEC 7498-2(ITU-T X.800)号文件，对网络管理和安全问题进行认真思考。

1.2.2　ISO/IEC 7498-4(ITU-T X.700)号文件包含的安全管理内容

ISO/IEC 7498-4(ITU-T X.700)号文件只有 1 段文字说明安全管理，而且只是简单地说明安全管理主要包括：

(1) 创建、删除、控制安全服务和机制；

(2) 分发与安全相关的信息；

(3) 报告与安全相关的事件。

该文件并未详细解释说明这些概念，而是请读者查阅 ISO/IEC 7498-2(ITU-T X.800)号文件。

1.2.3　ISO/IEC 7498-2(ITU-T X.800)号文件包含的安全管理内容

国际电信联盟电信标准部公布的标准比较简洁，而且比国际标准化组织公布的版本参阅量大，所以我们在下面以 X.200、X.700 和 X.800 号文件为参考文献，而不是参考 ISO/IEC 版本。

尽管 ITU-T X.800 号文件经常被称作"安全体系结构"，但是其主要价值在于介绍和界定了下列内容：

(1) 五种主要网络安全服务；

(2) 一套专用网络安全机制；

(3) 一些通用设备的固有安全机制；

(4) 管控所配置的安全机制的管理机制。

ITU-T X.800 号文件只涉及能够让网络构件相互之间安全传输信息的可视化通信活动，对于如何评定是否遵守和贯彻执行本标准及网络安全其他标准，既没有作详细说明，也没有提出具体要求，更没有提供评定方法与手段。此外，该文件还没有详细说明网络构件中确保计算机安全可靠地运行所需的其他安全机制。

1. ITU-T X.800 号文件中的安全服务

安全服务是抽象的、能够应对安全威胁的功能和能力。实际上，安全服务是从相应的协议层和计算机元件中触发调用的，有各种不同的组合形式，目的是满足既定的安全政策、安全要求和操作程序。构建系统时如果注重实效，则可直接调用专门组合在一起的基本安全服务。从历史上看，基本安全服务分为 5 大类：认证(细分为 3 小类)、访问控制、数据保密性(细分为 4 小类)、数据完整性(细分为 5 小类)、不可抵赖性(细分为 2 小类)。有关这些安全服务概念的标准化定义，参见 1991 年 ITU-T X.800 号文件和本书表 1.1。

表 1.1　ITU-T X.800 号文件中的安全服务

服务分类	具体服务	目的或能力
认证	对等实体认证	确认和证实相互通信的主体身份，确信某个主体没有试图冒充其他主体
	数据源认证	确认和证实所接收的数据来源于发送数据的主体，防备数据被复制或篡改
	用户认证	当某人登录计算机系统时，确认和证实该人的身份，并且确信该人没有试图冒充他人
访问控制		防备未经授权使用或访问通信资源(客体)，可适用于各种类型的访问资源
数据保密性	连接保密性	确保两个正在通信的主体所使用的某个协议连接上的所有数据(客体)保密
	无连接保密性	确保两个正在通信的主体采用无连接方法或最佳方法(数据报)交换某个协议时，该协议所传输的所有数据(客体)保密
	选择字段保密性	确保某个协议所传输的选定数据(客体)保密，不管该协议是以连接方式运行，还是以无连接方式运行
	通信流量保密性	防备两个主体之间的通信内容被第三方看到
数据完整性	有恢复能力的连接完整性	提供数据检测能力，防备两个正在通信的主体所使用的某个协议连接上的所有数据(客体)被修改，一旦发现数据被修改，还能重新传输未被修改的数据
	没有恢复能力的连接完整性	提供数据检测能力，防备两个正在通信的主体所使用的某个协议连接上的所有数据(客体)被修改，一旦发现数据被修改，没有能力重新传输未被修改的数据
	选择字段连接完整性	提供数据检测能力，防备两个正在通信的主体所使用的某个协议连接上的选定数据(客体)被修改，没有能力重新传输被修改的数据

续表

服务分类	具体服务	目的或能力
数据完整性	无连接完整性	提供数据检测能力，防备两个正在通信的主体采用无连接或最佳（数据报）方法交换某个协议时，该协议所传输的所有数据（客体）被修改
	选择字段无连接完整性	提供数据检测能力，防备两个正在通信的主体采用无连接或最佳（数据报）方法交换某个协议时，该协议所传输的选定数据（客体）被修改
不可抵赖性	有来源证据的不可抵赖性	能够向数据接收者证明数据来源（发送者），旨在防备发送者事后诡称没有发送数据
	有交付证据的不可抵赖性	能够向数据发送者证明接收者接收了数据，旨在防备接收者事后诡称没有收到数据

ITU-T X.800 号文件接着指出，这些安全服务将会通过部署安全机制迅速配置好。下面论述了专用安全机制和通用安全机制。

2. ITU-T X.800 号文件中的专用安全机制

ITU-T X.800 号文件中的专用安全机制，适用于提供上面所讲的安全服务，这些安全机制在各自的协议层中运行，如表 1.2 所示。

表 1.2　ITU-T X.800 号文件中的专用安全机制

安全机制	目的或能力
加密机制	以加密算法为基础，旨在确保数据或传输信息的保密性。常用的加密算法分为对称加密（保密密钥）、非对称加密（公开密钥）两大类。使用加密机制表示使用了密钥管理机制
数字签名机制	以非对称加密算法为基础，包括为数据签名所用的程序、证明已签名的数据特征的程序。基本特点是，只能用签名者的个人隐私信息进行签名
访问控制机制	是结合下列几项内容建立的： 认证实体身份； 有关实体的信息； 实体的能力； 试图访问的时刻； 试图访问的路径； 访问持续时间。 旨在判定是否准许某个实体访问某个资源
数据完整性机制	能够发现任何一种意外或故意修改数据的情况。这种机制的运行只依赖于相互作用的发送方与接收方之间所共享的信息（保密密钥）
认证交换机制	能够对某个实体自称的身份进行验证和确认。这种机制可使用加密机制，请求访问者的属性信息，还可与握手协议配套使用
流量填充机制	与加密机制配套使用时，能够在一定程度上掩盖正在交换的实际信息流量，防备流量被分析
路径控制机制	指令某个网络运营商通过专用路径建立连接，以便绕开已知或涉嫌的恶意中介系统，或者通过一些子网、中继或链接
公证机制	通过受信任的第三方公证，确保实体之间通信数据的特性（如数据完整性、来源、时间、目的地等）

3. ITU-T X.800 号文件中的通用安全机制

ITU-T X.800 号文件还说明了所有联网设备都应当含有的一些通用安全机制。这些通用安全机制不受任何网络服务影响,是网络辅助设备(如路由器、交换服务器、工作站等)普遍具备的能力。这些通用安全机制旨在为与协议有关的安全机制提供一个安全可靠的运行环境。

然而,ITU-T X.800 号文件除了对这些通用安全机制下了笼统的定义,并未作进一步论述或说明(表 1.3)。

表 1.3 ITU-T X.800 号文件中的通用安全机制

安全机制	目的或能力
受信任的功能	旨在确保安全功能达到预期目的, 不受设备中不安全功能的影响。然而, 该文件并未进一步阐述这一主题
安全标签	旨在确保某个设备中的软件和数据单元(资源)都有一个与之相关的标签来表明资源的"敏感性", 以便对资源进行访问控制。该文件并未进一步阐述这一主题
事件检测	不仅能够发现明显属于破坏安全的事件,还能发现未破坏安全的事件(如成功登录或退出某个网站)。与网络活动和非网络活动相关的事件,都会被发现。这种机制还应当包括事件报告和事件日志, 以及与这些活动相关的句法和语义定义。该文件并未进一步阐述这一主题
安全审计跟踪	能够重新查看安全审计跟踪情况,通过后来的安全审计获取对发现和调查破坏安全的事件有重大价值的信息。事件分析报告和审核日志属于安全管理功能。该文件并未进一步阐述这一主题
安全恢复	能够回应事件处理和事件管理等机制的请求,启动或推荐恢复措施,以便隔离、消除或削弱破坏安全的事件影响。该文件并未进一步阐述这一主题

4. ITU-T X.800 号文件中的安全管理机制

ITU-T X.800 号文件中的安全管理不仅特别重视网络协议中安全服务与安全机制的管理、控制、配置和监视,还特别重视网络管理功能的保护;有关设备内部一般安全能力管理的任何问题,都不在该文件考虑范围之内。该文件引入的一个主要概念是安全域(security domain),在安全域中,所有主题都应当遵守 1 个权威部门明确提出的一套通用的安全政策声明(要求)。该部门是一个专门负责管控或提供网络服务的权威组织机构,还负责根据安全政策声明确定谁可以与哪些服务和功能发生关系。正如该文件所宣称的那样,安全管理涉及通信安全服务与通信安全机制的管理,既包括这种服务和机制的配置,也包括收集与这种服务和机制运行相关的信息。通信安全管理在配置控制方面的主要职责包括:

(1)分发密钥(密钥管理);

(2)设置与安全相关的参数(配置管理);

(3)监控与安全相关的正常和不正常的事件(事件-故障管理);

(4)生成和处理审计跟踪报告(审计管理);

(5)安全服务和安全机制的激活与取消。

ITU-T X.800 号文件认为，安全管理并不说明协议中的安全机制实际上如何提供具体的安全服务。该文件还引入了一个基本概念"安全管理信息库"（Security Management Information Base，SMIB），该信息库负责存储与安全相关的信息。ITU-T X.800 号文件并未详细具体地说明安全管理信息的存储方法等有关事宜，但要求每个联网设备都应当保存安全政策升级所必需的那些信息。安全管理信息库具备下列特点：

(1)安全领域中的各种设备都须配备；

(2)有可能包括在每个设备创建和保存的任何一种通用管理信息库中。

ITU-T X.800 号文件把安全管理活动分为 3 大类：

(1)网络安全管理；

(2)网络安全服务管理；

(3)网络安全机制管理。

网络安全管理功能一般包括以下内容。

(1)网络安全策略管理。

(2)与其他网络管理功能相互作用。

(3)与网络安全服务管理、网络安全机制管理相互作用。

(4)网络安全事件管理包括事件处理、远程报告明显侵犯网络安全和修改事件报告触发阈值的企图。

(5)网络安全审计管理负责：

① 选择需要记录和(或)远程收集的事件；

② 启动和停止审计跟踪记录所选定的事件；

③ 远程收集所选定的审核记录；

④ 准备安全审计报告。

(6)网络安全恢复管理负责：

① 维护用于应对真正或涉嫌破坏安全事件的规则；

② 远程报告明显侵犯系统安全的行为；

③ 与安全管理员交互。

网络安全服务管理集中于专用网络安全服务，一般包括下列活动(以每种服务为基础分类说明)：

(1)判定和分派目标安全防护服务；

(2)分派和维护专用安全机制选择规则(存在多种选择)，以便提供用户请求的安全服务；

(3)本地和远程协商需要事先达成管理协议的可用安全机制；

(4)通过适当的安全机制管理功能调动专用安全机制,如提供行政管理方面的安全服务;

(5)与其他安全服务管理功能和安全机制管理功能相互作用。

网络安全机制管理着重于专用网络安全机制管理,一般包括下列活动(以每种机制为基础分类说明)。

(1)密钥管理负责:

① 生成密钥;

② 断定哪些实体应当收到复制的密钥;

③ 以安全可靠的方式让密钥可以使用,或者分发密钥。

注意:有些密钥管理功能(如分发密钥实体)有可能超出网络安全管理功能的范围。交换相互联系期间所用的会话密钥属于协议层的正常功能,通过密钥分配中心(Key Distribution Center,KDC)来实现,或者通过遵照管理协议预先分配的功能来实现。

(2)加密管理负责:

① 与密钥管理交互;

② 确定加密参数;

③ 密码同步。

(3)数字签名管理负责:

① 与密钥管理交互;

② 确定加密参数和算法;

③ 使用相互通信的实体之间的协议。

(4)访问控制管理,负责分配安全属性、安全参数以及访问控制列表(Access Control Lists,ACL)或访问能力列表。

(5)数据完整性管理负责:

① 与密钥管理交互;

② 协商加密参数和加密算法;

③ 使用相互通信的实体之间的协议。

(6)认证管理,负责向执行认证的实体分配描述性信息、口令或密钥。

(7)通信量填充管理,负责维护进行通信量填充所用的数据速率、消息特性(如长度)等规则,以及根据日期或日历之类的属性对这些规则进行的各种变更。

(8)路由控制管理,负责根据具体标准确定安全可靠或值得信任的链接或子网。

(9)公证管理,负责分发有关公证的信息、公证各方之间的协议与联系、公证各方与其他实体之间的协议与联系。

尽管 ITU-T X.800 号文件是专门作为通信安全体系结构制定的,不过所包含的基本概念具有更加广泛的应用范围,表示国际上第一次对基本安全服务(认证、访问控制、数据保密性、数据完整性、不可抵赖性)和通用安全服务(如可信任的功能、事件检测、安全审查与恢复)的定义达成一致。

ITU-T X.800 号文件制定之后,还需要确立相关的通信安全标准。因此,一些辅助标准和补充性安全体系结构建议书的制定工作开始陆续启动。下面论述了一些建议书。

1.2.4 安全框架(ITU-T X.810 至 X.816 号系列文件)

构建安全框架,旨在对 ITU-T X.800 号文件明确的安全服务进行全面一致的说明,旨在全面说明这些安全服务如何适用于某种特定环境中的安全体系结构(包括未来可能构建的安全体系结构)。安全框架着重于为系统、系统中的要素、系统之间的相互作用提供防护,并未说明构建系统和安全机制的方法。

安全框架还说明了用于获得特定安全服务的数据元及运行顺序(不包括协议元素)。这些服务既可适用于与系统实体进行通信,也适用于系统之间的数据交换和系统管控的数据交换。

1)安全框架综述(X.810 号文件)

"安全框架综述"介绍了其他一些框架,说明了一些通用概念(包括所有安全框架中都包含的安全领域、安全权威机构和安全政策),还说明了一种通用数据格式,这种数据格式可用于安全、可靠地传递认证信息和访问控制信息。

2)认证框架(X.811 号文件)

认证框架在认证标准层次中处于顶层位置,认证标准层次提供了一些概念、术语和命名方法,并对认证方法进行了分类。该框架解释说明了有关认证的一些基本概念,确定了几种认证机制,明确了这些机制所需的服务,对支撑这些机制运转的协议明确提出了功能方面的要求,还对认证明确提出了一般管理要求。

3)访问控制框架(X.812 号文件)

"访问控制框架"说明了一个模型,该模型包括开放系统中各个方面的访问控制、访问控制与其他安全功能(如认证和审核)之间的关系、访问控制管理方面的要求。

4)不可抵赖性框架(X.813 号文件)

"不可抵赖性框架"拓展了 X.800 号文件中所说明的不可抵赖性安全服务的概念,为这种服务的发展提供了一个框架。"不可抵赖性框架"还明确了保障这种服务可以采用的机制和不可抵赖性方面的一般管理要求。

5) 数据保密性框架(X.814 号文件)

数据保密性服务旨在防止未经授权泄露信息。"数据保密性框架"通过解释有关保密性的一些基本概念,对保密性进行分级,明确每种保密机制所需的设施,明确所需要的管理和保障服务,分析与其他安全服务和机制之间的相互作用,说明了信息在检索、传输和管理过程中的保密性。

6) 数据完整性框架(X.815 号文件)

"数据完整性框架"说明了信息检索、传输和管理过程中的数据完整性。该份文件解释了有关完整性的一些基本概念,对数据完整性机制进行了分类,明确了每种完整性机制所需的设施和支撑每种完整性机制运转所需的管理,分析了完整性机制及保障服务与其他安全服务及机制之间的相互作用。

7) 审计与告警框架(X.816 号文件)

"审计与告警框架"解释了有关审计与告警的一些基本概念,提供了一个安全审计与告警通用模型,确立了安全审计与告警标准,对安全审计与告警机制进行了分类,明确了支撑这些机制运转所需要的一些功能,提出了安全审计与告警方面的一般管理要求。

8) 国际电信联盟电信标准部安全框架的适用性

令人遗憾的是,上述 7 个文件自公布以来并未引起重视。只是那些从 X.800 号原始文件直接引用的概念才得到普遍认可。2003 年,国际电信联盟电信标准部公布了 X.805 号文件作为更新升级的安全体系结构,用于取代 X.800 号文件。从此以后制定的大多数标准是参考和依据 X.805 号文件制定的,而不是参考和依据 X.800 号文件、X.810 至 X.816 号系列文件制定的,因此我们应当研究分析 X.805 号文件。

1.2.5 国际电信联盟电信标准部 X.805 号文件的安全观

ITU-T X.805 号文件基于 X.800 号文件中一些理念来定义一种能够提供端到端网络安全的安全体系结构。X.800 号文件中的基本安全服务功能(认证、访问控制、数据保密性、数据完整性、不可抵赖性)与 X.805 号文件所称的"安全维度"(security dimension)的功能相对应。不过,X.805 号文件进一步介绍了通信安全、可用性、隐私安全等 3 个新的安全维度,这 3 个新的安全维度与 X.800 号文件不一致。X.805 号文件没有依据、引用甚至参考上面所说的安全框架(X.810 至 X.816 号系列文件),而是主要依靠两大概念:层和平面。

X.805 号文件把层分为 3 类:基础设施层、服务层、应用层。基础设施层由网络传输设施以及每个网络单元构成。例如,单个路由器、交换机、服务器以及这些单元之间的通信连接等，都属于基础设施层构件。服务层着重说明了提供给用户的网络服务安全。应用层对用户使用的基于网络的应用程序提出了明确要求。

X.805 号文件还界定了管理平面、控制平面、终端用户平面等 3 种安全平面，用于表示网络上发生的 3 种防护活动。这些安全平面分别说明了与网络管理活动、网络控制或信号活动、终端用户活动相关的安全要求。管理平面涉及运营、管理、维护与保障(Operations，Administration，Maintenance and Provisioning，OAM&P)活动(即向用户提供网络服务)。控制平面涉及设置和调制端到端网络通信信号，不管网络中采用了何种介质和技术。终端用户平面着重说明了用户访问和使用网络的安全以及终端用户数据流的防护。然而，X.805 号文件不能：

(1)用作安全评估的依据，因为 X.805 号文件只说明了一般性的安全目标，没有提出具体安全要求，也没有提出进行安全评估的具体标准；

(2)长期用于维护和审查安全程序，因为具体安全环境会发生变化，而且该文件未提供进行安全程序审查的具体标准；

(3)协助管理安全政策与安全程序、事故应对与数据还原计划、技术体系结构，因为该文件没有详细论述安全政策、操作程序、业务连续性和技术体系结构。

1.3　网络与安全管理系统

从 20 世纪 60 年代初一直到 80 年代末，人们普遍认为，数据网与计算机管理是对本地计算机的管理活动，几乎没有能力进行远程管理。这种观点并不是毫无道理，因为在这一时期，商业计算机网络主要是计算机与计算机之间的通信活动，除了调制解调器，几乎没有什么网络设备。然而，到 1989 年时，出现了针对网络管理而开发的 4 种商业产品：

(1)IBM 公司的"网络视图"(Netview)；

(2)数字设备公司(DEC)的"企业管理体系结构"(Enterprise Management Architecture，EMA)；

(3)美国电话电报公司贝尔实验室的"联合网络管理体系结构"(Unified Network Management Architecture，UNMA)；

(4)惠普(HP)公司的"开放视图"(Open View)。

Netview 是 IBM 公司"系统网络体系结构"(System Network Architecture，SNA)的网络中心，对于未采用系统网络体系结构的网络技术而言，管理能力很弱。数字设备公司的企业管理体系结构，主要是一种数字网络(DECnet)工具，能够提供一种可兼容第三方管理和接口管理功能的框架结构。美国电话电报公司贝尔实验室的联合网络管理体系结构，在技术发展方面非常缓慢，从未大幅度超越初期开发的产品。

HP 公司的 Open View 是以互联网工程任务组(IETF)的简单网络管理协议(Simple Network Management Protocol，SNMP)为基础而开发的，能够单独销售，已发展成为独具特色且非常畅销的管理商品。

1.3.1 网元管理系统与网络管理系统

20 世纪 90 年代，随着局域网的技术发展，网元管理系统(Element Management System，EMS)和网络管理系统(Network Management System，NMS)这两种分组交换网络应用技术取得重大进步。网元管理系统一般由网络设备制造商开发生产，用于远程管理网络设备制造商自己制造的产品，这些产品通常具备同种性能(图 1.9)；网络管理系统用于管理不同网络设备制造商生产的产品(图 1.10)。网元管理系统和网络管理系统这两种应用技术，最初是为小型计算机和工作站而设计的，如今经常用于个人计算机系统。

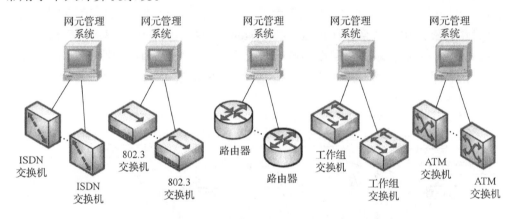

图 1.9　专门针对具体设备类型而开发的网元管理系统(EMS)

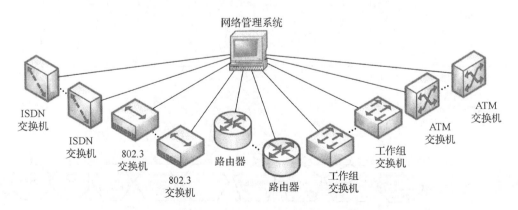

图 1.10　管理不同类型设备的网络管理系统(NMS)

1.3.2 运营支撑系统

在 PSTN 这个领域，安全管理主要涉及本地电话交换机的运行。直到 20 世纪 80 年代晚期，电话网运营公司才开始在电话总局(CO，主要电话交换机所在的地方)外面部署用户线形/圈形集中器、远程交换装置之类的智能联网设备。世界主要的公共电话公司开发了一些基于大型计算机运行的应用程序，用于管理所部署的电话交换资源、存取电路、电话总局之间的连接、通信录、账单和拓展计划等。下面只是列举了一些管理用的应用程序。

(1)用于库存控制的 TIRKS、LFACS、SWITCH。

(2)用于服务申请和绩效管理的 SOAC。

(3)用于排除故障的 LMOS 和 MLT。

这些管理用的应用程序通常称作"运营支撑系统"(Operations Support Systems，OSS)，可提供多种甚至是相互交叉重叠的能力和复杂接口(图 1.11)。尽管国际标准性文件中已经采用运营系统(Operations System，OS)一词，但是很多人习惯用"运营支撑系统"一词。本书沿用惯例使用"运营支撑系统"一词，这主要是因为在英文上"运营系统"一词容易与"操作系统"一词发生混淆。

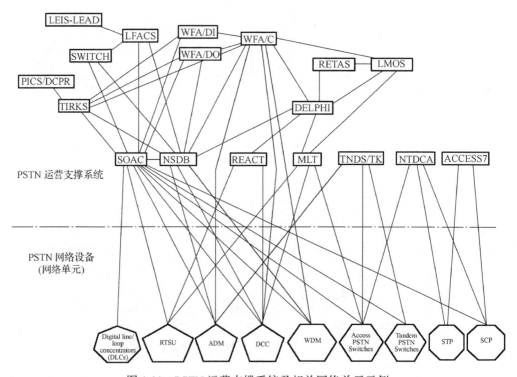

图 1.11　PSTN 运营支撑系统及相关网络单元示例

"运营支撑系统"很多是 20 世纪 80 年代初期至中期开发研制的,如今仍然是操作、管理与控制系统的基础。

电信运营商在过去将近 30 年的时间中开发了多种型号的管理系统(运营支撑系统),用于支持 PSTN 大规模的"运营、管理、维护与保障"活动,其中:

(1)运营是指用于管理和控制电信网络设备、与电信管理网相关设备的过程与程序;

(2)管理是指为了确保高效利用网络资源和实现服务质量(Quality of Service, QoS)方面的目标而进行的活动;

(3)维护是指为了把某种网络资源恢复或保持一定状态,以便该种网络资源能够执行所需功能而进行的检测、度量、更换、调整和修理之类的活动;

(4)保障是指准备和配备一个网络使其能够向用户提供服务的过程。

在传统的电信网络基础设施中,电信传输服务与更高级别的应用服务之间没有什么区别,因此,"保障"这种活动已经远远超出了配置系统、向用户提供访问数据和资源的范畴,涵盖所涉及的一切企业级信息资源管理活动。PSTN 运营商大多数按照表 1.4 所述内容构建"运营支撑系统"。

表 1.4　多数运营商使用的典型运营支撑系统示例

功能区	功能和运行管理活动	典型的运营支撑系统示例
基础设施保障系统	预测	TNDS/TK
	规划	LEIS-LEAD
	网络资产现场盘点	LEIS-LEAD、TIRKS
	库存管理	PICS/DCPR、TIRKS、CMA、CRIS
	网络申请登录/管理	CRIS
	运行性能报告	CRIS、LEIS-LEAD
	设计	CRIS
服务保障系统	地址目录	FACS、SWITCH
	运行性能报告	多种
	可分配的目录	LFACS、SWITCH、TIRKS
	服务中断与解决方案	多种
	服务/库存管理	LFACS、SWITCH、TIRKS
	设计与分配	LFACS、SWITCH、TIRKS
	激活	多种
	服务申请与性能管理	SOAC

功能区	功能和运行管理活动	典型的运营支撑系统示例
服务保障系统	故障登记	RETAS
	故障管理	WFA/C、LMOS
	运行性能报告	多种
	性能监控与趋势分析	NTDCA
	电路图目录	TIRKS、NSDB、LMOS
	故障定位与综合检测	DELPHI、MLT
	主动发现故障	NFM、NMA
	网络管理与重新配置	ACCESS7
	流量数据收集	TNDS/TK、NDS-TIDE、NTDCA
	营业额数据收集	多种
管理系统	营业额	BOSS、CRIS、CABS
	外场活动	多种
	劳动力管理	WFA/DI、FWA/DO

从表 1.4 中明显可以看出，许多"运营支撑系统"(如 TIRKS、SWITCH)参与了多种不同的功能性活动。表 1.5 简要说明了 PSTN 运营商比较常用的一些"运营支撑系统"。

表 1.5　运营支撑系统简要说明示例

运营支撑系统	说明、目的、用途
ACCESS7	一种分布式运营支撑系统，用于收集和分析来自 SS7 链路的信息，是一种完全独立的交换机，能够对网络(甚至是处于故障状态的网络)上发生的情况进行全面或部分审查
BOSS	账单与订单支撑系统(billing and ordering support system)，用于收集和访问账单、信贷、设备、电信公司营业额、用户合同备注、支付记录等方面的信息
CABS	运营商接入计费系统(carrier access billing system)，电信运营商及其他运营商接入网络所用的一种系统
CRIS	用户记录信息系统(customer record information system)，含有用户账单数据库，为用户开账单过程中使用
DELPHI	用于连通测试系统
EADAS EADAS/NM	工程与管理数据采集系统(engineering and administrative data acquisition system)，20 世纪 70 年代末期开始使用，是 TNDS 中主要的数据采集系统，用于让网络管理员判定服务质量(QoS)，发现信息交换问题。该系统还能为网络管理员实时提供 48 小时内的传输数据历史记录。EADAS/NM 可直接使用 EADAS 传输的数据，还可接收未与 EADAS 连接的交换系统传输的数据。该系统用于近实时地分析问题，并判定发生问题的位置和原因
LEIS-LEAD	闭环工程信息系统(Loop Engineering Information System，LEIS)，是由包含多种数据库的多种模块组成的一组应用软件。闭环工程信息系统中的"闭环工程分配数据"(Loop Engineering Assignment Data，LEAD)模块，每个线路中心 wire center 都有一个单独的数据库
LFACS	闭环设施分配与控制系统(loop facilities assignment and control system)，保存着当地闭环网络接入基础设施的目录，能够自动分配用户的接入线路，保障维护和工程活动。该系统还能根据服务订购与分析系统发送的用户服务订购方面的信息，分配外部闭环车间基础设施
LMOS	闭环维修活动系统(loop maintenance operation system)，是一种故障单生成系统，在本地闭环线路维修活动中起着至关重要的作用。该系统具备故障报告、分析及相关功能。20 世纪 70 年代，该系统最初是一个主机应用程序，是电话公司在 UNIX 操作系统上安装的一种运营支撑系统

运营支撑系统	说明、目的、用途
MLT	机械闭环检测(mechanized loop test)系统，由为终端用户提供拨号呼叫服务的线路和设备构成，用于检测签约用户接入线路(本地闭环线路)。该系统的硬件位于维修服务中心，检测中继，把该系统硬件与电话交换中心或线路中心连接起来。电话交换中心或线路中心与签约用户闭环线路连接在一起
NFM	网络力量管理(network force management)系统，有一个告警信息显示屏，用于说明交换机和设施的告警情况
NMA	网络监控与分析(network monitoring and analysis)系统，用于监控所有网络设施的异常情况，提供故障告警信息
NSDB	网络与服务数据库(network and service database)，用于保存连线记录、用户、线路和呼叫服务等方面的数据
NTDCA	网络通信数据收集与分析(network traffic data collection & analysis)系统，用于保存技术文件管理系统(TDMS)收集的数据，能够长期保存中继传输信息和溢出信息
PICS/DCPR	PICS 是一种自动化运营系统，用于高效管理大量的设备目录。该系统既可辅助管理目录，也可辅助管理设备，在引进使用新型设备和淘汰老旧设备期间，便于确立使用目标，协调服务目的，估算备用零部件费用。PICS 系统具备连续详细地记录信息功能，能够管理各种类型的 PSTN 交换中心的设备。PICS/DCPR 系统中的 DCPR 部件，是保存投资详细信息的数据库，能够支撑各种类型的交换中心插件和硬连线设备的运行
PREMIS	建筑物信息系统(premises information system)，是一种地理数据库，能够让运营商的员工根据电话号码查找用户，查看同一地址(楼上/楼下)的多个签约用户，查看账户状态。该系统有 3 种自动化数据库：地址数据、信用文件和可用电话号码清单
RETAS	修理故障管理系统(repair trouble administration system)，是一种前端工具，能够让竞争性本地交换电信公司与运营商运营支撑系统的维修系统建立连接
SOAC	服务订单分析与控制(service order analysis and control)系统，是一种运营支撑系统，用于协调供应订单管理流程。该系统负责计划和管理供应系统执行的任务(如设施分配、线路设计、网络激活等)
SWITCH	交换/框架运营管理系统(switch/frame operation management system)，用于保存和维护 PSTN 交换中心的设备目录
TIRKS	中继综合记录保存系统(TRUNKS integrated record keeping system)，自 20 世纪 70 年代末期开始使用，用于提供各支局之间连接电话交换机的中继目录和订单控制管理，能够支撑模拟电话业务(POTS)、150 波特调制解调器、T1、DS3、SONET、密集型光波复用(DWDM)等多种线路。该系统主要由 5 个相互作用的子系统构成：线路订单控制系统(Circuit Order Control, COC)、设备系统(E1)、设施系统(F1)、线路系统(C1)、设施设备规划系统(Facility and Equipment Planning System, FEPS)
TNDS	TNDS 是一套相互协同的系统，不仅用于保障依赖于准确传输数据的多种活动，还用于支撑负责下列活动的运营中心的运行：管理中继网络；收集网络数据；监视交换网安装的软硬件和上传的信息；保障交换网使用设备；设计本地和中心局的交换设备，以满足未来服务需求
WFA/C	劳动力管理/控制(workforce administration/control)系统，按照线路编号保存故障单，主要包含位置、故障历史记录、与其他线路的连接情况等详细信息
WFA/DI/DO	劳动力管理/派入(workforce administration/dispatch in)系统和劳动力管理/派出(workforce administration/dispatch out)系统，是用于保障中心局和野外活动(包括协调、分配、分派与跟踪各种工作需求等)的一种运营支撑系统

1.4 网络与安全管理概念的发展演变过程

X.800 号文件第一次介绍了管理概念的发展演变过程。人们认识到，管理系统需要以有组织的方式进行部署。图 1.11 说明，PSTN 运营公司开发了多种管理系统，这些管理系统一般都具备专有功能和控制管理设备接口。这种认识促成国际电信联盟分别于 1996 年、1997 年公布 ITU-T M.3010、ITU-T M.3400 号文件（这两个文件都于 2000 年进行了修订）。

1.4.1 电信管理网

在 ITU-T M.3010 号文件中，电信(PSTN)基础设施管理这个概念基本上是一个分布式信息处理应用程序，该程序散布在一套管理用"运营支撑系统"中，这套"运营支撑系统"与 PSTN 中一套更大规模的通信设备［通常称作"网络单元"或"受管理的网络单元"(Managed Network Elements，MNE)］相互作用。ITU-T M.3400 号文件主要拓展了 ITU-T X.700 号文件中初步介绍的故障管理、配置管理、计费管理、性能管理、安全管理 FCAPS 等管理概念的范畴。

1. 电信管理网的基本概念

M.3010 号文件说明了一种电信管理网(Telecommunication Management Network，TMN)体系结构，用于保障 PSTN 运营商的管理需要，辅助运营商筹划、配置、安装、维护、运营、管理电信网和网络服务。电信管理网的基本概念是，采用一种组织严密的方法，使用一种带有标准化接口(用于限定协议和信息)的体系结构，来实现各种类型的"运营支撑系统"与电信设备之间的相互连接。在解释电信管理网的概念时，M.3010 号文件不仅考虑已经部署的"运营支撑系统"、网络和设备所构成的非常复杂的综合性基础设施，而且考虑向用户/用户之间通信提供下列服务：访问、显示和管理电信管理网中的信息。图 1.12 大致说明了电信管理网与其管理的一个电信网之间的关系。PSTN 运营商大多数把电信管理网构建为一套在物理空间上单独布局的网络连接，用多个信息传输点和运营控制点与电信网络设备保持连接。

电信管理网的这种并行和单独布局方式，通常用于提高电信管理网的可用性，确保所管理的通信网络连接和设备在发生信息堵塞、过载甚至故障时也能运转。

电信管理网概念，旨在为电信管理提供一个框架结构。通过参考借鉴一般网络管理模型的构思，使用通用信息模型和标准接口，实现对各种设备、网络和服务的综合管理。电信管理网这一概念关键在于，适用于多种多样的管理领域，例如，基础设施规划、设备安装、设备和服务的持续运营与管理、设备维护、电信网网络服务与维修服务的提供等。M.3010号文件构建了电信管理网在功能方面的体系结构，把电信管理网的管理功能分为下面5种类型：

(1)运营系统功能；

(2)管理应用功能；

(3)网络单元与管理应用之间的交互功能；

(4)转换功能；

(5)工作站与管理应用之间的交互功能。

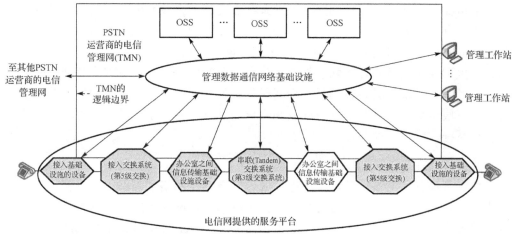

图 1.12　电信管理网 TMN 主要构件

电信管理网的另一个优点是，确定了勾画管理功能外部轮廓的基准点。这些基准点能够说明相配套的两种管理功能之间的相互作用。基准点这一概念非常重要，因为基准点不仅表示某种管理功能试图从另一种管理功能中获取的各种能力的集合，而且表示某种管理功能向另一种提出申请的管理功能提供的所有操作和(或)通告(如警报和警告)的集合。如果在多种不同的设备上执行管理功能，则电信管理网所确定的这些基准点就会对应一个物理接口。

电信管理网概念把管理功能划分为若干个逻辑层，有组织地对管理功能进行了分组，并说明了各层之间的相互关系，从而解决了电信管理的复杂棘手问题。每个逻辑层都是按照下面排列方式反映了方方面面的管理，如业务管理、服务管理、网络管理、网元管理、网络单元。

1)网元管理层(EML)的系统(网元管理系统 EMS)

采用单独或分组的方式管理网络单元(NE)。在网元管理层中，可能有1个或多个网元管理系统专门负责一些网络单元子集。

根据电信管理网概念，网元管理层中的网络管理系统主要起3种作用。

(1)以每个网络单元为基础,控制和协调某个网络单元子集。在发挥这种作用时,网元管理系统通过处理网络管理层（NML）系统与每个网络单元之间所交换的管理系统，来保障网络管理层系统与网络单元层设备之间的相互作用。网元管理系统用于提供网络单元功能的全面连接。

(2) 网元管理系统还可对网络单元的子集整体进行控制和协调。

(3) 网元管理系统应当把有关网络单元的统计信息、日志及其他方面的数据保持在可控范围之内。

市场上买得到的网元管理系统商品，大多数具备广泛的网络单元管理能力，但是一般情况下，并不是为辅助网络管理系统而设计的，只是能够向网络管理系统报送日志信息、告警信息、安全事件通告等。网元管理系统的主要管理功能集中表现在运用简单网络管理协议（SNMP）的"set""get""trap"等命令，对网络单元的故障、配置和性能进行管理。除了报告故障和修改配置，几乎没有安全管理方面的功能。网元管理系统商品存在的另一个问题是，不能对一组不同种类的网络单元进行管理。一般情况下，每个厂家只开发和销售与其产品甚至是产品零部件相配套的网元管理系统。

2) 网络管理层（NML）系统（网络管理系统）

负责管理各种网络设备。按照电信管理网概念，网络管理系统负责管理广大地区内的各种网络设备和网元管理系统，整个电信管理网应当完全实现可视化，网络管理系统应当向服务管理层（Service Management Layer，SML）系统（服务管理系统）提供一个技术独立的视图，网络管理系统主要起下列作用。

(1) 控制和协调网络管理系统范围或领域内的所有网络单元的网络视图。

(2) 提供、停止或修改为用户提供服务保障的网络能力。

(3) 维护网络能力。

(4) 维护有关网络的统计信息、日志及其他方面的数据，与服务管理系统协同管理网络的性能、用途和可用性等。

(5) 管理网络管理系统之间的相互作用和连通性。

电信管理网的网络管理系统，旨在通过协调所有网络设备的活动来管理网络，从而保障满足服务管理系统发出的网络请求。这些网络管理系统应当知道哪些网络资源可以利用，这些网络资源之间的相互关系是什么，以及如何控制这些网络资源。位于网络管理层的各种系统负责维护网络性能并控制可用的网络资源，以便提供必要的访问能力和服务质量。

令人遗憾的是，商用的网络管理系统商品，虽然大多数具备广泛多样的网络单元管理能力，但是专门为辅助服务管理系统而设计的却寥寥无几。实际上，这些网络管理系统既不理解各种网络资源之间的相互关系，又不知道如何提供服务、建立连接和保证服务质量等。与网元管理系统一样，可用的网络管理系统主要管理功能集中表现在，运用简单网络管理协议的"set""get""trap"等命令，对网络单元的故障、配置和性能进行管理。同样，这些网络管理系统除了具备报告故障和修改配置的能力，几乎没有什么独特的安全管理功能。网络管理系统与网元管理系统之间的主要区别是，网络管理系统通常用于管理一组不同种类的网络单元，而网元管理系统不是这样。

正如电信管理网体系结构中所明确的那样，服务管理层系统着重于管理向用户提供的方方面面的服务。服务管理层系统所提供的一些主要功能是，服务定制处理、投诉处理、开票/记账。这些系统应当具备下列功能。

(1)帮助客服人员完成所有服务交易，包括服务定制，提供、修改和终止服务，账户管理，服务质量，故障报告等。

(2)与其他运营商的服务管理层系统相互连接。

(3)维护与服务有关的统计数据，确保实现服务质量和性能等方面的承诺。

从历史上来看，服务管理层系统是由 PSTN 运营商为内部使用直接开发的，除了基本管理功能和用户登录验证，与安全问题毫无关系。20 世纪大多数年份，PSTN 所提供的服务，几乎不含任何形式的安全能力，因此基本上没有与服务相关的安全管理能力。

电信管理网的业务管理层负责整个企业的业务管理，利用业务管理层系统评估分析其他管理层系统中的信息和功能。该层中的系统应当执行确立目标的任务，而不是实现目标，用于行政管理时，也可成为行政管理的核心系统。

M.3010 号文件接着说明，业务管理层系统的主要功能是，优化运营商对新资源的投资与利用，辅助：

(1)优化新电信资源投资和利用的决策过程；

(2)与运营、管理、维护相关的预算管理；

(3)与运营、管理、维护相关的人力供应与需求；

(4)有关整个企业的数据合计。

网元管理层和网络管理层的管理系统很少能够提供传输协议(第 4 层)或传输层之上的管理功能。服务管理层的管理系统有的必须依靠网元管理层/网络管理层系统才能直接管理网络单元，有的包含在网元管理层和网络管理层的能力中。运营商开发的服务管理层系统有很多属于后一种情况，称作"运营支撑系统"。多年以来，电信管理网构建管理系统和功能的体系结构所采用的方法，非常奏效，不过仍需部署一系列单独布局的电信管理网，其中每个电信管理网专门保障某种特定的业务/服务活动。这些单独布局的电信管理网虽然经过长期发展，但是根本不关注所有产品/服务之间的跨域资源管理。从总体结构上看，好像农场上一个个单独布局的粮仓一样，所以人们通俗地称为"孤立系统"(isolated system)，如图 1.13 所示。

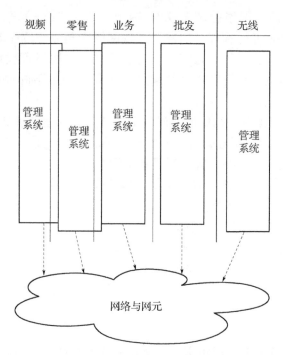

图 1.13 "孤立系统" 管理结构图

如果商业部门机构只专注于单一类型的服务，那么采用"孤立系统"管理模式并不是个问题，但是如果把精力集中在公共通信设施(Common Communication Infrastructure，CCI)和拓展业务提供综合服务上，那么采用这种管理模式会效率低下，极有可能发生数据源失调、安全漏洞百出、实际或潜在收入锐减等问题。这些问题确实是重大现实问题，迫使我们务必进一步研究必要的管理功能及其体系结构，以便经济、安全和高效地管理多种服务。电信管理论坛(Telemanagement Forum，TMF)组织一直在致力于"下一代运营系统和软件"(Next Generation Operations Systems and Software，NGOSS)计划的制定工作，以便解决上述问题。在研究分析"下一代运营系统和软件"的主要组成部分之前，先回顾一下电信管理网是如何实施安全管理的。

2. 电信管理网的安全管理概念

ITU-T M.3400 号文件着眼于预防、检测、隔离与恢复、安全管理等方面的管理功能，绘制了 ITU-T X.800 号文件中确定的认证、访问控制、数据保密性、数据完整性、不可抵赖性等服务种类的体系结构图，从而进一步明确规定了 ITU-T X.800 文件中所说的安全管理事宜。

ITU-T M.3400 号文件明确指出，安全管理对于电信管理网各个方面的管理功能以及系统与系统之间、用户与系统之间、内部人员与系统之间在通信期间发生的各种交易来讲，都非常必要。ITU-T X.800 文件中所讲的那套通用安全机制（即事件检测、安全审计跟踪、安全恢复等），也可适用于任何一种网络通信活动，以便检测安全事件，向更高级别的安全管理系统报告任何一种违反安全管理的行为（例如，用户未经授权登录或试图非法访问，破坏设备的逻辑层或物理层，扰乱网络传输或交易秩序的恶意行为等）。

1）预防

预防功能针对预防入侵的需要，进一步划分为若干种能力。电信管理网中的预防概念，涵盖下列活动：

(1) 依法审查公司文件和提供的服务；

(2) 企业设施及内部区域的物理访问控制；

(3) 对携带包具、箱具、容器等物品出入企业设施的人员进行监控和检查；

(4) 进行人员管控，重点是审查员工的可信任度，查明来访人员的真正目的；

(5) 进行用户认证，判定用户对所订购服务的支付能力，以及用户在法律上是否有权获得所申请的服务或产品。

从本质上讲，上述预防能力主要是严格履行程序，技术含量并不高。不过，任何一个企业都不会，也不应当只部署这些预防能力。

预防是一种限制发生未经授权或危害行为（或活动）的举措，因此需要部署大量认证与授权方面的访问控制能力，例如：

(1) IEEE 802.1x，用于使用连接层时对等实体或数据来源认证与授权；

(2) IPsec 协议（特别是 ESP-nul），用于进行对等实体和数据来源认证与授权，以及确保网络和主机信息流中数据包的保密性（可选）；

(3) 传输层安全工具［如传输层安全（Trassport Layer Security，TLS）、安全套接层（Secure Socket Layer，SSL）、数据传输层安全（Datagram Transport Layer Security，DTLS）、安全外壳（Secure Shell，SSH）等协议］，用于对等实体和（或）数据来源认证与授权，以及确保应用通信信息流的保密性；

(4) 设备的操作系统与应用程序加固工具，用于用户或管理员进行认证、授权和访问控制。

从访问控制角度讲，每个企业都应当部署防火墙、入侵检测系统、会话边界控制器。预防区中应当设置防恶意程序（如病毒、蠕虫、击键记录器、特洛伊木马等）的扫描器，这是因为设计这些产品的根本目的是清除恶意程序，而不是只发现恶意程序。令人遗憾的是，国际电信联盟公布的 M 字系列文件（建议书），并未对这些安全预防机制进行任何程序和技术方面的详细说明，而这些安全预防机制对于某种级别的安全管理而言不可或缺。

2) 检测

电信管理网的检测功能针对检测入侵的需要进一步划分为若干种能力。电信管理网主要包括下列程序性检测能力：

(1) 收入模式分析，用于发现收入方面涉嫌诈骗或盗用服务的重大变动情况；

(2) 判定需要采取的应对措施，包括监控和分析安全告警系统运行情况，处理电源、供暖、通风、空调等设备的故障告警，应对发生火灾、水灾等事故灾难的告警，处理门禁和保密柜等告警；

(3) 根据作案者的惯用手法，调查用户和内部人员进行的诈骗或盗用服务行为。

这些程序性的检测能力肯定需要信息处理资源，但是仍然主要是由人来负责根据企业的安全管理总计划，预先分析、判断和调查所发生的情况，是否与已批准的企业安全政策和程序相一致。

电信管理网中专门针对服务部署的检测能力包括：

(1) 让用户能够访问运营商安全告警系统提供的、表明用户的网络基础设施遭到安全攻击的信息；

(2) 收集和分析用户使用网络方面的数据，用于确定涉嫌破坏安全或盗用服务的异常和反常行为。

运营商可能向用户，也可能不向用户通告用户受到攻击的信息，运营商是否提供这种能力，具体情况要根据其服务计划和市场需求而定，并不是所有运营商都提供这种能力。运营商很有可能会跟踪用户对服务的使用情况，用这种方法来判定用户是否破坏安全或盗用服务。运营商收集与分析这种数据以及随后决定采取的行动，需要在人力资源与信息技术资源的配置方面编制一大笔预算，如果预算有限，就会影响这种能力的使用。

电信管理网运营商专门针对基础设施而部署的检测能力包括以下几个方面。

(1) 收集、分析网络通信与活动模式方面的数据，用于确定涉嫌破坏安全或安全攻击的异常反常行为，或者发现实际活动。

(2) 从下列系统中接收、保存、关联和分析审计跟踪日志信息。

① 网络入侵检测系统(Intrusion Detection Systems, IDS)。

② 网络流量与活动模式分析系统(如 NetFlow)。

③ 网络单元入侵检测系统(主机入侵检测系统)。

④ 网络单元安全告警管理系统，如"安全事件管理员"(SEM)应用程序。

⑤ 网络单元日志与审计跟踪管理系统(如 syslog)，用于识别、报告、记录异常和反常情况。

(3)从下列系统中接收、保存、关联和分析网络管理层系统、网元管理层系统、网元系统发出的安全告警信息。

① 网络入侵检测系统。

② 网络流量与活动模式分析系统。

③ 网络单元入侵检测系统。

④ 网络单元安全告警管理系统。

⑤ 网络单元日志与审计跟踪管理系统。

(4)报告和显示那些预示侵犯网络安全的安全告警信息。

上述任何一种检测机制的部署，都会受到运营商的财政预算影响。运营商收集与分析这种数据以及随后决定采取的行动，需要在人力资源与信息技术资源的配置方面编制一大笔预算，如果预算有限，那么势必影响这些检测机制的部署。国际电信联盟公布的文件(建议书)，并未对这些安全检测机制进行任何程序和技术方面的详细说明，而这些安全检测机制对于某种级别的安全管理而言不可或缺。

3)隔离与恢复

隔离与恢复功能分为拒绝入侵者提出的访问请求、修复入侵者造成的损害、挽回入侵者造成的损失等方面的能力。电信管理网中专门针对信息防护而部署的隔离与恢复能力包括：

(1)访问与管理机制，用于保护营业、用户、网络配置、网络单元配置等方面的数据存储区；

(2)维护备份数据；

(3)监控数据损坏。

防护有关用户、企业和企业设施等方面的存储信息，不属于隔离与恢复功能，而是属于防护功能。防护机制中可能会使用访问控制列表(Access Control List，ACL)、用户访问权分配、内部人员对各种信息的知情权分配等方面的应用程序。维护企业持续运转所必需的备份信息，只是一种能够维持业务连续性的好政策，并不是一种主要的安全能力。不过，监控数据的完整性，是一种关键且有效的安全防护措施，名副其实地属于防护功能，尤其是使用 tripwire 之类的机制所提供的功能，都属于防护功能。

电信管理网中专门针对隔离而部署的隔离与恢复能力包括：

(1)隔离损坏的设备或数据，以防损坏扩散；

(2)废除或取消用户、内部人员的访问权；

(3)当发现了破坏安全的行为，应切断内部人员或者用户的网络连接，以防数据和系统的损坏程度加深。

上述能力名正言顺地属于隔离型能力。然而，隔离损坏的设备、取消访问权、切断网络连接等行动，通常需要人工介入，借助于通用配置管理系统的功能来完成。软件行业的一些程序设计者，想开发一种能够自动执行隔离、取消和切断等行动的安全管理软件。然而，有人质疑开发这种软件的可行性，认为人是决策系统中的关键环节，如果想把上述能力实现自动化，那么必须由人来决策，才能启动相应的行动。

电信管理网中还部署了一些同调查取证、法律相关的隔离与恢复能力，主要包括：

(1)与执法部门协作打击违法犯罪分子；

(2)对发现的或涉嫌的破坏安全行为进行调查取证；

(3)通过分析安全日志，监控侵犯目标，向涉嫌入侵者反馈假信息等手段，协助执法部门确认和逮捕入侵者；

(4)起诉违法犯罪分子。

与执法部门协作和起诉违法犯罪分子这两种能力，实际上属于安全治理能力，而不是安全管理能力。企业的调查取证人员，必须有执法资格，熟知调查取证的程序，一旦发生真正或涉嫌破坏安全的情况或异常、反常的事件，务必率先做出快速反应。

电信管理网中专门针对恢复而部署的隔离与恢复能力包括以下几个方面。

(1)根据需要，恢复所备份的数据。

(2)备份和恢复所保存的数据，以便系统遭到入侵破坏后还原。

(3)服务遭到入侵破坏后恢复，用于满足这种需要：发现破坏安全的情况之后访问备份文件，以便恢复服务。

(4)网络遭到入侵破坏后恢复，用于满足这种需要：发现破坏安全的情况之后恢复网络配置。

(5)网络单元遭到入侵破坏后恢复，即发现破坏安全的情况之后访问备份文件，以便恢复网络单元或网络单元管理信息。

安全可靠地定期创建备份数据库(不管什么内容)，应当属于普通企业正常运营的一个标准，而不仅仅是安全管理中的一个标准。备份数据库的创建、输送(物理实体或电子格式)、保存和恢复，务必与相关的认证、授权、数据完整性、数据保密性等机制和操作程序配套实施。

电信管理网中专门针对认证、授权、撤销而部署的隔离与恢复能力包括以下几个方面。

(1)取消因安全受到侵犯而确定失效或疑似失效的网络设备、用户和员工公开密钥证书。这些证书本来用于网络单元连接或服务连接，但是因安全受到侵犯而失效。

安全受到侵犯也有可能导致个人密钥失窃，还有可能导致个人密钥在加密保存期间丢失或改动。

(2)取消因管理流程方面发生问题而确定失效或疑似失效的网络设备、用户和员工公开密钥证书。这些证书本来用于网络单元或服务连接，但是因管理程序方面发生问题而失效，管理流程方面发生的问题如整个操作系统升级更新，用户搬迁到其他地方，网元管理系统或网络单元升级更新等。

(3)取消因安全受到侵犯而确定失效或疑似失效的网络设备、用户和员工访问控制证书。这些证书本来用于网络单元连接或服务连接，但是因安全受到侵犯而失效。

(4)取消因管理流程方面发生问题而确定失效或疑似失效的网络设备、用户和员工访问控制证书。这些证书本来用于网络单元或服务连接，但是因管理程序方面发生问题而失效。

(5)取消因安全受到侵犯(例如，保密密钥失窃，密钥分配中心系统确实或涉嫌受到侵犯等)而确定失效或疑似失效的保密密钥。

企业只要使用非对称加密公开密钥，就应当把这种公开密钥嵌入 ITU-T X.509号文件中规定的第3版数字证书中使用，该证书由负责认证与授权的"数字证书机构"签发，"数字证书机构"设在"公钥基础设施"(Public Key Infrastructure，PKI)中。企业不管出于何种原因(如个人密钥失窃、个人密钥丢失、管理决策等)取消证书，都应当运用"公钥基础设施"[不管"公钥基础设施"使用的是"证书取消列表"(Certificate Revocation List，CRL)还是"在线证书状态协议"(Online Certificate Status Protocol，OCSP)]中包含的证书取消能力来取消证书。"公钥基础设施"中的证书取消机制，既能取消含有公用密钥的数字证书，又能取消授权(访问控制)数字证书。使用共享的保密密钥进行对称加密时，或者进行以保密密钥为基础的信息认证时[如基于哈希运算的消息认证码(Hash-Based Message Authentication Code，HMAC)算法]，只准使用动态加密密钥协议算法[如"互联网协议安全"协议(IPsec)中的互联网密钥交换协议(IKEP)和互联网安全联盟密钥管理协议(ISAKMP)]，或者 TLS、SSL、DTLS、SSH协议中的 Diffie-Hellman 密钥协商机制，或者可扩展标记语言(XML)密钥管理机制，通过标准化密钥分配中心(如绰号"三头犬"的 Kerberos 系统)来完成。

4)安全管理

安全管理功能是指，筹划与调整安全政策、管理与安全相关的信息所需要的功能。筹划与分析方面的管理能力包括以下几个方面。

(1)安全政策。用于确立安全原则，以便为人员、软硬件创建并保持一个安全保密的环境提供指导。

(2)灾后还原计划。安全事件导致数据损坏后，用于访问网络还原所用的方法与程序。

(3)分析评估公司数据的完整性。用于访问与公司数据完整性相关的信息，以便监控和分析公司在防止非法访问、篡改、干扰和损毁数据方面所采取的安全防护措施，判定安全需求。

程序方面的管理能力包括以下几个方面。

(1)安全防护管理装置。用于访问管理机械化安全防护设备实体所用的信息。

(2)审计跟踪分析。用于访问审计跟踪信息(为评估、分析和判定单个用户或一组用户可能或潜在的违反安全管理的行为而收集的信息)所用的方法与程序。

(3)安全告警分析。用于访问监控、分析和关联安全告警所遵循的指导方针。

认证方面的管理能力包括以下几个方面。

(1)管理外部认证。管理员或用户申请登录时，用于验证和确认其身份与其所注册的信息相一致，并分配验证码。这种功能还可用于为外部认证者提供认证路径。如果某个用户是由电信管理网外部的某个认证机构所认证的，只要这个外部认证机构是具备认证资格的合法实体，就能利用这种功能进行外部认证。

(2)管理内部认证。用于验证和确认申请登录的内部人员身份与其所注册的信息相一致，并分配验证码。

授权方面的管理能力包括以下几个方面。

(1)管理外部访问控制。用于遵照安全政策申请和分发访问许可证(包括许可证、信任证书的生成和生效)，以便控制管理员或用户只许访问指定的资源。

(2)管理外部认证。用于遵照安全政策申请和分发访问许可证(包括许可证、信任证书的生成和生效)，以便控制管理员或用户只许访问指定的资源。

(3)管理内部访问控制。用于遵照安全政策申请和分发访问许可证，以便控制内部人员只许访问指定的资源。

(4)管理内部认证。用于申请和分发访问控制证书，以便内部人员只许访问事先约定的资源。

加密密钥方面的管理能力包括以下几个方面。

(1)管理外部加密和密钥。用于申请和分发对等管理的外部用户或用户与电信管理网之间通信所用的加密密钥，保障认证、数据完整性、数据保密性、不可抵赖性等安全服务。

(2)管理内部加密和密钥。用于申请和分发内部人员之间通信所用的加密密钥，保障认证、数据完整性、数据保密性、不可抵赖性等安全服务，能够提供下列信息：采用的加密算法；采用的加密模式。

(3)为网络单元管理密钥。用于申请生成网络单元之间、网络单元与网络单元管理系统或其他模块之间通信所用的加密密钥，除了保障把这些密钥分发给相互通信的实体，还可保障认证、数据完整性、数据保密性等安全服务。

加密算法方面的管理能力包括：管理外部安全协议。用于管理与其他司法部门签订的联合执行协议，以便确保安全协议的互操作性。例如，这种能力既能确保通信双方都能使用带有同组选项和参数的同种加密算法，又能确保有关安全信息种类的协议通过认证，还能对外部安全协议进行管理。

事件与告警方面的管理能力包括以下几个方面。

(1)网络安全告警管理。用于收集与侵犯网络安全相关的安全告警信息。这种数据通常只允许内部人员访问。

(2)网络单元安全告警管理。用于收集和访问较低级别的功能所检测到的安全告警信息(其中可能含有各种安全告警信息相互关联而产生的信息)。

审核方面的管理能力包括以下几个方面。

(1)用户审计跟踪管理。除了能够让用户创建和配置审计跟踪机制，以便获取服务使用方面的信息，还能让用户访问与自己的网络相关的、网络使用和安全事件等方面的信息。

(2)用户安全告警管理。能够让用户访问表明自己的网络安全受到攻击的安全告警信息。

(3)测试审计跟踪机制。通过测试能够查明和确定安全事件是否记录在安全日志中。

(4)网络审计跟踪管理。能够让内部人员(通常是安防人员)创建和配置审计跟踪机制，以便获取有关网络使用的信息。能够收集网络使用和安全事件等方面的信息，并且能够让内部人员访问这些信息。

(5)网络单元审计跟踪管理。能够让内部人员(通常是安防人员)创建和配置审计跟踪机制，以便获取有关网络使用的信息。

国际电信联盟电信标准部(ITU-T)第 M.3400 号文件中所包含的电信管理网安全机制管理能力，从本质上讲主要是操作方面的能力，对下列事项没有多大的指导意义。

(1)筹划信息安全管理规划。

(2)考虑在组织结构方面需要哪些安全管理能力。

(3)考虑在技术方面需要哪些安全管理能力。

(4)考虑在运营方面需要哪些安全能力。

1.4.2 下一代运营系统与软件

电信管理论坛(TMF)组织围绕"下一代运营系统与软件"(NGOSS)这一主题开展了一系列重大活动，促成整个电信行业达成一致，构建了一整套安全管理框架结构，推动了安全管理概念的发展。

1. 主体框架结构

1) 运营流程模型

运营流程模型提供了整个电信行业达成一致的运营流程相关概念定义、组织结构、各个环节之间相关关系。

2) 标准信息与数据模型

标准信息与数据模型提供了整个电信行业达成一致的信息数据相关概念定义，有利于在深入理解运营流程依赖哪些信息方面达成共识，从而进一步提高运营流程应用软件的互操作性，并不鼓励应用系统销售商展开激烈竞争。

3) 系统体系结构定义

系统体系结构定义确定了整个电信行业达成一致的系统体系结构，说明了支撑运营流程运行的应用系统应当相互作用，从而进一步提高运营流程应用软件的互操作性，并不鼓励应用系统销售商展开竞争。

4) 集成接口定义

集成接口定义，解释了整个电信行业达成一致的集成接口相关概念，说明了支撑运营流程运行的应用系统之间的接口，从而进一步提高运营流程应用软件的互操作性，并不鼓励应用系统销售商展开竞争。

5) 运用方法

运用方法是指在实践中具体运用运营流程模型、标准信息与数据模型、系统体系结构、集成接口的方法。

2. 五项基本原则

"下一代运营系统与软件"应当坚持下列五项基本原则。

(1) 采用"增强型电信运营图"(enhanced Telecom Operations Map，eTOM)中的"下一代运营系统与软件"运营流程框架结构，把运营流程与构件组合分开。

(2) 采用组合松散的分布式系统，让整个系统中的每个应用程序相对独立于其他应用程序，以便改动某个应用程序而不影响其他应用程序。

(3) 采用信息共享模型，让所有应用程序之间能够共享数据，以便每个应用程序通过数据共享通用模型都能知道，其他应用程序如何翻译所共享的数据。

(4) 采用公共通信设施让运营支撑系统都直接接入公共通信设施，而不是沿用20世纪80年代以来的惯例让运营支撑系统之间直接相连。

(5) 采用合同明确的接口，从所用技术、应用功能(AF)、所用数据、接入前提条件、接入后状态等方面，说明如何把应用程序接入公共通信设施。"下一代运营系统与软件"的合同说明书，是说明应用程序与公共通信设施连接方式的一种文件，拓展了应用程序编程接口说明书的内容。

"下一代运营系统与软件"提案，主要包括四种框架结构，这四种框架结构相互联系，共同组成了"下一代运营系统与软件"规划（图 1.14）。

(1)运营流程框架结构——增强型电信运营图(eTOM)。

(2)企业版信息框架结构——信息与数据共享模型(SID)。

(3)系统综合集成框架结构——技术无关体系结构(TNA)。

(4)电信应用程序框架结构——电信应用程序图(TAM)。

图 1.14　"下一代运营系统与软件"提案的主要组成部分

"下一代运营系统与软件"所提出的观点，与国际电信联盟电信标准部建议书提出的概念并不矛盾。不过，国际电信联盟电信标准部公布的第 M.3200 号和第 M.3400 号建议书，从技术和资源方面研究分析了管理领域的问题，对于研究解决管理领域的体系结构和组织机构问题具有重大价值。增强型电信运营图的框架结构，提出了运营方面的观点看法，对于分析企业运营需求，优化配置管理功能，创新运营模式具有重大意义。第 M.3400 号建议书详细说明了网元管理层、网络管理层和服务管理层的功能，而第 M.3050 号系列建议书详细说明了这些管理层的运营机制，并详细分析了第 M.3050 号系列建议书中的增强型电信运营图与第 M.3400 号建议书附件中电信运营图之间的关系。增强型电信运营图中的第一层横向功能模块，应当与第 M.3400 号建议书中的管理层存在下列对应关系。

(1)增强型电信运营图中的服务管理与运营模块，与第 M.3400 号建议书中的服务管理层相对应。

(2)增强型电信运营图中的资源管理与运营模块，与第 M.3400 号建议书中的网络管理层和网元管理层相对应。

"下一代运营系统与软件"提案中的四种框架结构，只有第一种框架结构(增强型电信运营图)取得重大进步，值得从安全管理的角度进行详细论述。

1.4.3 增强型电信运营图

增强型电信运营图，按照电信管理论坛组织提案中的观点，提供了一个运营流程模型或框架结构，运用复杂的电信运营流程说明了任何运营商或企业都需要的运营流程，并根据每个运营流程的重要性和优先权，对这些运营流程进行了详略程度不同的分析。图 1.15 描绘了增强型电信运营图的功能总体结构。

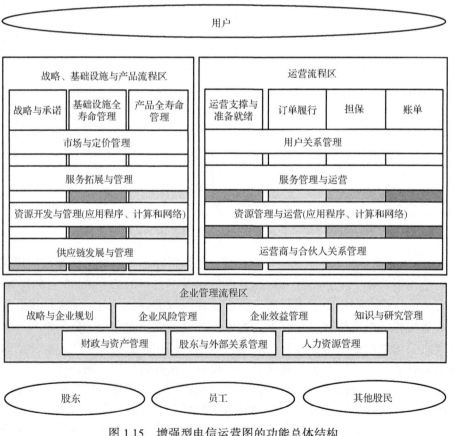

图 1.15　增强型电信运营图的功能总体结构

增强型电信运营图的核心思想是将企业管理分成四个方面。

(1)通用企业管理。任何企业独立制造产品或提供服务都必须实施的通用型管理活动。换句话讲，对任何组织机构(如设备器具制造商、电信运营商、医院、大学甚至政府部门等)而言，这些管理活动基本上都需要实施。

(2)战略、基础设施与产品管理。主要是指企业为制造产品或提供服务而实施的规划、设计、开发与供应链等方面的管理活动。同样，对绝大多数组织机构而言，这些管理活动基本上都需要实施。

(3)运营管理。主要是指为向用户提供产品或服务而实施的管理活动。同样，对绝大多数组织机构而言，这些管理活动基本上都需要实施。

(4)用户管理。用户是任何企业的核心，没有用户，企业就没有存在的理由。任何企业都应牢记，用户有可能是平民百姓或其他企业，还有可能是所属集团的员工(也就是说，某个企业属于某个集团的内部保障单位)。

对任何企业而言，这四个方面的管理主要受企业规模、产品或服务的复杂程度、财政资源等因素影响。

增强型电信运营图从企业这一层次开始，确定了每个运营流程，把每个运营流程组合成一系列模块，构建了运营流程体系结构，说明了每个运营流程在每个层次的功能、输入输出信息及其他要素。这些模块又组建成三大区域(图 1.16)。

(1)战略、基础设施与产品流程区。该区域涉及为拓展服务和开发资源而进行的活动。

(2)运营流程区。该区域涉及为经营和管理服务与资源而进行的活动。

(3)企业管理流程区。该区域涉及企业的核心管理活动。

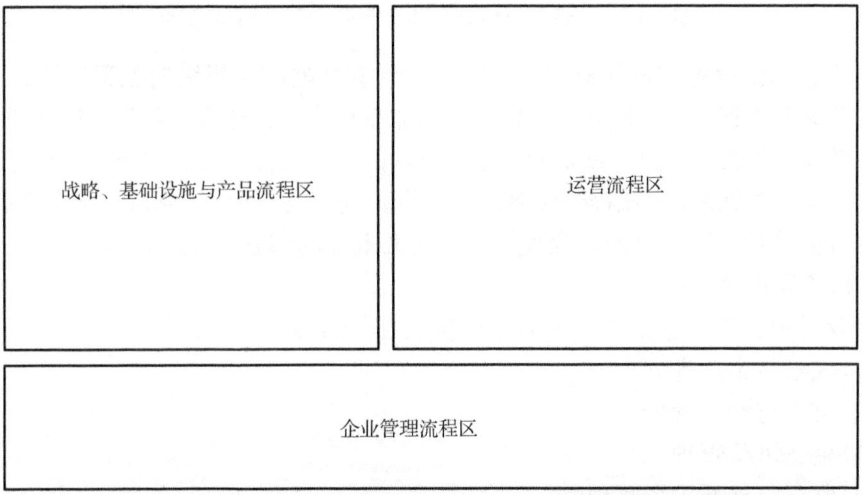

战略、基础设施与产品流程区	运营流程区
企业管理流程区	

图 1.16　增强型电信运营图的三大关键运营流程区

增强型电信运营图体系结构中，有 7 个纵向、4 个横向流程模块用于保障用户和管理交易。在运营流程区中，核心流程是面向用户的流程：运营支撑与准备就绪；订单履行；担保；账单(图 1.17)。

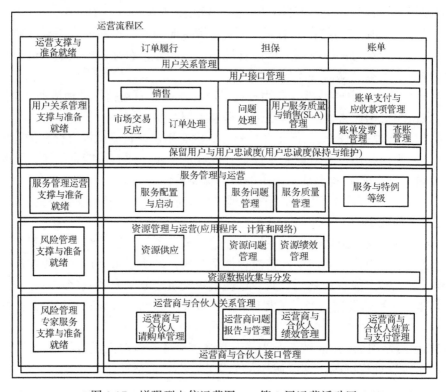

图 1.17 增强型电信运营图——第 2 层运营活动区

战略、基础设施与产品流程区(图 1.18)含有战略与承诺纵向流程模块、两个全寿命管理纵向流程模块。增强型电信运营图体系结构中，还有遍及整个运营商行业的功能性横向流程模块，这些模块涵盖了所有功能性运营流程及其他类型的功能性商业流程。在这些功能性横向流程模块中，左侧部分(同战略与承诺、基础设施全寿命管理、产品全寿命管理这三个纵向流程模块相互交叉重叠的部分)为运营流程区的工作提供授权、保障和指导。

企业管理流程区包括 7 个纵向流程模块(图 1.19)。

(1)战略与企业规划。

(2)财政与资产管理。

(3)企业风险管理。

(4)股东与外部关系管理。

(5)企业效益管理。

(6)人力资源管理。

(7)知识与研究管理。

图 1.18　增强型电信运营图——第 2 层战略、基础设施与产品活动区

图 1.19　增强型电信运营图——第 2 层企业管理活动区

增强型电信运营图还描绘整个运营商行业的功能性横向流程图。增强型电信运营图(2007 年版第 M.3050 号系列建议书)参照第 M.3400 号文件中的安全管理功能模块,绘制了与安全相关的流程区,但是并不全面,具体情况参见 2004 年 5 月国际电信联盟电信标准部公布的第 M.3050 号文件附件 3《参照第 M.3400 号文件绘制的增强型电信运营图》。下列 14 条内容摘自增强型电信运营图,只是简单对照第 M.3400 号文件序言第(9)条相关内容,并未进一步提供详细说明。

(1)用户关系管理(条款 1.1.1)。

(2)服务管理与运营(条款 1.1.2)。

(3)设计解决方案(条款 1.1.2.2.1)。

(4)跟踪与管理服务条款(条款 1.1.2.2.3)。

(5)发送服务订单(条款 1.1.2.2.7)。

(6)创建服务问题报告(条款 1.1.2.3.1)。

(7)诊断服务问题(条款 1.1.2.3.2)。

(8)改正与解决服务问题(条款 1.1.2.3.3)。

(9)跟踪与管理服务问题(条款 1.1.2.3.4)。

(10)报告服务问题(条款 1.1.2.3.5)。

(11)停止报告服务问题(条款 1.1.2.3.6)。

(12)调查与分析服务问题(条款 1.1.2.3.7)。

(13)企业风险管理(条款 1.3.2)。

(14)股东与外部关系管理(条款 1.3.6)。

下列 38 条内容摘自增强型电信运营图运营流程区的运营支撑与准备就绪、订单履行、担保、账单模块(共有 212 条),这些条款是对照第 M.3400 号文件的安全管理条款相关内容,并未详细说明第 M.3050-2 号文件所提出的流程。

(1)用户关系管理(条款 1.1.1)。

(2)订单处理(条款 1.1.1.5)。

(3)授予信任证书(条款 1.1.1.5.2)。

(4)完成用户订单(条款 1.1.1.5.5)。

(5)发送用户订单(条款 1.1.1.5.6)。

(6)问题处理(条款 1.1.1.6)。

(7)建立或断绝用户关系(条款 1.1.1.9.1)。

(8)分析与管理用户风险(条款 1.1.1.9.3)。

(9)服务管理与运营(条款 1.1.2)。

(10)服务管理运营支撑与准备就绪(条款 1.1.2.1)。

(11)管理服务目录(条款 1.1.2.1.1)。

(12)激活服务配置与启动(条款 1.1.2.1.2)。

(13) 保障服务问题管理(条款 1.1.2.1.3)。

(14) 激活服务质量管理(条款 1.1.2.1.4)。

(15) 服务配置与启动(条款 1.1.2.2)。

(16) 设计解决方案(条款 1.1.2.2.1)。

(17) 跟踪与管理服务条款(条款 1.1.2.2.3)。

(18) 实施、配置与启动服务(条款 1.1.2.2.4)。

(19) 发送服务订单(条款 1.1.2.2.7)。

(20) 服务问题管理(条款 1.1.2.3)。

(21) 创建服务问题报告(条款 1.1.2.3.1)。

(22) 诊断服务问题(条款 1.1.2.3.2)。

(23) 改正与解决服务问题(条款 1.1.2.3.3)。

(24) 跟踪与管理服务问题(条款 1.1.2.3.4)。

(25) 报告服务问题(条款 1.1.2.3.5)。

(26) 停止服务问题报告(条款 1.1.2.3.6)。

(27) 调查与分析服务问题(条款 1.1.2.3.7)。

(28) 服务与特例等级(条款 1.1.2.5)。

(29) 分析使用记录(条款 1.1.2.5.3)。

(30) 激活资源绩效管理(条款 1.1.3.1.2)。

(31) 激活资源数据收集与处理(条款 1.1.3.1.4)。

(32) 配置与启动资源(条款 1.1.3.2.2)。

(33) 收集、升级与报告资源配置数据(条款 1.1.3.2.4)。

(34) 资源数据收集与处理(条款 1.1.3.5)。

(35) 收集资源数据(条款 1.1.3.5.1)。

(36) 报告资源数据(条款 1.1.3.5.3)。

(37) 审计资源使用数据(条款 1.1.3.5.4)。

(38) 运营商与合伙人接口管理(条款 1.1.4.6)。

下列 2 条内容摘自增强型电信运营图的战略、基础设施与产品流程区,是对照第 M.3400 号文件的安全管理条款的内容,并未详细说明第 M.3050-2 号文件所提出的流程。

(1) 资源开发与管理(条款 1.2.3)。

(2) 资源战略与规划(条款 1.2.3.1)。

本质上讲,第 M.3400 号和第 M.3050 号文件中现代安全管理内容,主要涉及运营方面,对增强型电信运营图中的很多流程没有多大的指导意义。考虑这种不足之处,我们在第 3 章详细论述了现代网络环境中的安全管理,不仅考虑了 ISO/IEC 27001 和 27002 号国际标准,而且探讨了《信息技术基础架构库》(ITIL)、有关信息技术服务管理的一整套概念与实践、《信息与相关技术控制目标》(COBIT)、安全管理中有关信息技术管理概念的一整套最佳做法，还介绍了国际电信联盟电信标准部第 M.3401 号文件及其他文件中的一些概念。

1.5 网络安全需求的发展变化

近些年来，网络安全需求有哪些发展变化？从卡内基梅隆大学软件工程学院计算机应急反应分队(CERT)统计的资料可以看出，联网系统的安全发生了很大变化（见表 1.6 中统计的各种系统存在的漏洞）。尽管表 1.6 所统计的数字仅仅截止到 2008 年 10 月，但是我们有理由断定，2008 年的漏洞数量势必超过 2007 年，未来年份的漏洞数量即便超不过表中的数量，也会大致相当(有关这方面的更新数据见后面)。许多网络安全事件是网络攻击者利用系统漏洞造成的，因此，系统漏洞数量与网络安全事件发生的次数密切相关。

表 1.6 计算机应急反应分队统计的系统漏洞总数

历法年份	统计的系统漏洞数量	直接报告的数量
2008 年 1～3 季度	6058	310
2007	7236	357
2006	8064	345
2005	5990	213
2004	3780	170
2003	3784	191
2002	4129	343
2001	2437	153
2000	1090	—
1999	417	—
1998	262	—
1997	311	—
1996	345	—
1995	171	—
总计	44074	—

有关网络安全需求发展变化的另一个资料来源是，2008 年 6 月至 2011 年 2 月，媒体在报纸、书刊和网络上对网络安全事件所做的大量报道。近些年来，随着全球高速通信能力的迅猛发展，遍及世界各地的数十亿个人和组织拥有各种类型的

信息服务设备，人们日益关注隐私权问题。仅仅在 2010 年，大众媒体与商业媒体所发表的有关隐私权问题的网络版和纸质版文章就高达 4600 多篇。人们已经掌握了许多类型的信息技术，并且对信息技术的依赖程度日益提高。威廉·诺顿引用威瑞森商业公司（Verizon Business）发布的《2010 年安全报告》表明了下述两点看法。

（1）内部人员侵犯本单位的网络安全事件日益增多——大多数是心怀恶意的员工故意造成的。

（2）绝大多数受损数据记录仍旧是由外部攻击造成的。

威瑞森公司与美国国家安全局联手进行了 2010 年网络安全调查研究，分析了 900 个侵犯网络安全的案例和 900 多份受损数据记录。诺顿指出："威瑞森公司发现，在财政信息遭到侵犯的所有单位中，超过四分之三的单位未遵守《支付卡行业数据安全标准》（PCI DSS）。"

一小部分案例属于与运营商相关的网络安全问题。

（1）2011 年，戴夫·杰文斯在博客中撰写《隐私与身份信息窃取》一文，讲述了 2011 年 4 月电子邮件运营商爱普西龙公司（Epsilon）遭到黑客攻击而发生数据泄露的事件。这次事件导致花旗银行（CitiBank）、大通银行（Chase）、沃尔玛公司（Wal-Mart）、美国银行（U.S. Bank）、第一资本投资国际集团（Capital One）、美国企业集团（Ameriprise）、目标银行（Target）、克罗格公司（Kroger）、蒂沃公司（TiVo）、汉森公司（HSN）、迪士尼公司（Disney）、沃尔格林公司（Walgreens）、百思买公司（Best Buy）等多家银行和电子商务公司数千万用户的姓名、电子邮件地址等方面的数据泄露。杰文斯在博文中还指出，他听行业内传出来的消息说，爱普西龙公司在 2011 年并不是第一次发生这样的大规模入侵事件。

（2）2011 年，安德雷·帕特里克在网络上发表一篇题目为《大规模分布式拒绝服务攻击对网络电话运营商而言是日益严重的问题》的文章。他在这篇网文中讲道，2010 年发生的一次大规模分布式拒绝服务攻击（Distributed Denial-of-Service，DDoS），导致太平洋电信公司的网络电话处理系统崩溃，损失数十万美元。帕特里克还在这篇网文中提到参加 2011 年 Comptel Plus 会议的一些专家组成员的姓名和部分发言。

① 太平洋电信公司网络工程部副经理唐波发言："多类型的分布式拒绝服务攻击来势越来越凶猛，时至今日，太平洋电信公司仍在疲于应对拒绝服务攻击。"

② 竞争性通信运营商工业贸易集团与会代表发言："令人确信无疑的是，我们的会员数量在分布式拒绝服务攻击中不断增多。"

③ 联邦调查局网络犯罪处特工人员斯泰西·阿鲁达发言："在联邦调查局所经办的网络攻击案件中，很多网络攻击者的犯罪意图是为了攫取钱财。"

④ 思科系统公司(Cisco)安全战略首席专家帕特里克·格雷发言:"运营商们务必牢记,自己一直是分布式拒绝服务攻击的目标,应当预先做好应对此类问题的计划。"

⑤ Cbeyond 云服务公司的一位高管发言:"如今,分布式拒绝服务攻击和 SYN 洪泛攻击已经成为司空见惯的事。"

(3)2011 年,埃伦·梅斯莫发表一篇题目为《大规模分布式拒绝服务攻击威胁网络电话服务》网文,也引用了唐波在 Comptel Plus 会议上的部分发言:"太平洋电信公司的网络每天遭到多次扫描,小规模的网络攻击大约每天发生 2 次。"

(4)《安全观察》电子周刊网站(网址 securitywatch.eweek.com)上发表的一篇文章,分析了亚伯网络公司(Arbor Networks)发布的第五年度《全球基础设施安全报告》。该份报告涉及北美洲、南美洲、欧洲、非洲和亚洲 132 家 IP 网络运营商,有以下结论。

① 2008 年第 3 季度至 2009 年第 3 季度期间,运营商基础设施遭受的分布式拒绝服务攻击,并不像以往年份那样大幅度提高规模。

② 分布式拒绝服务攻击的规模仍旧提高 20%以上。

③ 根据运营商在以往年份发布的报告,分布式拒绝服务攻击的最高速度几乎每年翻一番。

④ 2010 年的最高持久攻击速度为 49Gbit/s,比 2009 年(40Gbit/s)提高 22%。

⑤ 2009 年的最高持久攻击速度比 2007 年提高 67%。

⑥ 运营政策不完善和相关职责不明确等一些非技术因素影响了网络安全。与此同时,把关键性服务日益集中于 IP 网络和多租户云计算方案上,使网络体系结构变得越来越复杂,从而大幅度提高了基础设施和用户可视化服务暴露弱点的风险。

(5)2011 年,里瓦·里士满在《纽约时报》上发表《科摩多集团(Comodo Group)遭到攻击揭示了互联网安全漏洞》一文,指出:黑客采用欺诈手段骗取科摩多集团(一家国际安全公司)发放了数字签名证书,从而渗透到意大利的一家计算机转销商的网络中,利用这家转销商的网络访问科摩多集团的计算机系统,自动制作谷歌(Google)、雅虎(Yahoo!)、微软(Microsoft)、天空论坛(skype)和莫西勒(Mozilla)等网站所管理的证书,并利用这些证书建立伪服务器,冒充为这些网站工作。这篇文章还说:很多网络安全专家认为,问题根源在于准许发放证书的组织机构泛滥成灾。如微软、莫西勒、谷歌和苹果之类的浏览器制造商已经授权世界各地的众多组织机构(包括私营公司和政府机关)发放证书,并且这样的组织机构仍在与日俱增。很多私营公司又把证书发放权转交给众多名气不大的公司代理,从而形成一条数百家公司连接而成的证书发放"信任链",实际上,每家公司都有可能是这个链条上的薄弱环节。这种类型的攻击针对的是互联网中几乎所有组织机构(不单单是运营商)全都采用的一项基础技术,因此为未来专门针对运营商基础设施发动攻击奠定了基础。

(6)2011 年,布鲁斯·佩伦斯发表一篇题目为《美国某座城市遭受网络攻击》的网文,指出:2010 年 4 月,一些不明身份的黑客发动了更为直接的网络攻击(即物理攻击),切断了 8 根光缆,导致整个摩根希尔市、3 个县城部分地区的 911 服务专线、手机通信线路、陆基通信线路、数字用户线路互联网与私营网络、消防治安中心防火防盗报警设备、自动柜员机、信用卡终端设备、关键性公共基础设施监控设备等全部停止运转。尚未查明网络攻击者的真正目的。不过,这种行为足以证明,如果大城市不对通信线路检修孔进行物理监控,那么黑客就会利用检修孔瘫痪整个城市的通信系统。这篇文章还指出,大多数网络甚至是应急行动网络,很少在与外界断开连接的状态下测试运行情况。很多网络依靠外部服务设备检测把主机名称与网址配对,一旦与互联网断开连接马上停止运行。几十年以来,运营商的通信线路多次因偶然事故而被切断,不过这次事故是黑客故意造成的,使人们增强了网络安全防患意识,认为很有必要监控与运营商外部设施(地下光缆、电线杆或发射塔等)保持连接的设备。

鉴于人们日益关注如何保证运营商基础设施的安全,美国联邦通信委员会(Federal Communications Commission, FCC)开展了一次公众调查问卷活动,就 2010 年通信运营商提议的《网络安全认证计划》征求公众意见。该计划是一种自愿认证计划,通信运营商可邀请私营部门或联邦通信委员会的审查人员对自己的网络进行安全评估,包括是否严格遵守网络安全方面的标准协议和规则。如果其网络通过了安全评估,运营商就会宣称其网络达到了联邦通信委员会的网络安全要求。需要指明的是,上面仅用了几篇文章和报告来举例说明运营商网络安全问题,只要在互联网上一搜索很快就能找到这方面的大量资料。

1.6 小结

本章开篇首先回顾了人们第一次采用标准化方式定义与说明信息安全和信息安全管理概念的过程,概括介绍了近几十年以来各种网络的设计与开发过程以及各种网络安全标准。网络已经经历了一个长期发展演变过程,如今要比以往预料的基本标准复杂得多。尽管基本标准介绍了一些重要概念(如故障管理、配置管理、计费管理、性能管理、安全管理,技术独立的安全服务,专用安全机制、通用安全机制),但是并未以综合方式说明管理和安全的重要性。然后,分析了运用网络管理最新标准实施安全管理的可行性及不足之处。

　　本书第 2 章简要总结了构建现代通信网所采用的技术，并考虑了如何定义和说明下一代网络及相关服务，旨在进一步说明整体安全管理观念（即各种组织机构在筹划网络安全管理活动或制定网络安全管理计划时，不能仅仅考虑网络基础设施，而是要综合考虑与安全管理相关的各种因素）的快速发展。从第 3 章开始，我们论述了人们在采用结构严密的标准化方法来管理网络安全方面做了哪些工作，并介绍了当前采用的 4 种主要方法。

2 当前与未来网络综述

要想理解管理现代网络安全的复杂性，应当从体系结构和协议方面掌握有关网络发展的一些历史知识。本章主要内容如下。

(1)总结一般网络的设计与组织结构。

(2)论述现代网络中常用的协议。

(3)探讨下一代网络的体系结构与性能。

2.1 网络发展历程

下面并不是全面回顾网络发展历史，而是着重介绍网络发展历程中一些比较著名的事件。计算机通信(联网)技术自问世以来，已经走过 50 余年的发展历程，取得巨大进步。

2.1.1 点对点数据通信

20 世纪 60 年代初期，计算机(当时称作"大型机")开始与小型辅助计算设备(数据通信前端处理器)同步或异步连接在一起，旨在支撑非智能终端(或哑终端)设备运行。这些终端设备包括显示器、键盘和逻辑连接线路等，采用制造商私有协议与数据通信前端处理器建立通信连接。20 世纪 60 年代中期至晚期，一种新型计算机(小型计算机)投入市场，这种计算机将通信处理器与接口嵌入到主机机箱中，无须再与独立的数据通信前端处理器建立连接。数据通信前端处理器与小型计算机采用制造商私有协议通过租用电话公司的线路建立连接，网速通常为 56Kbit/s。制造商私有协议主要取决于制造商设计的网络体系结构，如 IBM 公司的系统网络体系结构(SNA)、宝来公司的 BNA 网络体系结构、数字设备公司的 DECnet 网络结构。图 2.1 描绘了终端与计算机、计算机与计算机之间的一般连接方式。位于远处的终端设备可通过 PSTN 线路上的调制解调器与数据通信处理器或小型计算机建立连接。

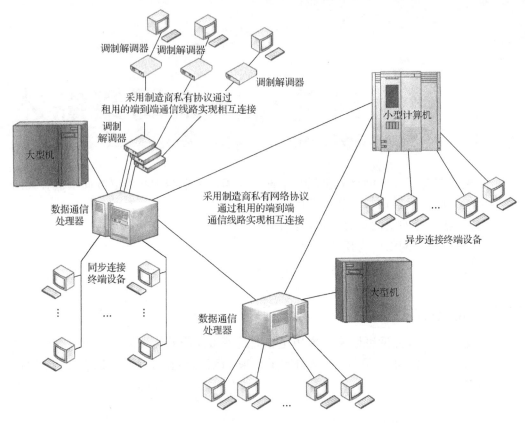

图 2.1　大型机与小型计算机端到端连接

2.1.2　早期的商用分组交换通信网

1976 年，国际电信联盟电信标准部(ITU-T)(前身为国际电报电话咨询委员会CCITT)公布了第 X.25 号建议书(即 1976 年橙皮书)，确定了计算机之间相互连接的标准方法，即分组交换。早在第 X.25 号建议书公布之前，Baran 就于 1964 年提出过分组交换这个概念。第 X.25 号建议书所倡导的方法旨在构建一个普遍适用的分组交换网络，以便严格纠正错误，高效共享资金密集型物理资源(如租用的电话线和PSTN 线路等)，使任何厂家制造的计算机系统相互之间都能实现通信。以第 X.25号建议书为基础提供通信服务的国际公司把这项技术称作"公共数据网"。20 世纪七八十年代，Compuserve、Tymnet、Euronet、PSS、Telenet 等一些国际公司在大多数国家都建立了这种网络。图 2.2 描绘了通过 X.25 型公共数据网相互连接的一些计算机系统和终端设备。

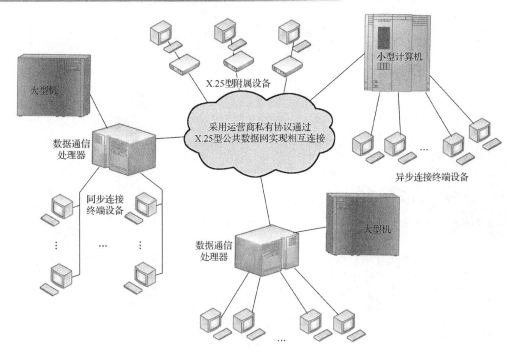

图 2.2　大型机与小型计算机通过 X.25 型公共数据网实现相互连接

2.1.3　美国国防部阿帕网 ARPANET：后来发展成万维网（Internet，国际互联网）

美国国防部高级研究计划局（Defense Advanced Research Projects Agency，DARPA）在网络开发研究方面获得了一项重大成果，称作"阿帕网"（ARPANET），ARPANET 网实际比 X.25 型公共数据网超前大约 10 年时间。这项重大研究课题开始于 20 世纪 60 年代晚期，旨在探索"分组交换"概念在国防网络建设方面的可行性。阿帕网最初试用了若干种协议，随后根据 1981 年 9 月公布的 RFC791 号征求意见书和 1983 年公布的第 MIL-STD-1777 号军用标准，确定采用第 4 版互联网协议（IPv4）。IPv4 不仅能保障连接同一网络的计算机之间交换数据包，还能保障采用该种协议构建的不同网络之间交换数据包实现网络互连。在互联网发展的早期历程中，实现端到端通信基本采用两种协议，一种是 1980 年采用的用户数据报协议（UDP）；另一种是 1981 年采用的传输控制协议（TCP）。图 2.3 举例说明了通过 PSTN 端到端通信线路逻辑上实现相互连接的计算机与远程终端设备成套系统。

主机与终端设备通过小型接口信息处理器（Interface Message Processor，IMP）接入阿帕网，IMP 功能类似路由器雏形，具备信息存储-转发分组交换功能，采用调制解调器和租用电话线实现相互连接。图 2.4 说明了 1977 年计算机接入阿帕网的逻辑连接线路。

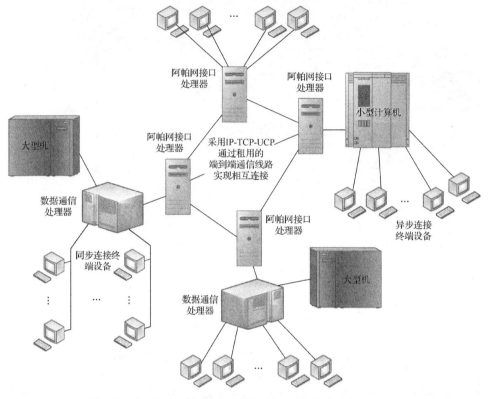

图 2.3　大型机与小型计算机以阿帕网为基础实现相互连接

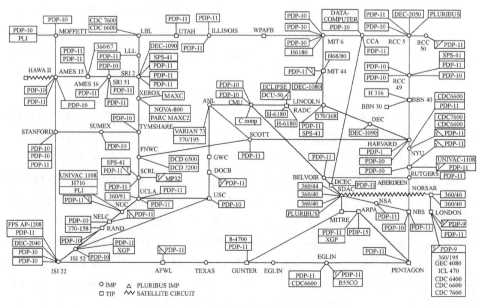

图 2.4　1977 年阿帕网的逻辑连接线路

上述网络技术与概念为第一次产生真正意义上标准化的网络体系结构概念形成做出了重要贡献,1984 年国际标准化组织 ISO 公布了 ISO 7498-1 号国际标准,1994年国际电信联盟电信标准部又以 X.200 号建议书的形式重新公布了这一标准。国际标准化组织 ISO 和国际电信联盟电信标准部 ITU-T 后来发布的文件中所规定的分层协议,都反映了 ISO 7498-1 号国际标准中的第一次标准化概念。互联网工程任务组 IETF(1986 年成立)吸收借鉴了阿帕网的大部分研究成果,发展完善了基于 TCP/IP 协议构建的网络模型及相关协议标准,形成了当前使用的国际互联网模型。互联网工程任务组所规定的协议只是宽松地遵守了国际标准化组织的分层协议概念。RFC3439 号征求意见书中实际上还有标题为"分层视为有害(layering considered harmful)"的一部分内容。基于 TCP/IP 协议构建的网络模型确实把网络管理功能分为 4 层:软件应用层、端到端传输连接层、互联网络层、与局域网其他节点直接连接层。

然而,基于 TCP/IP 协议构建的网络模型不必严格遵照国际标准化组织"开放式系统互联"(OSI)模型的分层方法,这是因为有些高层协议含有低层协议所使用的信息,有些低层协议是作为高层协议数据单元(Protocol Data Unit,PDU)进行传输的。隧道协议(tunneling protocols)提供了链路层、互联网络层或应用层协议的功能,也是一种私有的互联网、传输或应用协议。例如,超文本传输协议(Hyper Text Transfer Protocol,HTTP)中的文件传输协议(File Transfer Protocol,FTP)、SSH 协议中的 X-Windows 协议、IPv4 中的第 6 版互联网协议(IPv6)、IPv6中的 IPv4、UDP 中的 IPv6、ATM 协议中的 IPv4、SONET 协议中的 ATM 协议等,都属于孤立式协议。互联网工程任务组的协议主要遵守下列原则(摘自RFC1958)。

(1)网络界认为,目标是联通,工具是互联网协议,信息是端到端共享而不是隐藏在网络中。

(2)连接是最重要的追求目标,其价值高于任何一种单独的应用程序(如电子邮件 email 或万维网 WWW)。

(3)全球联通的关键在于互联网层。在不同硬件平台上提供全球联通能力的关键在于"端到端原则"。

(4)人们普遍认为,端到端传输功能最好用端到端协议来实现。

(5)端到端原则如下。

① 基本原则是作为第一条原则,某些必要的端到端功能只有靠终端系统本身才能正确执行。

② 端到端协议的设计不应当依赖于网络内部所保持的状态(即有关端到端通信状态的信息)。应将这种端到端通信状态只保持在端点中,确保只有端点断开时才会破坏这种状态(即共命运原则)。这种设计的直接效果是,数据报比传统的虚拟线路

传输效果更高。网络所担负的工作是，尽可能高效灵活地传输数据报。

(6)所做的其他事情都处于次要地位。

(7)为了提高服务，网络应保持一些状态信息：传输路线、服务质量担保、报头压缩所用的会话信息、数据压缩历史记录等。

(8)任何人都无法独占互联网，互联网没有集中管控机构，任何人都无法关闭互联网。互联网的发展依赖于世界各国在技术性建议上达成的大体一致和实际运行的代码。实际执行过程中反馈的网络工程信息，比任何一条体系结构构建原则都更为重要。

(9)必须允许采用从最简单(如远程登录)到最复杂(如分布式数据库)多种类型的应用协议。

开发者一贯按照自己所记住的原则来设计协议，认定终端计算机及其他终端设备只是相互之间进行通信，与互联网协议路由器之类的中继设备之间的相互通信几乎微乎其微。大多数情况下，询问-答复类型的握手连接一直被视作计算机与计算机之间相互通信的主要形式，而计算机与网络辅助功能[如域名服务器(Domain Name Server, DNS)、认证服务器、动态配置服务器]之间的相互通信则属于次要地位。最近 10 年，以太网、异步传输模式、帧中继、串行连接、令牌环网、光纤分布式数据接口(Fiber Distributed Data Interface, FDDI)、同步光纤网、多种无线连接技术、光纤直接连接技术等基于互联网协议开发的网络技术一直遵守这些原则。

2.1.4　以太网与电气和电子工程师协会的第 IEEE 802.3 号文件

20 世纪 70 年代，施乐公司(Xerox)帕洛阿尔托研究中心(Palo Alto Research Center, PARC)的员工开发出一种称作"以太网 Ethernet"的新型计算机网络。1979 年 Xerox 与英特尔(Intel)公司、数字设备公司 DEC 合作改进以太网，从而促使电气和电子工程师协会(IEEE)于 1980 年公布了一套试行标准，于 1985 年公布了一套比较完善的标准(即第 IEEE 802.3 号文件)。正如最初明确规定的那样，以太网是采用各种形式的同轴电缆构建的，最大带宽 10Mbit/s。以太网采用一种"内容"型的协议进行连接访问，这种协议称作"带冲突检测的载波监听多路访问"(Carrier Sense Multiple Access with Collision Detection, CSMA/CD)技术，同轴电缆以总线(daisy chain)的形式从附属设备连接到附属设备(图 1.4)。20 世纪 90 年代中期，以太网主要采用双绞金属线构建，呈星状布局。以太网硬件的网速可达 100~1000Mbit/s，目前正在进行技术攻关，计划将网速提高至 10~40Gbit/s。以太网成为局部地区(如楼层、大楼乃至校园)的计算机相互连接所采用的主要链路层技术，即采用互联网协议作为网络连接协议的局域网。目前，以太网和互联网协议是组织机构单独构建局域网或子网实际采用的方法。

2.1.5 地址转换

1992 年，互联网工程任务组(IETF)发布第 1466 号征求意见书《管理 IP 地址空间的指导方针》，指出可路由的 IPv4 地址的分配速度之高已达到无法承受的地步，如表 2.1 所示。

表 2.1 1992 年可路由的 IPv4 地址分配情况

可路由的 IP 地址分类	确定总数	分配总数	分配总数占确定总数的百分比/%
A 类	126	49	39
B 类	16383	7354	45
C 类	2097151	44014	2

注：摘自第 RFC1446 号征求意见书

互联网工程任务组专门组建下一代 IP 网络(IP Next-Generation)工作组来研究解决这一问题。下一代 IP 网络工作组开发了新版本的 IP，即 IPv6，在 1995 年发布的一些征求意见书中进行了解释说明，并着重指出，可路由的 IPv4 地址虽然尚未分配完，但预计很快就会占满。不过，在发布 IPv6 使用说明之前，很多组织机构使用专门为不可路由的 IPv4 地址设计的网络设备。组织机构基于 IP 所构建的私营网络(单位内部网)，明确规定了不可路由的网址使用范围。1994 年发布的 RFC 第 1597 号征求意见书说明了不可路由的网址与可路由的网址相匹配/对应的方式，以便内部网合理配置不可路由的网址，与外界设备建立网络连接。采用这种网址转换(Network Address Translation，NAT)技术，能够大幅度地降低对可路由的 IPv4 地址的需求量，因此大多数单位的内部网通常都采用这种技术。家庭、公司或校园等使用专用 IP 地址建立的局域网络(内部网)，如果安装了网址转换器和路由器，就能改变网址转换器所接收的数据包源地址(IPv4 地址)，并将答复信息反馈给发送数据包的源设备，从而只需共用 1 个可路由的 IP 网址就可接入外部的互联网。然而，NAT 设备无法自动判定接收数据包的目的设备所使用的 IPv4 地址(目的地址)，从而导致网址转换器接入权问题，该问题影响 NAT 设备的系统应用程序，例如，当前计算机游戏控制台所用的对等(P2P)文件共享、网络电话(Voice over Internet Protocol，VoIP)服务、在线服务等应用程序。计算机游戏控制台要求用户端设备作为服务器，有能力接收主动提出的请求，正是这种能力对网址转换器后面的设备造成了问题，因为如果没有适当的网址转换列表，输入的请求并不容易与相应的主机内部设备建立联系。图 2.5 举例说明了网址转换功能的配置和网址转换列表。

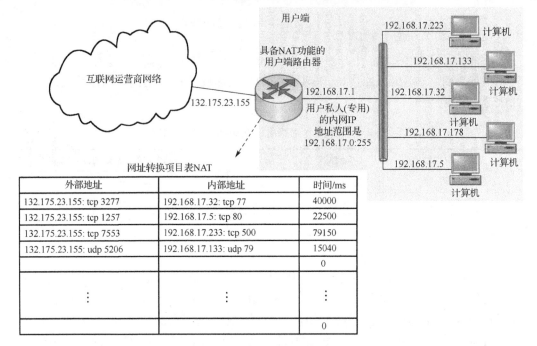

外部地址	内部地址	时间/ms
132.175.23.155: tcp 3277	192.168.17.32: tcp 77	40000
132.175.23.155: tcp 1257	192.168.17.5: tcp 80	22500
132.175.23.155: tcp 7553	192.168.17.233: tcp 500	79150
132.175.23.155: udp 5206	192.168.17.133: udp 79	15040
		0
⋮	⋮	⋮
		0

图 2.5　NAT 基本工作原理

解决 NAT 设备接入权问题的一种常用方法是,确保提出请求的任何设备都能利用目的设备的全限定域名(Fully Qualified Domain Name, FQDN)把请求发送到目的设备,即便目的设备位于 NAT 设备的后面也能送到。如果想让位于 NAT 设备后面的目的设备有能力接收主动提出的请求,可在目的设备中安装一种代理应用程序。代理应用程序可定时检测具备网址转换功能的内部网服务器,以便找到当前能够接入外界可路由的 IPv4 地址,然后与动态 DNS 服务器取得联系,提供适当的 IP 地址用于翻译全限定域名查询。代理应用程序通常每 5 分钟提供 1 次 DNS 服务器的更新信息。

2.2　常用的网络组织结构

基于 IP 构建的现代网络,通常采用下列几种物理和逻辑组织结构:

(1)有线局域网;

(2)无线网;

(3)城域网;

(4)广域网(WAN)。

本节论述了这些网络的组织结构、日常用途、遭受攻击的典型样式、滥用问题、防止网络攻击和滥用的最有效的安全技术等内容,目的有两个方面:

(1)了解基于 IP 构建的现代网络最常用的安全技术；

(2)确定与常用的网络安全管理机制相关的大量问题。

以加密算法和加密概念为基础而开发的若干项技术，为网络安全管理提供了核心能力。附录 A(可在 http://booksupport.wiley.com 网站浏览)详细地描述了加密算法和加密技术。读者须熟悉相关内容和概念。

2.2.1　有线局域网

1. 局域网用途

有线局域网用于把建筑物(办公大楼、工厂、仓库、多个和单个家庭住所等)、楼层、建筑物房间中的计算机设备使用双绞铜线、同轴电缆或光缆相互连接起来，如图 2.6、图 2.7 所示。在图 2.6 中，企业级路由器和交换机既能提供第 2 层中多种物理连接的终端设备之间相互交换的以太网数据报，又能提供第 3 层中根据路由列表信息转发的 IP 数据包。然而，在图 2.7 中，企业级路由器和交换机只能提供第 3 层中根据路由列表信息发送的 IP 数据包。因为这些路由器负责转发所连接的局域网输入输出的数据包，所以图 2.6 和图 2.7 中的企业路由器通常称作"默认路由器"。

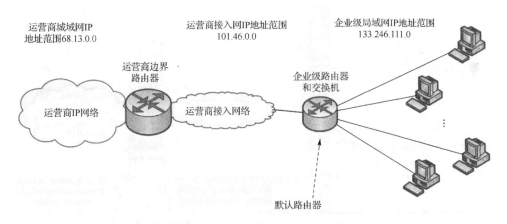

图 2.6　企业级多端口路由器和交换机的地址空间

某个局域网覆盖多个同一地区的建筑物(如校园或大型公司等)时，通常称作"校园网"或"内部网"，如图 2.8 所示。内部网通常会划分成若干相互关联的子网络，这些子网络使用不同的 IP 地址，通过路由器相互连接。图 2.8 说明了 2 个局域网中分别使用的默认路由器。IP 地址既可进行静态分配，也可进行动态分配，具体采用哪种分配方式取决于每个设备的设置参数。

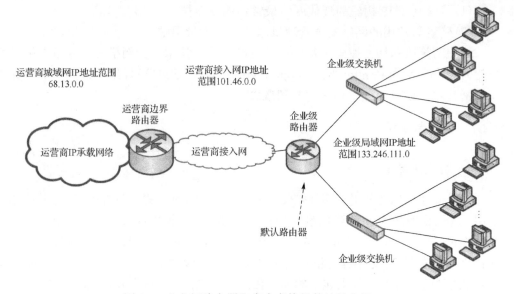

图 2.7　企业级路由器和多个交换机的地址空间

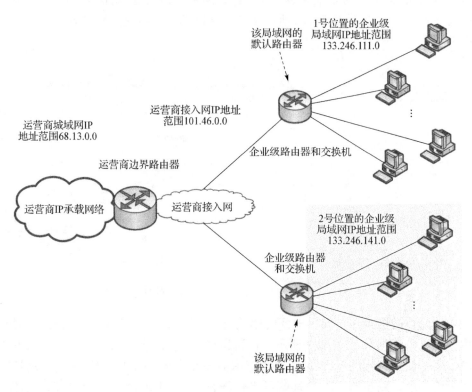

图 2.8　企业级多个位置相连的内部网和地址空间

2. 局域网安全威胁和应对技术

局域网主要遭受下述类型的攻击。

(1)通过物理方式直接联入局域网的电缆，窃取网络通信信息(类似于搭线窃听电话)。

(2)用虚假内容伪造网络流量。

(3)通过滥用地址解析协议(Address Resolution Protocol，ARP)，操控伪造的 MAC 地址(介质访问控制地址，亦称物理地址)与 IP 地址之间的映射(一一对应)关系。

(4)把某个局域网不允许传输的数据包输入该局域网中的某个终端设备上。

(5)使用未经授权的协议通过局域网输入和输出信息。

1)局域网物理设备接入的窃听

图 2.9 比较贴近实际地说明了大多数大型单位的点到点交换局域网。在该图中，每个用户端工作站、计算机或设备，都直接连接布线箱中 CAT-5 型配线架上相对应的物理端口中。布线箱中的 CAT-5 型配线架与其他配线架相互连接在一起，并最终接入第 2 层交换机(一般配置在"工作组"级别)上相对应的物理端口中。工作组交换机再接入某个局域网的默认路由器，默认路由器与工作组交换机或者配置在一起，或者配置在同一建筑物中的不同位置。多个默认路由器相互连接在一起就构建成一个以校园网为主体的局域网(也称"内部网")。配线架是局域网中容易发生非法接入连线窃取信息(也称"网络嗅探""数据包嗅探")的节点，见图 2.9 中着重标示的节点。要想对付这种类型的窃听，可采取的主要防御措施是，对配线架所在的布线箱或房间进行物理访问控制(即锁住布线箱或房间的门)，也可加装网络入侵传感器来增强防御措施，一旦发生非法进入立即报警。第 2 层中的交换机端口也是容易发生非法接入连线窃取信息的节点，利用交换机的监控端口("生成树"端口)能够获取交换机各个端口之间相互传输的信息，见图 2.9 中着重标示的节点。这些交换机的物理访问监控措施与配线架的相同。务必确保只有经过授权负责在本地和远程管理交换机的人员才能接入监控端口("生成树"端口)。

2)地址解析协议攻击或滥用

操控地址变换(映射)主要分为下列 3 种类型的攻击。

(1)拦截攻击。即把某个设备的 IP 地址与另一个设备的物理地址联系起来，也称"地址解析协议(ARP)缓存中毒"。

(2)中间人攻击。也是把某个设备的 IP 地址与另一个设备的物理地址联系起来。

（3）拒绝服务（DoS）攻击。

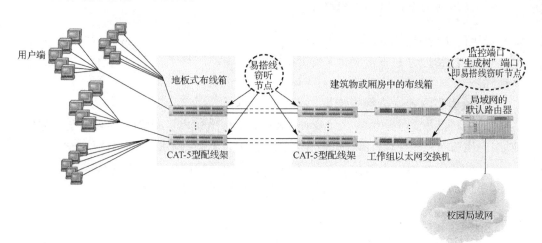

图 2.9　有线局域网中的典型窃听原理示意图

在上述 3 种类型的攻击中，攻击者要么采取下列第一种手段，要么采取下列第二种手段。

（1）用自己伪造的而不是正确的 MAC 地址答复 ARP 请求的 MAC 地址（MAC 地址本应该与其绑定的 IP 地址联系起来），致使发出请求的设备在 ARP 缓存输入错误的 IP 地址，与错误的 MAC 地址相对应。

（2）主动发送 ARP 请求信息，指令其他设备修改 ARP 缓存中的 MAC 地址与 IP 地址之间的映射关系。

实施拦截攻击时，攻击者的目的是把预定发送至其他设备的任何一个数据包全都发送至攻击者的 MAC 地址，以便窃取信息或者篡改后重新发送至预定设备。

实施中间人攻击时，攻击者的目的是把预定发送至局域网默认路由器的所有数据包全都发送至攻击者的 MAC 地址，以便窃取信息或者篡改后重新发送至预定的局域网默认路由器。

实施拒绝服务攻击时，一种形式的攻击者的目的是把预定发送至其他设备的所有数据包全都发送至局域网中任何一个设备都不使用的一些 MAC 地址。另一种形式的攻击者只是以足够高的速率主动发送 ARP 请求，或者答复 ARP 请求，以便耗尽局域网带宽，阻滞或迟滞合法的网络信息流。

针对上述类型的攻击，有线局域网通常采用以下一些防御措施。

（1）手动配置接入局域网的设备。利用永久不变的（静态）ARP 请求缓冲存储器来输入其他设备的物理地址与 IP 地址之间的映射关系。这种措施并非对连接诸多设备的任何一个局域网全都适用。有些操作系统仍然允许静态地址解析协议请求缓冲存储器超负荷接收 ARP 请求信息。

(2)确保交换端口安全。第 2 层的交换机中保存着地址解析协议绑定列表，该表说明了物理地址与网络设备物理端口之间的一一对应关系，用于防范交换与绑定的关系发生冲突的地址解析协议信息。

(3)部署 ARP 监控工具如下所示。

① ARPwatch。UNIX 系统所安装的一种程序，能够监听网络上的 ARP 答复，通过电子邮件管理系统发送通告。需要防护的设备上都应安装这种程序。

② Xarp。Windows 系统和 Linux 系统所安装的一种程序，能够检查每个网络接口的地址解析协议数据包。需要防护的设备上都应安装这种程序。

③ arpON。能够发现并阻拦各种中毒型和欺诈型地址解析协议攻击。需要防护的设备上都应安装这种程序。

④ 动态主机配置协议(Dynamic Host Configuration Protocol, DHCP)。安装在局域网路由器中，能够监控和跟踪 IP 地址与 MAC 地址之间的关联，但是只适用于安装 DHCP 的用户端，而且容易攻克。

(4)部署 IEEE 802.1x 功能模块。能够在验证设备的基础上控制物理地址与具体交换端口之间的映射关系。需要防护的设备上都应安装这种程序。图 2.10 ~ 图 2.12 说明了局域网默认路由器中安装的 IEEE 802.1x 控制功能。

(5)部署 IEEE 802.1ae 功能模块。能够在加密的基础上保护数据的保密性。需要防护的设备上都应安装这种程序。

3)数据包流攻击与特定协议攻击

在很多商业环境中，只允许使用特定的基于 IP 运行的应用程序协议，不允许把一些选定的局域网设备设置为目的设备并通过局域网默认路由器输入数据包。这种控制机制最常用的功能是数据包过滤(也称"防火墙")。默认路由器中的防火墙功能，根据所设定的规则对局域网输入输出的 IP 数据包做出限制。所设定的规则以第 3 层和第 4 层的协议报头信息为依据，明确了哪些数据包准许输入输出局域网。报头信息主要包含源设备(源 IP 地址)、目的设备(目的 IP 地址)、使用的传输协议(TCP、UDP 或 SCTP)、源应用程序(TCP 或 UDP 端口编号)、目的应用程序(TCP 或 UDP 端口编号)。图 2.10 描绘了一个默认路由器，该路由器包含第 2 层数据包交换、IEEE 802.1x 端口访问控制、数据包过滤功能。图 2.11 描绘了一个默认路由器，该路由器由 1 个具备数据包过滤功能的路由器-交换机和 2 个具备第 2 层 IEEE 802.1x 端口访问控制功能的数据包交换机构成。图 2.12 描绘了多个默认路由器，这些路由器用于一个覆盖多个地点的内部网，包含第 2 层数据包交换、IEEE 802.1x 端口访问控制、数据包过滤功能。

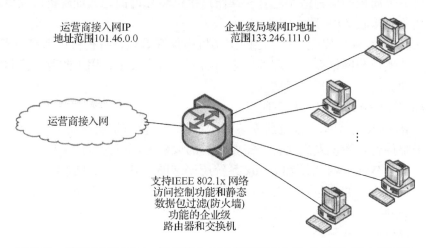

图 2.10　采用 IEEE 802.1x 标准的企业级多端口路由器-交换机-防火墙网络

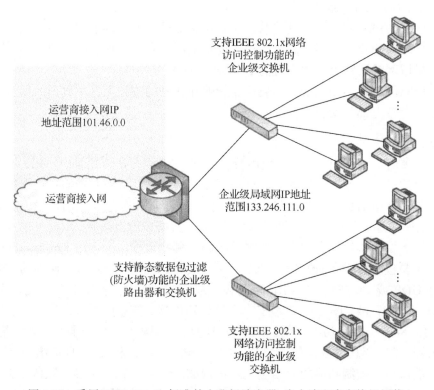

图 2.11　采用 IEEE 802.1x 标准的企业级路由器-防火墙和多交换机网络

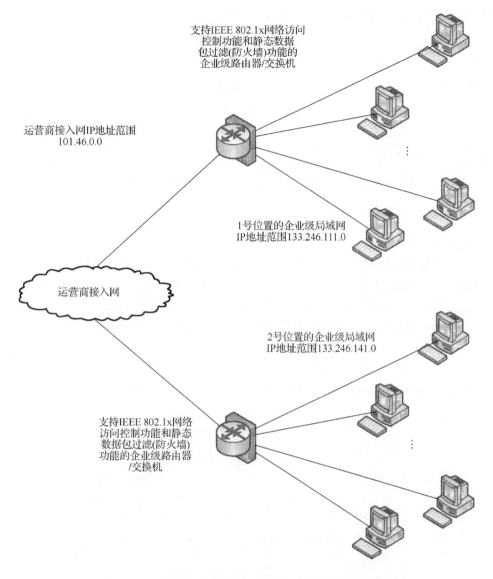

图 2.12　覆盖多个地点的企业级内部网络使用的具备
IEEE 802.1x 端口访问控制功能的多端口路由器-交换机-防火墙网络

2.2.2　无线网

经过最近 10 余年的迅猛发展，无线网的用途越来越广泛，主要分为两大类别：一类是使用未经授权的无线电频率进行的无线通信〔主要用于无线局域网（Wireless LAN，WLAN）、传感器网、Ad-Hoc 网等〕；另一类是使用经过授权的无线电频率进行的无线通信(主要用于城域网),如表 2.2 所示。

表 2.2　无线网类型

无线网类型	使用频率	网络主要用途
WLAN	未经授权的无线电频率	企业内部网、公用互联网
传感器网和 Ad-Hoc 网	未经授权的无线电频率	遥感勘测通信、临时通信
蜂窝网	经过授权的无线电频率	访问固定和移动电信运营商网络
基于 IEEE 802.16 标准构建的网络(WiMAX 网)	经过授权的无线电频率	访问固定和移动电信运营商网络
长期演进(Long-Term Evolution,LTE)网	经过授权的无线电频率	访问固定和移动电信运营商网络

1. 无线局域网

1)无线局域网用途

无线局域网的用途是,通过发送和接收无线电频率,把室外公用空间(如城市街道和公园等)、交通工具(如飞机、轮船、公共汽车、火车等)、公共建筑物和私有建筑物(如机场、咖啡店、WiFi"热点"等)中的设备相互连接起来。

无线局域网通常是以 IEEE 802.3 标准(即 CSMA/CA 技术)为基础构建的,并遵守 IEEE 802.11 链路层标准,所以又称无线以太网局域网。无线局域网通常由若干个带有独立 IP 地址空间的子网和一个安装在有线局域网连接点的路由器构成(图 2.13),并通过默认路由器中的 DHCP 为每个设备动态分配 IP 地址。

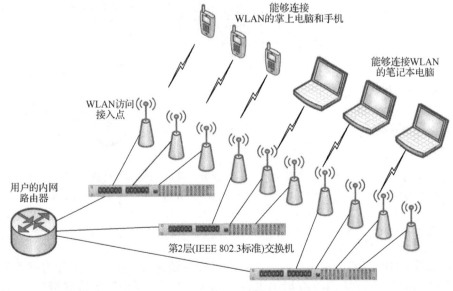

图 2.13　企业级无线局域网模型

2)无线局域网安全威胁与应对技术

凡是有线局域网所面临的安全威胁，也是无线局域网所面临的安全威胁。此外，无线局域网所面临的安全威胁还具备无线访问接入(缺乏物理控制措施)和直接干扰信号就可破坏通信等特点。无线局域网发射的信号能够覆盖访问接入点信号区的任何一个位置，因此易于实现无线窃听。黑客不用破坏网络服务就能窃听，而且通信双方发现不了。因此，必须采用强有力的加密措施控制无线局域网的访问，确保传输数据的保密性。

自从 IEEE 802.11b 和 802.11g 标准采用 2.4GHz 频段以来，基于这些标准联网的电子设备，容易遭受同样采用该波段的电子装置(如微波炉、无绳电话和业余无线电台等)干扰。这种情况是活生生的现实，务必高度重视，因为黑客很有可能采用这种方法对基于 IEEE 802.11b 或 802.11g 标准构建的无线局域网实施拒绝服务攻击(DoS)。也就是说，采用 2.4GHz 频段的无线电设备向无线局域网中持续不断地输入足够强劲的信号，阻塞无线局域网的通信链路，使其不能正常工作而处于瘫痪状态。IEEE 802.11a 标准采用的是 5GHz 频段，因此基于该标准联网的电子设备，不受以 2.4GHz 频段工作的电子产品干扰。基于 IEEE 802.11a、802.11b 或 802.11g 标准联网的电子设备，采用电气和电子工程师协会最初创建的"有线等效保密"(Wired Equivalent Privacy，WEP)安全机制(使用唯一的共享密钥进行数据源认证)和 RC4 对称加密算法，来控制无线局域网的访问与保密性。2001 年纽塞姆发表的一篇论文揭露了基于 WEP 策略构建的安全机制所存在的种种"弱点"。互联网发展到 2002 年时，任何人都能从网站上下载一种攻击软件，这种软件能够让采用 IEEE 802.11a、802.11b 或 802.11g 标准的无线局域网接口硬件的计算机，发现、定位、识别和算出无线局域网的访问认证共享密钥，整个过程历时不到 15s。这种情况很有可能引发一种新型攻击活动——"驾车攻击"(war-driving，也称接入点映射)。黑客拿着装有相关硬件和软件的笔记本电脑驾车在城区或郊区四处游猎，寻找目标用户家中和办公室中的无线局域网偷偷接入，而无线局域网所有者毫不知情。因此，就当前情况来看，任何人在使用基于 WEP 策略加密的无线局域网时，都在冒很高的风险。令人庆幸的是，国际电气和电子工程师协会(IEEE)制定了 IEEE 802.11i 标准取代"有线对等保密"。IEEE 802.11i 标准要求使用多个共享密钥，或者布设具备"远程用户认证拨号接入系统"(RADIUS)功能的认证服务器。

2. 传感器网和 Ad-Hoc 网

传感器网和 Ad-Hoc 网采用分布式部署方法实现无线网络连接，因为这些网络并不依靠预先布设的网络访问接入点基础设施来控制网络访问或使用。在这些网络中，每个设备(节点)都参与向其他节点发送数据的路由活动，既是数据发送者，同时也是数据接收者。因此，这种网络连接是动态连接的，有些设备黑客根本接触不到。由于无须预先布设基础设施，这些网络适用于执行多种特殊任务，例如：

①应对自然灾害等紧急突发事件；②军事遥感和监视等；③在艰险和偏远地区遥感勘测。

这些网络包含许多个节点或设备，这些节点或设备通过无线电广播频率链路相互连接在一起。每个网络的通信能力(如距离、带宽、连通性等)，主要取决于每个节点的资源(如电力、发射机功率、计算能力和存储能力等)、运行性能(如可靠性和信任度等)和连接性能(如视距内干扰、远距干扰、距离与信号丢失、噪声干扰等)。因为当前连接断开后随时能建立新的连接，所以这些网络能够在拓扑环境不断发展变化的场景中使用或重新构建。

移动自组网(Mobile Ad hoc Network，MANET)是一种把移动设备无线连接在一起、具有自动配置能力的网络。在 MANET 中，每个设备都能独立自由地向各个方向移动，并自动改变与其他设备的连接配置。非军用 MANET 一般采用 IEEE 802.11g 或 802.11n 标准把链路层配置为非基础设施型，从而不使用访问接入点。MANET 依靠 IP 作为互联网层协议，每个设备都传送各个设备之间路由的数据包，并共享路由信息。MANET 存在的主要难题是，确定和分发保证正确的路由方向所需的路由信息。互联网工程任务组正在开发若干种相互竞争的路由计算和分发协议，但是尚未按照征求意见书的格式公布为行业标准。

无线传感器网(Wireless Sensor Network，WSN)由地理位置上分布式部署且相互独立的设备构建而成，这些设备能够协同监控物理或环境状况，如温度、声音、振动、压力、运动、污染物质等。目前，在美国国防部高级研究计划局的资助下，某些组织机构正在运用 IEEE 802.11 标准及其他标准的无线链路层技术，研究和开发无线传感器网。

采用 IEEE 802.11 标准无线链路层技术构建的传感器网和专用网，所存在的安全问题与上面论述的 WLAN 安全问题相同。此外，MANET 也必须应对试图篡改分布式路由信息的网络攻击。对付这种类型的攻击，须采用共享密钥或非对称加密密钥，进行对等实体认证或数据源认证。不过，采用共享密钥或非对称加密密钥时，需具备密钥管理能力。

3. 蜂窝网

近几十年以来，电话运营商和互联网运营商一直在开发商用蜂窝网，最初用于移动电话服务，现在拓展到数据网络服务。绝大多数情况下，蜂窝网实际上是与现有的有线网(如 PSTN、互联网)保持移动无线连接。当前正在使用的蜂窝网络技术主要有以下几种。

(1)全球移动通信系统(Global System for Mobile Communication，GSM)。

(2)通用移动通信系统(Universal Mobile Telecommunication System，UMTS)。

(3)码分多址系统(Code Division Multiple Access，CDMA)，当前称作 CDMA2000。

GSM 的一个关键构件是用户识别模块（即 SIM 卡），是一个能够存储订购服务的用户及其他用户信息的可拆卸智能卡。GSM 采用预先共享的密钥认证签约用户身份，并且只认证申请入网的用户身份，并不认证入网后的用户身份。用户手机与网络基站之间的通信可进行加密。UMTS 中的全球用户身份模块（即 USIM 卡），采用编码更长的密钥来增强安全性，并且实现网络与用户之间相互认证。这种安全模型提高了保密性和认证能力，但是限制了授权能力，不具备不可抵赖性能力。

2009 年和 2010 年，GSM 采用的一些加密算法被黑客破译，致使 GSM 的蜂窝网保密性受到质疑。黑客一直在钻研智能手机应用程序的安全漏洞以便发动新型攻击，包括使用恶意软件进行搭线窃听。

GSM 和 CDMA2000 的网络运行，都离不开归属位置寄存器（Home Location Register，HLR）中央服务器，该种服务器中含有入网获得授权的每个移动手机用户的详细信息。CDMA 数据网依靠的是基于 IP 联网的"认证、授权和记账"（Authentication Authorization and Accounting，AAA）服务器，该种服务器采用 RADIUS 协议进行通信。

4. IEEE 802.16 标准网络

IEEE 802.16 无线网标准，是用户的固定和移动通信设备接入运营商网络所用的一种电信协议。"WiMAX"一词由 WiMAX 论坛创造，表示"全球微波接入互操作性"，是一项基于 IEEE 802.16 标准开发的无线连接技术，也称"宽带无线接入"。与蜂窝网一样，WiMAX 网络的布设也利用 AAA 服务器，该种服务器与"连接服务网"（Connectivity Service Network，CSN）配置在一起，CSN 与若干个"接入服务网"（Access Service Network，ASN）连接在一起，ASN 中含有用户设备无线接入的基站。CSN 的另一个构件是"归属代理（home agent）"，负责跟踪用户设备在 CSN 之间的漫游情况。WiMAX 网络依靠 IP 协议第 3 层，采用数字证书和数字签名进行访问授权与认证。截至 2011 年，只有美国运营商 Sprint Nextel 布设了 WiMAX 网络。采用 WiMAX 技术通信的设备与采用 LTE 技术通信的设备，相互之间没有互操作能力。

5. LTE 网络

LTE 无线网标准是一种提供固定和移动设备接入互联网能力的通信协议。该项技术是基于 GSM/EDGE 和 UMTS/HSPA 网络技术开发的，采用"第三代合作计划"（3GPP）组织和欧洲电信标准协会制定的标准。

LTE 技术也是一种宽带无线接入技术。与 WiMAX 技术相似，LTE 技术的布设也是利用 AAA 服务器和为用户设备提供无线连接的基站。LTE 网络的另一个构件是"归属代理"，负责跟踪用户设备在 LTE 网络中的漫游情况。LTE 网络依靠第 3 层 IP 协议，采用数字证书和数字签名进行访问授权与认证。美国的 Sprint Nextel 公司、MetroPCS 公司、威瑞森无线公司(Verizon Wireless)、美国电话电报无线公司(AT&T Wireless)等运营商以及其他国家的几家运营商，正在布设基于 LTE 技术开发的无线接入网。采用 LTE 技术通信的设备与采用 WiMAX 技术通信的设备，相互之间没有互操作能力。

2.2.3　城域网

城域网(MAN)用于把某个大城市地区各式各样的建筑物之间的局域网(LAN，也称内部网)、无线局域网、校园局域网，通过双绞铜线、光纤或射频相互连接起来。现代城域网目前主要由接入网和核心(骨干)网两大子网构成。

1. 城域网接入网

城域网接入网用于把用户的内部网与城域网骨干网连接起来，主要依靠一些分层的数据链路层协议实现连接，例如，数字用户线路[Digital Subscriber Line，DSL)，图 2.14]、无源光纤网(Passive Optical Network，PON)技术(图 2.15)、混合光纤同轴电缆(Hybrid Fiber/Coax，HFC)接入技术(图 2.16)等。

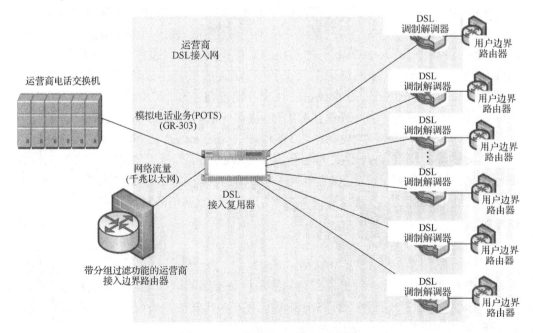

图 2.14　运营商 DSL 接入网示例

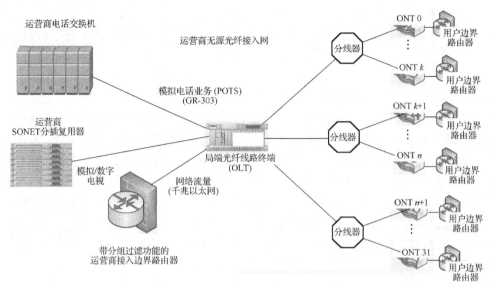

图 2.15　运营商无源光纤接入网示例

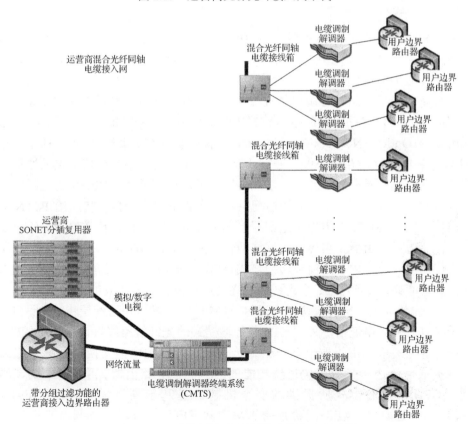

图 2.16　运营商混合光纤同轴电缆接入网示例

1) 基于 DSL 的城域网

基于 DSL 的城域网有多种配置和布局，这些配置与布局主要在上行下行数据速率、用户位置与位于中心位置的数字用户线路接入模块（DSLAM）之间距离等方面有所不同。所有基于数字用户线路接入的城域网，在组织结构上都采用轴辐式（hub and spoke）布局（图 2.14），并采用异步传输模式 ATM 作为基本链路层协议，通过 ATM 的第 1 类应用适配层（AAL-1）传输电话通信，通过第 5 类应用适配层（AAL-5）传输 IEEE 802.3 标准以太网格式的数据通信。数字用户线路接入模块 DSLAM，从 ATM 第 1 类应用适配层单元中提取电话通信，传送给 PSTN 的电话交换机；从 ATM 第 5 类应用适配层单元 AAL-5 中提取数据通信，通过千兆以太网传送给运营商边界路由器（SP-ER）。运营商边界路由器，相当于运营商城域网骨干网与运营商城域网接入网之间的分界线。运营商边界路由器带有数据包过滤功能，用于控制用户内部网（局域网）与城域网骨干网之间相互传输协议。基于 DSL 的城域网没有明确具体的认证或保密机制，因此在安全管理方面主要依靠物理安全控制和难以分析判断的电缆金属线连接。

2) 基于 PON 的城域网

基于 PON 的城域网有两种版本：旧版本采用 ATM 的宽带无源光网络（BPON）；新版本采用吉比特无源光网络以太网（GPON）传输模式，组织结构采用轴辐式布局（图 2.15）。这两种版本的不同之处主要表现在三个方面：①上行下行数据速率；②认证与保密安全机制；③用户位置与位于中心位置的光纤线路终端（Optical Line Termination，OLT）之间采用的基本数据链路层技术。BPON 能够保障至多 32 个光纤网络终端（Optical Network Termination，ONT）共享 622Mbit/s 的下行速率，采用 ATM 作为基本数据链路层协议，通过 ATM 的第 1 类应用适配层传输电话通信，通过第 5 类应用适配层传输 802.3 标准以太网格式的数据通信。BPON 的光纤线路终端设备 OLT，从 ATM 第 1 类应用适配层单元中提取电话通信，传送给 PSTN 的电话交换机；从 ATM 第 5 类应用适配层单元中提取数据通信，传送给带分组过滤功能的运营商边界路由器，再传送给城域网骨干网。光纤 ATM 所提供的安全机制，是异步传输模式单元内容的简单转换格式（称作"churn"），很容易被攻破。GPON 传输模式，能够保障至多 32 个光纤网络终端用户设备共享 1Gbit/s 的下行速率，采用 ATM 作为基本数据链路层协议，通过 ATM 的第 1 类应用适配层传输电话通信，通过千兆以太网数据通信。采用 GPON 传输模式的光纤线路终端设备，从 ATM 第 1 类应用适配层单元中提取电话通信，传送给 PSTN 的电话交换机；把千兆以太网的数据通信传送给带分组包过滤功能的运营商边界路由器，再传送给城域网骨干网。GPON 传输模式所提供的安全机制，是基于高级加密标准（Advanced Encryption Standard，AES）对称加密算法和共享密钥创建的，如果共享密钥管理得当，那么能够提供非常稳固的数据源认证和通信保密功能。BPON 和 GPON 这两种接入方式，除了都能同时传输电话通信和数据通信，还都能分配模拟与数字电视节目广播信号。

3) 基于 HFC 的城域网

光纤到路边(Fiber To The Curb，FTTC)是一种基于光缆线路平台开发的网络接入技术，光缆线路平台能够为多个用户提供服务，每个用户通过同轴电缆或双绞线与平台保持连接。这种网络所采用的技术，遵守有线电视实验室公司(CableLabs)制定的一套技术规范，这套技术规范称作"有线电缆数据服务接口规范"(Data Over Cable Service Interface Specification，DOCSIS)，准许通过有线电视(Cable TV，CATV)系统的基础设施高速传输数据。所有版本的"有线电缆数据服务接口规范"都采用电缆调制解调器(位于用户的建筑物中)和电缆调制解调器终端系统(Cable Modem Termination System，CMTS)，电缆调制解调器终端系统位于有线电视输入端位置，在组织结构上呈多路传输布局(图 2.16)。典型的电缆调制解调器终端系统，是一种类似于数字用户线路复用接入的设备，能够控制上行下行数据流端口。"有线电缆数据服务接口规范"含有基本隐私接口(Baseline Privacy Interface，BPI)规范中明确的物理层安全服务，基本隐私接口规范最近升级为 3.0 版本的"有线电缆数据服务接口规范"的部分内容，并改名为"安全"。基本隐私接口(安全)规范，采用对称数字加密标准(Digital Encryption Standard，DES)算法或高级加密系统对称加密(AES)算法以及定期改变密钥的方法，对电缆调制解调器终端系统与电缆调制解调器之间的数据流进行加密，以便保证数据的保密性。升级版的基本隐私接口(BPI+)，用公钥基础设施(PKI)向密钥交换协议中添加了基于数字证书的认证方法，从而增强了服务的安全防护特色。

2. 城域网(MAN)骨干网的使用

城域网(MAN)骨干网主要在第 2 层采用 SONET 技术在边界路由器之间传输基于 IP 的数据包，从边界路由器向核心路由器和对等路由器传送基于 IP 数据包(图 2.17)。目前，规模较大的城域网骨干网开始采用波分复用(Wave Division Multiplexing，WDM)传输技术来提高单纤的传输能力。

与局域网不同的是，这种网络技术比较复杂，一个运营商为许多用户提供服务，所冒的安全风险更高。网络安全能力主要靠运营商边界路由器(SP-ER)和运营商对等路由器(Peering Router，PR)来提供。运营商边界路由器和运营商对等路由器一般提供下列功能。

(1)分组过滤(防火墙)。使运营商能够控制运营商接入网与运营商骨干网之间传输的数据包和协议。

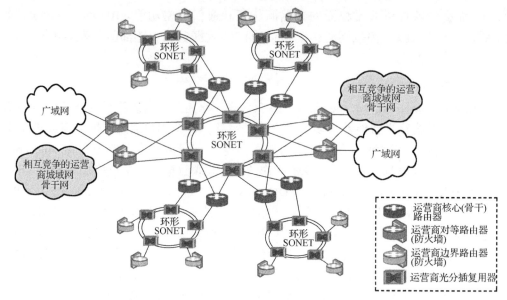

图 2.17　典型的运营商城域网骨干网的构件

(2)会话边界控制(Session Border Control, SBC)。使运营商能够控制运营商接入网与运营商骨干网之间传输的实时传输协议(Real-time Transport Protocol, RTP)数据包。

随着运营商边界路由器和运营商对等路由器硬件性能的提高，以及入侵检测系统(IDS)与入侵防御系统(Intrusion Prevention System, IPS)成本的降低，运营商边界路由器和运营商对等路由器都会包含深度报文检测(Deep Packet Inspection, DPI)功能(入侵检测系统或入侵防御系统)。运营商边界路由器还会提供下列功能。

(1)基于 IEEE 802.1x 标准的功能。使运营商能够加强对城域网接入网的用户端网络连接设备(如电缆调制解调器、DSL 调制解调器、PON ONT 终端设备等)的控制。

(2)运营商边界路由器一般含有 DHCP 服务器，该服务器能够向用户边界路由器(C-ER)或直接连接的用户设备(计算机)分配临时的 IPv4 地址。

另外，运营商边界路由器和运营商光分插复用器(SP-OADM)极少含有适用于传输数据的安全机制，因为这些设备是针对高速(1Gbit/s)至甚高速(40Gbit/s)的用户传输速率而优化配置的。

所有运营商边界路由器、运营商对等路由器、运营商核心路由器和运营商光分插复用器，都能通过本地的物理终端(或控制台)进行本地管理(包含监控)，通过专用管理网进行远程管理。这些设备的管理务必严格控制和保密，因为这些设备发生任何非法改动，都会对成千上万的用户造成不利影响。因此，远程管理应当通过单独设立的专用管理网接口实施。单独设立的专用管理网接口,要么与物理分离的管理网保持连接,要么与逻辑分离的管理网保持连接。如同加密虚拟隐私网一样,逻辑分离的管理网也是采用 IPsec 协议构建。远程管理系统通常位于网络运营中心(Network Operation Center,NOC),网络运营中心备份了大量远程管理系统,旨在确保远程管理系统的高度可用性,提供稳定可靠的管理能力。除了一般管理能力,网络运营中心还具备安全管理能力,不过这些安全管理能力包含在专用的安全运营中心(Security Operation Center,SOC)中。

2.2.4 广域网

广域网用于通过铜线或光纤把某个地区的城域网与其他地区的城域网相互连接起来。广域网能够在更远距离上传输数据,通常跨越整个城市,甚至是几个城市(图 2.18)。广域网的用户数量大幅度增加,高达数百万个,这种情况进一步提高了安全风险。广域网通过运营商对等路由器接入运营商城域网。该运营商边界路由器和运营商对等路由器提供下列功能。

(1)分组过滤(防火墙)。使运营商能够控制城域网骨干网与广域网之间传输的数据包和协议。

(2)会话边界控制。使运营商能够控制城域网骨干网与广域网之间传输的实时传输协议(RTP)数据包。

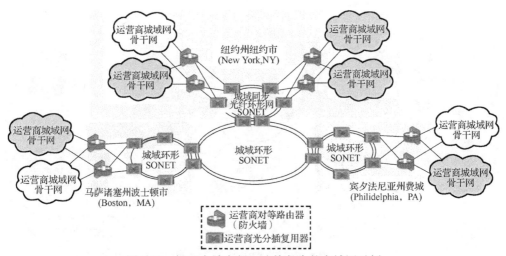

图 2.18 把三个城市相互连接起来的广域网示例

随着运营商边界路由器和运营商对等路由器硬件性能的提高,以及入侵检测系统和入侵防御系统成本的降低,运营商对等路由器将会具备深度报文检测功能(入侵检测系统或入侵防御系统)。

广域网常用的一项安全防护措施是，把广域网分成若干个相对独立的子网，以便建立和控制安全机制。广域网可从物理上分区，也可从逻辑上分区。从物理上分区耗费高，缺乏灵活机动性，尽管效率很高，但是很难实现各个分区之间共享数据。从逻辑上分区灵活机动性比较高，通过把一个网分成多个虚拟网，把用户划分为多个用户组。广域网主要采用的软分区技术是，在运营商对等路由器之间交换多协议标签(Multi Protocol Label Switching，MPLS)。广域网在组织结构上类似于与网络运营中心(NOC)[或安全运营中心(SOC)]相连的城域网骨干网。

2.2.5 基于网络分层的网络

正如前面所述，电话网用于直接传输通话模拟信号或数字信号，基于一套并行网络链路和一套简单的分层协议提供的相关电话控制信号。经过一段时期的发展，数据通信服务开始通过一套单行网络链路和一套分层协议来提供。如今，电信运营商已经把电话通信服务与数据通信服务结合成一个集中管理的通用网络基础设施，电信行业采用一套非常复杂的数据链路层来承载各种业务，这种承载能力实际上工作在广泛使用的互联网层 IP 下面。图 2.19 表示了城域网接入网、骨干网，以多个 SONET 和 WDM 传输链路为基础，组建成一套互联网。

图 2.20 表示在第 2 层互联网(图 2.19)之上叠加的一套复杂的互联网。如今，在第 2 层复杂网络之上布设第 3 层复杂网络，已成为一种司空见惯的事。

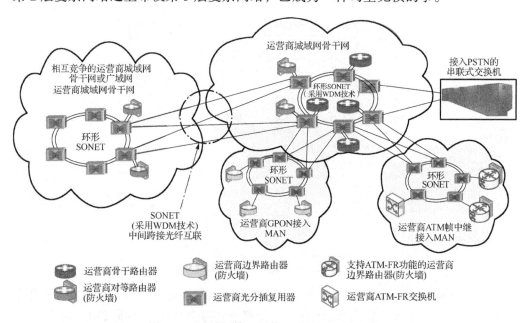

图 2.19　城域网第 2 层物理连接和逻辑连接

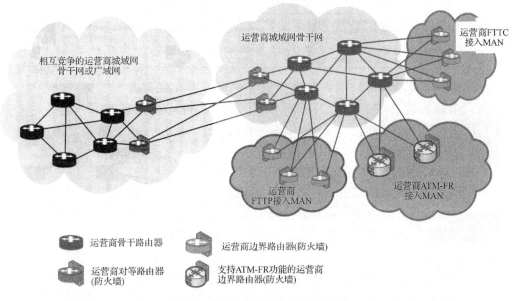

图 2.20　城域网第 3 层逻辑连接

2.2.6　其他网络技术发展

本节简要介绍了 IT 领域采用的监视控制与数据采集(SCADA)系统、传感器网、云计算等一些网络技术，并分析了这些网络技术各自存在的安全问题。

1.　SCADA 系统

SCADA 系统主要由互相连接的监视控制计算机系统、辅助控制器系统、工业用传感器(用于测量湿度、温度、压力、液体流量、位置、放射性、可见光、不可见光强度等)、电动机械传动装置(如阀门、发动机、信号灯、报警器等)构成，用于控制多种类型的工业生产流程，例如：①产品(特别是化工品)生产加工流水线和系统；②发电站(核能、石油、水力、太阳能)、电力分配系统、电网；③供暖、通风和空调系统；④电信系统。

SCADA 系统既有封闭式系统，也有开放式系统。封闭式系统，不允许外部任何网络接入；开放式系统允许外部网络接入。由于封闭式系统具有独立性，所以所遭受的网络攻击主要是内部人员攻击。在没有外部接入点或远程接入点的情况下，黑客或代理人只有直接向 SCADA 系统的计算机设备或网络构件中植入恶意软件，才能做出恶意行为。黑客采用"震网"(stuxnet)恶意软件摧毁伊朗政府提纯铀的离心机，就是典型的内部人员攻击案例。内部人员的恶意行为也会瘫痪或破坏

SCADA 的运行。不过，建立严密稳固的认证机制，通过基于职责的访问控制及其他必须遵守的访问控制机制，来限制管理范围(span of control)和控制范围(scope of commands)，可以降低内部人员做出恶意行为的概率。开放式系统与封闭式系统存在的安全隐患相同。此外，开放式系统容易发生远程实施的恶意行为，或者远程植入恶意软件。如果开放式系统使用了如互联网之类的公共网络资源，那么发生远程攻击或恶意行为的概率就会提高，除非建立了严密稳固的安全机制来严格控制远程访问。2011 年，发生了若干起 SCADA 系统遭受攻击的事件，例如：

(1)据称，黑客企图摧毁美国伊利诺伊州的公共供水系统；后来有报道说，这次事件实际上并不是网络攻击，纯粹是一次水泵故障。又有报道说，这次事件是由国际承包商远程访问造成的，与水泵故障无关。不过，还有报道对公开解释进行了质疑。有关该事件的一系列报道，让公众怀疑公共事务官员是否掩盖了 SCADA 遭受攻击的真相。

(2)赛门铁克(Symantec)网络安全公司发布了一份调查报告指出，经营关键基础设施的部门机构，很多完全依赖 SCADA 系统，大多数未参加政府的关键基础设施规划，在应对 SCADA 攻击方面并未做好充分准备。

(3)派克调研公司(PikeResearch)发布的一份报告，集中研究了公共基础设施经营者的网络安全防患意识。该份报告声称，公共基础设施经营者已经初步具备了网络安全防患意识，在今后的一些年份中，这种意识将会日益增强，不过，这种意识增强后，SCADA 应对网络攻击的能力是否会相应地提高，我们仍需拭目以待。

(4)迈克菲公司(McAfee)发布的一份报告强调指出，目前关键基础设施也经常遭受网络攻击，关键基础设施的经营者大多数认为，一些外国政府参与其中。

有些人质疑，与关键基础设施相关的 SCADA 是否也会遭受网络攻击。不过，2010 年，黑客采用"震网"蠕虫病毒对 SCADA 发动了网络攻击，并向全世界证实这一点。SCADA 系统极有可能遭受网络攻击，人们务必高度重视 SCADA 系统的安全防护工作，特别是电力、水、交通、通信、生产加工等经营社会公共基础设施的部门，应严密查找并及时弥补在安全防护工作方面存在的不足之处和薄弱环节。电网的 SCADA 系统发展十分迅速，已经取得"智能电网"(Smart GRID)的美称。"智能电网"意指，在整个国家电网中的发电、配电、商业用电、居民用电等基础设施中插入智能装置，通过电网中各种构件之间的双向交互，调节整个社会的供电用电，以便更加节约高效地利用电能。如果不从一开始就全面重视网络安全问题，"智能电网"的 SCADA 就会成为网络攻击或网络滥用的重点目标。

2. 传感器网

传感器网基本上就是 SCADA，有的是基于固定（有线）网络连接构建的，有的是基于无线（基于无线电信号）网络连接构建的，其核心能力是传感器的功能而不是流程控制能力。基于固定网络连接构建的传感器网，所面临的安全问题与 SCADA 相同。无线传感器网（WSN）由于采用无线通信连接，比较容易遭受无线电信号截获、篡改通信信息、干扰堵塞无线电信号（拒绝服务攻击）之类的网络攻击。有些传感器网是集中控制，有些传感器网能够自动接入（MANET）。MANET 中的传感器网运行，依赖于两端节点（信息发送端与接收端）和中间节点（为其他节点传送信息的节点）的各种构件。

一般情况下，MANET 是一种使用移动设备通过无线连接构建而成的自动配置和分散控制的网络。由于 MANET 的部署费用和管理费用都比较低，很多政府特别注重 MANET 在军事和应急（如赈灾）方面的用途。MANET 中的每个设备都能独立自由地向各个方向移动，因此与其他设备的连接经常发生变化。每个设备都需传递本身不用的信息，因而发挥了路由器的作用。构建 MANET 需要解决的主要难题是，让每个设备都能连续不断地保持相互连接，以便正确传递所需路由的信息。这种网络既可独立运行，也可接入互联网。由于 MANET 的设备既是两端节点又是中间节点，MANET 的路由（数据包传递）机制很容易成为网络攻击的目标。值得注意的是，在 MANET 中，某个设备遭到攻击后很有可能成为对其他设备发动攻击的起点。

3. 云计算

近些年来，计算机和网络领域的一些专家学者纷纷投入一项举世瞩目的课题创新研究——云计算。云计算是对过去出现的计算概念重新定义，是对以往的行业创新成果进行的深入开发利用，依赖的是虚拟机（Virtual Machine，VM）技术而不是专用硬件构件。虚拟机运行环境是基于一个通用的计算平台创建的，如图 2.21 所示。通用计算平台的物理资源受主操作系统控制，主操作系统称作"系统管理程序"（hypervisor），负责管控虚拟机资源，并在虚拟机资源与物理资源之间建立映射关系。云计算有 3 种基本类型。

（1）硬件作为服务（Hardware as a Service，HaaS）。类似于销售商按照用户具体需求向用户提供可以配置的硬件，为用户的生产系统作备份，或者帮助用户处理产能过剩问题。

（2）基础设施作为服务（Infrastructure as a Service，IaaS）。类似于销售商按照用户具体需求向用户提供可以配置的硬件和操作系统运行环境，为用户的生产系统作备份，或者帮助用户处理产能过剩问题。

(3)软件作为服务（Software as a Service，SaaS）。类似于销售商向用户提供包租型应用层生产数据处理服务。

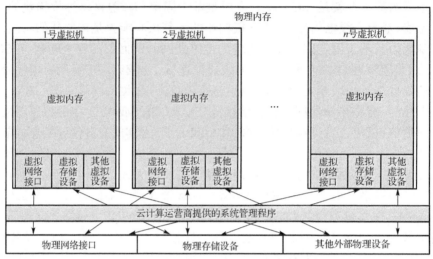

图 2.21 虚拟机基本运行环境

1）HaaS

通过提供硬件作为服务（HaaS），云计算运营商(C-SP)向用户提供可以配置的虚拟机，让用户提高产品处理能力，同时降低与硬件采购、维护保养、基础设施、能源消耗等相关的费用。在这种类型的云计算服务中，运营商所提供的虚拟机运行环境受主操作系统控制，主操作系统负责管控某个通用物理硬件平台中的多个虚拟机，如图 2.22 所示。

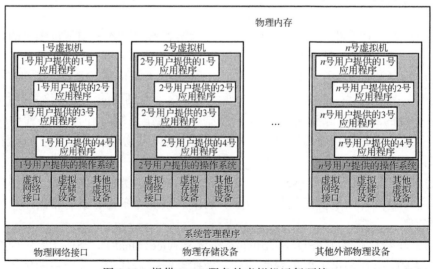

图 2.22 提供 HaaS 服务的虚拟机运行环境

在这种类型的云计算中，每台虚拟机安装何种操作系统，运行哪些应用程序，都由该台虚拟机的用户负责选择和提供。云计算运营商为用户提供虚拟机，虚拟机在云计算运营商系统管理程序的监控下运行。从安全角度讲，这种类型的云计算主要存在下列问题。

(1)如何接入和控制云计算运营商管控的系统管理程序？之所以产生这一问题，是因为系统管理程序是物理计算系统诸元中的主操作系统，能够影响每个虚拟机的运行，还有可能干扰虚拟机的工作。

(2)谁有权在虚拟机中安装操作系统和应用程序？只有虚拟机所配属的用户和云计算运营商的工作人员才能获得这种授权吗？在虚拟机中安装软件意味着获得了访问控制权，而这种授权也有可能用于干扰虚拟机中的软件性能。

(3)谁负责控制虚拟机运行环境中所处理的数据？一般情况下，"硬件服务"所提供的虚拟服务，包含可以使用云计算运营商存储域网络(SAN)设施中的云定位虚拟存储器。只有用户才有权访问存储域网络中保存的用户信息吗？云计算运营商的工作人员有权访问 SAN 中保存的用户信息吗？如果云计算运营商收到法院指令，要求其向执法部门提供用户信息，应当怎么办？如果云计算运营商申请破产，应当如何处理用户信息？

从某种程度上讲，可在合同书中明确上述问题。但是，即便如此，谁也不能保证不违反合同书中的相关条款。

2) IaaS

与 HaaS 一样，订购 IaaS 服务的每个用户也是分配一个可以配置的虚拟机。在这种类型的云计算中，云计算运营商为用户提供虚拟机和虚拟机中所需安装的操作系统，如图 2.23 所示。

在这种类型的云计算中，用户只负责选用和提供所分配的虚拟机中运行的应用程序。从安全角度讲，这种类型的云计算主要存在下列问题。

(1)如何接入和控制云计算运营商管控的系统管理程序？

(2)谁有权在虚拟机中安装操作系统？

(3)谁有权对虚拟机中安装的操作系统进行访问控制和维护？

(4)谁有权在虚拟机中安装应用程序？

(5)谁负责控制虚拟机运行环境中所处理的数据？一般情况下，IaaS 所提供的虚拟服务，包含可以使用基于 SAN 运行的虚拟存储器。只有用户才有权访问 SAN 中保存的用户信息吗？云计算运营商的工作人员有权访问 SAN 中保存的用户信息吗？如果云计算运营商收到法院指令，要求其向执法部门提供用户信息，应当怎么办？如果云计算运营商申请破产，应当如何处理用户信息？

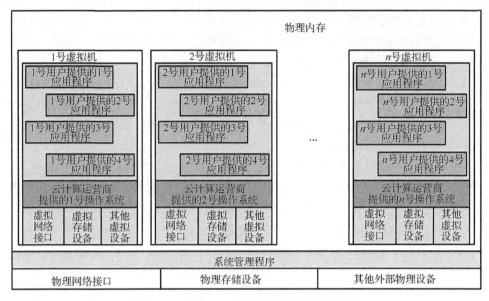

图 2.23　提供 IaaS 服务的虚拟机运行环境

从某种程度上讲，可在合同书中明确上述问题。但是，即便如此，谁也不能保证不违反合同书中的相关条款。

3）SaaS

与 HaaS 和 IaaS 一样，订购 SaaS 服务的每个用户也是分配一个可以配置的虚拟机。在这种类型的云计算中，云计算运营商为用户提供虚拟机和虚拟机中所需安装的操作系统及所有应用程序，如图 2.24 所示。

在这种类型的云计算中，用户只负责选用和提供数据，在所分配的虚拟机中使用云计算运营商提供的应用程序进行处理。从安全角度讲，这种类型的云计算主要存在下列问题。

（1）如何接入和控制云计算运营商管控的系统管理程序？

（2）谁有权在虚拟机中安装操作系统？

（3）谁有权对虚拟机中安装的操作系统进行访问控制和维护？

（4）谁有权在虚拟机中安装应用程序？

（5）谁有权对虚拟机中安装的应用程序进行访问控制和维护？

（6）谁负责控制虚拟机运行环境中所处理的数据？一般情况下，SaaS 服务所提供的虚拟服务项目，包含可以使用基于 SAN 运行的虚拟存储器。只有用户才有权访问 SAN 中保存的用户信息吗？云计算运营商的工作人员有权访问 SAN 中保存的用户信息吗？如果云计算运营商收到法院指令，要求其向执法部门提供用户信息，应当怎么办？如果云计算运营商申请破产，应当如何处理用户信息？

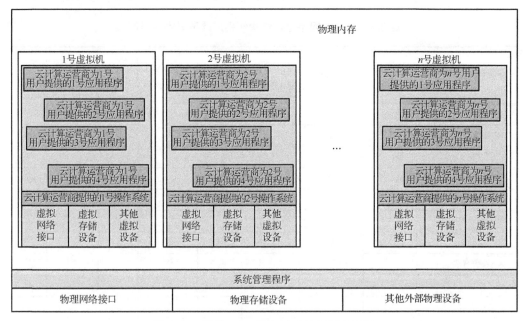

图 2.24　提供 SaaS 服务的虚拟机运行环境

从某种程度上讲，可在合同书中明确上述问题。但是，即便如此，谁也不能保证不违反合同书中的相关条款。

4）公用与私用云计算

探讨 HaaS、IaaS 和 SaaS 等类型的云计算时，访问和控制用户数据是一个关键问题。另一个关键问题是，配给用户的虚拟机能否接入网络。云计算运营商正在开发"第三方"市场，以便提供公用云服务。某些单位正在开发内部网的云计算能力（私用云）。借助于第三方提供的云计算服务，用户一般通过互联网之类的公用网络接入所配给的虚拟机，而某些单位的内部云计算依靠单位的内部网接入所配给的虚拟机。与私用云相比，公用云所冒的安全风险较高，比较容易遭受网络攻击，这是因为公众都可访问公用云所接入的公用网络，网络访问量越大，发生恶意行为的概率就会越高。私用云所冒的安全风险较低，这主要是因为私用云的运营商属于集体用户，与订购云计算服务的普通用户一样必须接受安全管控。

2.2.7　现代网络中的安全机制

前面有关网络组织结构的章节介绍了网络安全机制。表 2.3 总结了不同的网络组织结构所采用的不同安全机制。

表 2.3　不同的网络组织结构所采用的不同安全机制

安全机制	局域网（内部网）	无线局域网	传感器网 Ad Hoc网	蜂窝网	WiMAX网 LTE网	城域网接入网	城域网骨干网	广域网
IEEE 802.1x	是	是	是			是		
IEEE 802.1li		是						
IEEE 802.1ae	是							
IPsec 协议	是	是	是			是[①]	是[①]	是[①]
分组过滤	是	是				是		是
会话边界控制	是[②]					是		是
交换端口安全	是	是		是	是			
AAA 服务器	是[③]	是[④]		是[⑤]	是[⑤]	是[⑥]	是[⑥]	是[⑥]
ARP 协议监控	是[⑦]							
密钥管理			是[⑧]	是	是	是[⑨]		
PKI	是[⑩⑫]	是[⑩]	是[⑩⑪]			是[⑬]	是	是
联网的入侵检测传感器	是[⑪]					是[⑪]	是[⑪]	是[⑪]

注：①城域网接入网、城域网骨干网、广域网中安装的 IPsec 协议，应当使用基于 IP 协议进行对等实体认证和数据源认证的 SONET 网数据通信信道（DCC）、波分复用系统光监控信道（OSC）。这两种信道采用开发 OSI 协议时，没有能力拒收竞争商所发送的非法信息。②会话边界控制（SBC）可用于局域网（内部网），但是通常用于数据中心的局域网，而不是普通局域网。③有线局域网使用 AAA 服务器保障基于 IEEE 802.1x 标准的网络访问控制。④有线局域网可使用 RADIUS 服务器、AAA 服务器来支撑 802.1li 和 WPA 安全机制。⑤蜂窝网和 WiMAX 网使用 AAA 服务器进行用户认证与访问控制。⑥AAA 服务器经常用于远程访问管理控制期间的认证。⑦既能监控用户端，又能监控服务器的 ARP 协议监控机制有多种类型。⑧传感器网和 Ad Hoc 网采用若干种安全机制对分布式路由的信息进行认证，并保证数据的完整性和保密性。这些安全机制通常依赖于使用共享的保密密钥，共享的保密密钥必须通过某种形式的密钥管理来生成、分发和更换。⑨基于 GPON 网构建的城域网接入网，依赖于高级加密标准对称加密算法（AES）和共享的保密密钥，共享的保密密钥必须通过某种形式的密钥管理来生成、分发和更换。⑩局域网、无线局域网、传感器网、Ad Hoc 网、城域网、广域网，都可采用非对称加密进行需要个人密钥、X.509v3 数字证书及"认证、授权与记账"功能的对等实体认证。⑪传感器网和 Ad Hoc 网，可采用非对称加密进行需要个人密钥、X.509v3 数字证书及路由信息分发功能的对等实体认证。⑫ IPsec 协议功能中包含采用非对称加密进行需要个人密钥和 X.509v3 数字证书的对等实体认证。⑬城域网和广域网可使用 IPsec 协议进行远程管理活动，IPsec 协议功能中包含采用非对称加密进行需要个人密钥和 X.509v3 数字证书的对等实体认证

　　构建这些类型的网络，都需要布设大量网络互联设备（如交换机、路由器、防火墙、接入点、PON/DSL/电缆调制解调器、数字用户线路接入模块 DSLAM、CMTS、OLT、ADM 等），因此网络管理特别是安全管理，对于集中统一且连续

不断地控制安全功能至关重要。安全管理对于所布设的安全机制能否产生效果有重大影响。

在探讨下一代网络(NGN)之前，尤为需要注意的是，在传统网络中，应用程序的安全由应用程序自身负责，并不借助于网络资源。除了使用 PKI、RADIUS 服务器或 Kerberos 认证服务器，应用程序并不使用其他网络安全能力。换句话讲，应用程序的安全是一种端到端负责的安全，与网络安全机制毫不相干。然而，在 NGN 中，这种情况将会发生变化。

2.3 下一代网络与接口

随着网络技术的快速发展，运营商正在把基于 TDM 技术构建的传统 PSTN 网，发展成为基于数据包技术构建的 NGN。NGN 网络的运行依靠多种网络接入技术，能够为用户、签约用户或用户提供多种服务。本节首先探讨了 NGN 中所使用的技术、协议和架构。开发 NGN 架构的根本目的是，从服务的角度把网络技术和安全机制结合成有机统一的整体。本节简要概括了基于 ITU-T Y.2012 和 ITU-T Y.2201 号建议书(标准)构建的 NGN 的功能与架构，并着重论述了 NGN 中采用的安全概念和安全机制。ITU-T Y.2012 号文件是一份有关 NGN 功能和架构的建议书，对 NGN 提供的各种服务进行了明确定义和详细说明，还对保障这些服务所采用的网络技术进行了具体说明。下面内容是参考 ITU-T 发布的上述建议书撰写的。

2.3.1 下一代网络的框架结构与拓扑

与当前的固定网络相比，下一代网络在体系结构和服务等方面提高了复杂程度。由于增加了多种网络接入技术，并且大幅度提高了灵活机动性，下一代网络能够保障多种多样的网络配置和布局。图 2.25 举例说明了下一代网络的骨干网和接入网。

在图 2.25 中，下一代网络的骨干网(如同运营商的城域网骨干)是下一代网络的关键组成部分，为用户提供下一代网络的包租服务。下一代网络的骨干网与运营商的城域网接入网不同之处是：下一代网络的骨干网提供的是一个或多个接入网共享的通用功能，而运营商的城域网接入网并不向终端用户直接提供服务。下一代网络的接入网与骨干网主要在技术、所有权、管理需求等方面相互区别。所有权不同，意味着下一代网络骨干网采用的安全政策，与所连接的接入网采用的安全政策有所不同。

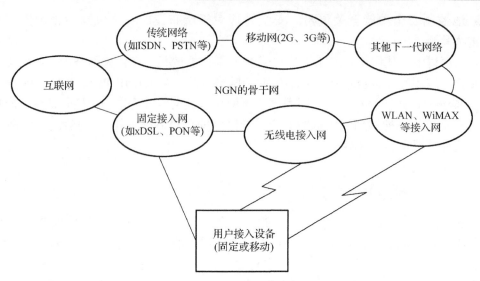

图 2.25　NGN 的骨干网与接入网

ISDN 为综合服务数字网；2G 为第二代蜂窝网；3G 为第三代蜂窝网；
xDSL 为数字用户线路网(非对称、非对称、高传输速率等)

1. 功能实体与功能群

下一代网络架构的关键构件是功能实体(Functional Entities，FE)与功能群 (Functional Group，FG)。功能实体是指由一组相关的具体功能(子功能)结合而成的 实体，从端到端功能架构的角度看，功能实体是一个有机组成的统一整体。一个功 能实体可能位于同一个地理位置(如中心办公室、数据中心等)，也可能跨越几个相 互协作的物理单元。一个功能实体通常是在某些网络单元上运行的一个软件程序(或 者是一个软件程序的一部分)。一个功能实体的间隔尺寸(粒度)取决于预定或所需的 分解空间。若所需功能可拆分为 2 个或多个有利于在不同地理位置布设的程序，则 最好把所需功能界定为 2 个或多个分散部署、相互协作的功能实体，而不应当只用 1 个功能实体来实现所需功能。

值得注意的是，实现功能实体间隔的可能性至关重要。把一组相关的具体功能 (子功能)只界定为一个单独的功能实体(即与其他功能实体相互分离)，并不影响物 理环境中的映射关系。整个功能实体可通过多套物理方案来实现。不过，出于性能 方面的需要，个别运营商也很有可能把 2 个或多个单独的功能实体结合为 1 个物理 设施。

功能实体基准模型是对系统架构做出的抽象说明，为研究分析重要的功能实体 及其之间的相互关系提供了框架结构或组织结构。基准模型的间隔尺寸(粒度)取决 于基准模型的用途。

在功能实体框架结构中，每个功能群都含有一个功能实体基准模型。功能群是指为简便清晰地说明功能实体的框架结构而编成的一组功能实体。这一概念对于说明功能基准模型和功能架构具有极其重要的作用，因为这一概念提供了对密切相关的功能实体进行编组的方法。一旦把功能实体分配给物理实体，功能群所发挥的作用就会降低，这是因为通常情况下，功能群与物理实体之间不是一一对应的关系。

不过，编组功能群的目的并不是限制功能实体在物理空间的布局。

2. 域和接口

安全域的概念已经发展了 20 余年，是公众对某个组织机构所有权、控制权和信任度的普遍看法。安全域的属性与所有者、共用方或委托方紧密相关。一般来讲，某个域中的所有设备与同类域中的所有设备都遵守共同的安全政策。图 2.26 中有 5 个域：Alice 用户域、Bob 用户域、3 个运营商域，还说明了各个域之间的界限（也称"界面"或"接口"）：

（1）用户与运营商之间的域接口，称作用户网络接口（User-Network Interface，UNI）；

（2）运营商与运营商之间的域接口，称作网络节点接口（Network-Network Interface，NNI）。

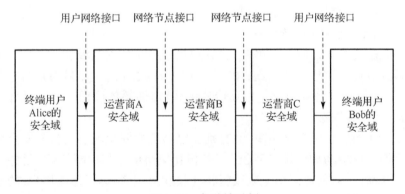

图 2.26　各种域示例

下一代网络架构主要有三种域：

（1）用户（终端用户）域；

（2）运营商接入域；

（3）运营商核心/服务域。

运营商接入域和运营商核心/服务域属于同一个运营商时，二者之间的接口为NNI，或者为内部网络节点接口（Internal NNI，INNI）。用户域采用了各式各样的接入服务方法，包括老式简易电话、IP 电话和装置，以及为用户组织内部终端用户提供网络连接、消息发送等非语音通信服务所用的应用程序。运营商接入域采用了若干项网络接入技术，用于执行第 1 层和第 2 层发送的网络连接协议。该域具备分布式互联网(第 3 层)功能。运营商接入域中所部署的设备，通常采用相对简单的环形网络拓扑，以便合理分配终端用户与运营商接入域[也称"边缘聚合" (edge aggregation)]之间的通信。运营商接入域还可采用 PON 技术。运营商核心/服务域包含各种核心功能，这些核心功能对于为用户提供成套服务至关重要。该域中的功能实体与其他域中的功能实体相互联系和相互作用。各种功能实体之间的接口，以及各种域之间的分界点，为实现网络一体化和互操作性提供连接点。下一代网络架构能够保障实现下述设想：下一代网络的多种核心/服务网，为用户提供端到端服务时能够实现互操作。也就是说，1 个运营商能够在城市地区内部、城市地区之间布设多种核心/服务网。举个简单的例子，召开一次端到端会议，能同时使用发端核心/服务网和终端核心/服务网。运营商可运营 1 个或多个独立的接入网，具体数量取决于运营商组织机构的特性。核心/服务网与接入网之间、发端网与终端网之间的具体功能划分，主要取决于运营商的商业决策，很难准确界定每个网络配置单元的属性。与网络架构中相互独立的硬件接点不同的是，这些网络配置单元在网络拓扑中能够采用多种方法混编和配置在一起。

UNI 表示电路交换(Circuit Switched, CS)网基础设施单元与运营商接入网基础设施单元之间相互连接的逻辑点。

(1)在数据链路层，两个网络单元(分别在电路交换安全域、运营商安全域中充当中介单元)直接物理连接在一起，相互交换信号与控制信息，目的是与电路交换网基础设施、运营商网络基础设施相互传输运载者(即媒体或用户)的通信信息(数据帧、数据单元、数据报、数据包)。

(2)在互联网层，两个网络单元(分别在电路交换安全域、运营商安全域中充当中介单元)很少直接物理连接在一起，但是相互交换信号与控制信息，目的是与电路交换网基础设施、运营商网络基础设施相互收发运载者(即媒体或用户)的通信信息(数据包)。

(3)在传输层，两个网络单元(分别在电路交换安全域、运营商安全域中充当终端单元)从不直接物理连接在一起，但是能够让电路交换网基础设施和运营商网络基础设施中，以端到端连接为基础的每个终端单元之间执行特定的程序时，相互交换运载者(即媒体或用户)的通信信息和信号与控制信息(数据报或字节流)。

(4)在应用层，两个网络单元(分别在电路交换安全域、运营商安全域中充当终端单元，或者都在不同的电路交换安全域中充当终端单元)从不直接物理连接在一起，但是能够让每个应用程序中，以端到端连接为基础的每个终端单元之间执行特定的应用功能时，相互交换运载者(即媒体或用户)的通信信息、信号与控制信息、管理信息。

INNI 表示同一安全域中网络基础设施单元之间相互连接的逻辑点。

(1)在数据链路层，两个网络单元(都在同一安全域中充当中介单元)直接物理连接在一起，相互交换信号与控制信息，目的是在网络基础设施中相互传输运载者(即媒体或用户)的通信信息(数据帧、数据单元、数据报、数据包)。

(2)在互联网层，两个网络单元(都在同一安全域中充当中介单元)很少直接物理连接在一起，但是相互交换信号与控制信息，目的是在网络基础设施中相互传输运载者(即媒体或用户)的通信信息(数据包)。

(3)在传输层，两个网络单元(都在同一安全域中充当终端单元)从不直接物理连接在一起，但是能够让网络基础设施中，以端到端连接为基础的每个终端单元之间执行特定的程序时，相互交换运载者(即媒体或用户)的通信信息和信号与控制信息(数据报或字节流)。

(4)在应用层，两个网络单元(都在同一安全域中充当终端单元)从不直接物理连接在一起，但是能够让每个应用程序中，以端到端连接为基础的每个终端单元之间执行特定的应用功能时，相互交换运载者(即媒体或用户)的通信信息、信号与控制信息、管理信息。

NNI(即网络节点接口)表示两个不同的运营商安全域中两个网络基础设施单元之间相互连接的逻辑点。

(1)在数据链路层，两个网络单元(分别在两个不同的运营商安全域中充当中介单元)直接物理连接在一起，相互交换信号与控制信息，目的是与两个不同的运营商网络基础设施相互传输运载者(即媒体或用户)的通信信息(数据帧、数据单元、数据报、数据包)。

(2)在互联网层，两个网络单元(分别在两个不同的运营商安全域中充当中介单元)很少直接物理连接在一起，但是相互交换信号与控制信息，目的是与两个不同的运营商网络基础设施相互收发运载者(即媒体或用户)的通信信息(数据包)。

(3)在传输层，两个网络单元(分别在两个不同的运营商安全域中充当终端单元)从不直接物理连接在一起，但是能够让两个不同的运营商网络基础设施中，以端到端连接为基础的每个终端单元之间执行特定的程序时，相互交换运载者(即媒体或用户)的通信信息和信号与控制信息(数据报或字节流)。

(4)在应用层，两个网络单元(分别在两个不同的运营商安全域中充当终端单元)从不直接物理连接在一起，但是能够让每个应用程序中，以端到端连接为基础的每个终端单元之间执行特定的应用功能时，相互交换运载者(即媒体或用户)的通信信息、信号与控制信息、管理信息。

NGN 网络可以从逻辑上分解为不同的子网(图 2.27)。图 2.27 描绘了 4 个不同类型的运营商(1号运营商有核心/服务域和接入域，2号运营商只有接入域，3号运营商有核心/服务域和接入域，4 号运营商只有核心/服务域)。之所以对下一代网络进行逻辑分解而不是物理分解，主要考虑在不久的将来，这种情况一定会变成现实：物理设备既具备接入网特征，也具备核心网特征。当 1 个网络单元同时具备接入网特征和核心网特征时，很难对网络进行纯粹的物理分解。

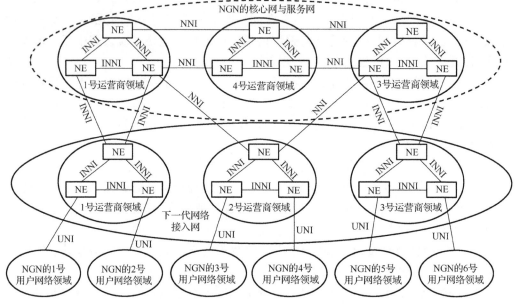

图 2.27   网络层中 NGN 的主要组成部分

NE 为网络实体；NNI 为网络节点接口；INNI 为内部 NNI 接口；UNI 为用户网络接口

下一代网络的主要组成部分如下。

(1)用户网络领域。用户网属于家庭网或企业网中的网络，通过 UNI 与运营商接入网相连接。UNI 是运营商与用户之间的分界点。用户网中的终端用户从下列项目中获得内容服务。

① 运营商为用户提供的接入网和核心/服务网(见图 2.27 中的 1 号用户和 1 号运营商)。

② 运营商为用户提供的核心/服务网(见图 2.27 中的 3 号用户和 1 号运营商或 3 号运营商)。

③ 提供公共服务的用户网中的功能实体。

④ 提供专门服务的用户网中的功能实体，可能有专用网络地址分配方案。

(2)运营商接入网领域。运营商接入网从用户网中收集终端用户通信信息，并把这些信息传递给运营商核心/服务网。运营商接入网领域可进一步划分为若干个子域。子域内部之间的接口，称作"内部网络节点接口"（INNI）。接入网与核心/服务网之间的接口，称作"网络节点接口"（NNI）。接入网位于传输层中。

（3）运营商核心/服务网领域。运营商核心/服务网与源自终端用户的通信信息相互作用，提供用户订购的服务。核心/服务网的运营商负责核心/服务网的经营管理。核心/服务网与接入网之间的接口，有可能是 INNI 接口（二者都在同一个领域时），也有可能是连接接入网领域和核心/服务网领域的 NNI 接口（二者不在同一个领域但由同一个运营商经营管理时）。不同运营商的核心/服务网之间，总是通过 NNI 接口实现相互连接。运营商核心/服务网所包含的功能和能力，既属于传输层，也属于服务层。

下一代网络引入"域"这一概念，旨在大致划分管理界限。通过 NNI 相互连接时，有时可以共享，有时禁止共享详细的网络拓扑信息，但是通过 INNI 相互连接时，总是可以共享。在图 2.27 中，接入网和核心/服务网可能属于同一运营商领域，也有可能属于不同的运营商领域。

3. 协议层、功能平面、接口

除了 UNI、NNI、INNI 等概念，NGN 网络还引入了一个概念：网络通信信息并非全都相同，而是表示下述 3 个方面的活动。

（1）用户平面活动（即数据平面或媒体平面）。所具备的功能是，提取用户信息存放位置数据，执行实时传输协议（RTP）、超文本标记语言（Hypertext Markup Language，HTML）、多用途互联网邮件扩展（Multipurpose Internet Mail Extensions，MIME）等协议，负责传输用户所需的信息，如网页、电子邮件、短信、文档、语音通话、视频流/电影等。

（2）控制平面活动。所具备的功能是，提取信号与控制信息所在位置等数据，执行会话起始协议（Session Initiation Protocol，SIP）、边界网关协议（Border Gateway Protocol，BGP）、开放式最短路径优先（Open Shortest Path First，OSPF）协议、DHCP、ARP、互联网控制消息协议（Internet Control Message Protocol，ICMP）等协议，负责传输用于控制用户平面活动（指的是信号）或网络活动（如数据包路由、会话时间控制等活动，指的是控制）的信息，这种信息称作信号与控制平面通信信息。

（3）管理平面活动。所具备的功能是，提取管理信息所在位置数据，执行SNMP、网络时间协议（Network Time Protocol，NTP）、DNS 协议、轻量目录访问协议（Lightweight Directory Access Protocol，LDAP）等协议，负责传输用于管理设备的信息（如故障、配置、计费、性能、安全等方面的管理信息，即 FCAPS管理信息）。

如远程登录（Telnet）协议、FTP、简易文件传输协议（Trivial file Transfer

Protocol，TFTP）、简单邮件传输协议（Simple Mail Transfer Protocol，SMTP）、POP3
之类的旧版协议，把控制平面活动和用户平面活动这两种能力结合在一起；如 SIP、RTP
之类的新版协议，目前仍在研发之中，试图把这两种能力相互分离。图 2.28 说明了协
议、接口、用户平面、信号与控制平面、管理平面之间的结合。所有协议层的通信内
容都可穿越不同类型的接口（UNI、INNI、NNI）。用户平面、信号与控制平面的通信内
容也可穿越这些接口。但是，管理平面活动总是由管理功能之间的相互作用而产生的，
传输层、网络层、数据链路层、物理层把管理平面的活动仅仅视作应用层的通信内容。

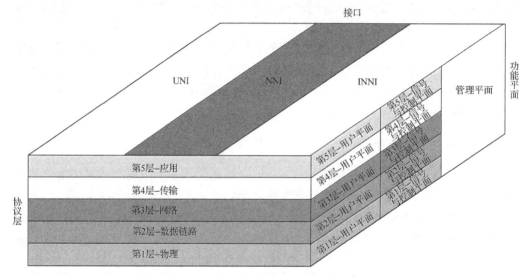

图 2.28　协议层、功能平面、接口之间的结合

　　为帮助读者理清协议层、功能平面、接口之间的关系，我们举两个例子来加以
说明。第一个例子（图 2.29）：Alice 用户内部网中的一个工作站，与 Bob 用户内部
网中的一个服务器相互作用。Alice 用户内部网和 Bob 用户内部网，都与同一个通
用运营商网络相互连接在一起。

　　从图 2.29 中可以看出：

　　（1）应用层（第 5 层）和传输层（第 4 层）的用户平面、信号与控制平面在工作站与
服务器之间的端到端通信内容，只是穿越 UNI。这种类型的通信，只是靠运营商的
基础设施传输，除了传输字节，与运营商的任何设备都不直接发生作用。不过，运
营商边界路由器可对这种类型的通信进行恶意内容检查，如果不是恶意内容，就视
作字节传输。

　　（2）互联网层（第 3 层）的用户平面、信号与控制平面在用户边界路由器与运营商
边界路由器之间的通信内容，穿越 UNI。这种类型的通信，只是靠运营商接入网传
输，除了传输字节，与运营商接入网的任何设备都不直接发生作用。

（3）互联网层（第 3 层）的用户平面、信号与控制平面在运营商边界路由器与运营商核心路由器之间的通信内容，穿越 INNI。运营商边界路由器可对互联网层（第 3 层）用户平面的通信进行恶意内容检查，如果不是恶意内容，就视作字节传输。另外，运营商边界路由器和运营商核心路由器可对互联网层（第 3 层）信号与控制平面的通信信号进行处理，从而确保用户平面路由和传输的信号正确无误。

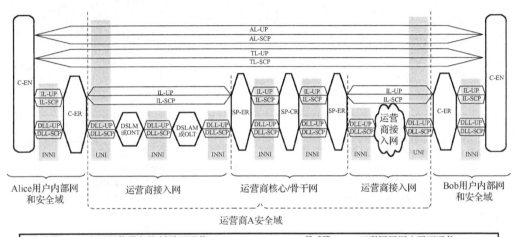

AL-SCP	应用层信号与控制平面通信	IL-UP	互联网层用户平面通信
AL-UP	应用层用户平面通信	INNI	内部网络-网络接口
C-EN	用户终端节点(用户端或服务器)	ONT	光纤网络终端
C-ER	用户边界路由器	SP-ER	运营商边界路由器
DLL-SCP	数据链路层信号与控制平面通信；	SP-CR	运营商核心路由器
DLL-UP	数据链路层用户平面通信	TL-SCP	传输层信号与控制平面通信
DSLM	DSL 调制解调器	TL-UP	传输层用户平面通信
IL-SCP	互联网层信号与控制平面通信	UNI	用户网络接口

图 2.29　两个终端节点和一个运营商示例

（4）数据链路层（第 2 层）的用户平面、信号与控制平面在用户工作站与服务器之间的所有通信信息，都由相关的用户边界路由器进行处理，可穿越 INNI。用户边界路由器与运营商接入网设备（数字用户线路调整解调器）之间，或者与光纤网络终端设备之间这两种类型的通信，都是穿越 UNI。不过，这两种类型的通信，也可穿越运营商接入网和运营商核心/骨干网内部各个设备之间的 INNI。

第二个例子（图 2.30）：Alice 用户内部网中的一个工作站，与 Bob 用户内部网中的一个服务器相互作用。Alice 用户内部网和 Bob 用户内部网，与两个不同的运营商网络相互连接在一起，这两个不同的运营商网络直接连接在一起（即两个运营商之间是直接对等关系）。

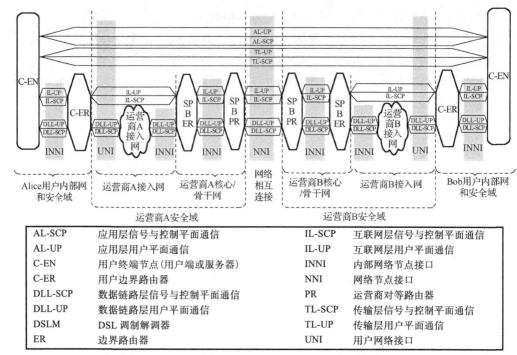

AL-SCP	应用层信号与控制平面通信	IL-SCP	互联网层信号与控制平面通信
AL-UP	应用层用户平面通信	IL-UP	互联网层用户平面通信
C-EN	用户终端节点(用户或服务器)	INNI	内部网络节点接口
C-ER	用户边界路由器	NNI	网络节点接口
DLL-SCP	数据链路层信号与控制平面通信	PR	运营商对等路由器
DLL-UP	数据链路层用户平面通信	TL-SCP	传输层信号与控制平面通信
DSLM	DSL 调制解调器	TL-UP	传输层用户平面通信
ER	边界路由器	UNI	用户网络接口

图 2.30 两个终端节点和两个运营商示例

从图 2.30 中可以看出:

(1)应用层(第 4 层)和传输层(第 4 层)的用户平面、信号与控制平面在工作站与服务器之间的端到端通信内容,只是穿越用户与其运营商之间的 UNI,但是在两个不同的运营商核心/骨干网之间传输时,可穿越 NNI。这种类型的通信,只是靠两个运营商的基础设施传输,除了传输字节,与运营商的任何设备都不直接发生作用。不过,运营商边界路由器和运营商对等服务器(SP-PR)可对这种类型的通信进行恶意内容检查,如果不是恶意内容,运营商边界服务器就会把通信内容视作字节进行传输。

(2)互联网层(第 3 层)的用户平面、信号与控制平面在用户边界路由器与运营商(A 或 B)边界路由器之间的通信内容,穿越 UNI。这种类型的通信,只是靠运营商接入网传输,除了传输字节,与运营商接入网的任何设备都不直接发生作用。

(3)互联网层(第 3 层)的用户平面、信号与控制平面在运营商 A 边界路由器与运营商 A 对等路由器之间的通信内容,穿越运营商 A 核心/骨干网中的 INNI;在运营商 B 边界路由器与运营商 B 对等路由器之间的通信内容,穿越运营商 B 核心/骨干网中的 INNI。运营商边界路由器可对互联网层(第 3 层)用户平面的通信进行恶意内容检查,如果不是恶意内容,就视作字节传输。另外,运营商边界路由器和运营商对等路由器可对互联网层(第 3 层)信号与控制平面的通信信号进行处理,从而确保用户平面路由和传输的信号正确无误。但是，数据链路层(第2层)的用户平面、信号与控制平面在用户工作站与服务器之间的所有通信信息，都由相关的用户边界路由器进行处理，可穿越INNI。用户边界路由器与运营商(A或B)接入网设备之间这两种类型的通信，都是穿越UNI。不过，这两种类型的通信，不但能穿越运营商接入网和运营商核心/骨干网内部各个设备之间的INNI，而且能穿越运营商核心/骨干网之间的NNI。

4. 下一代网络功能参考模型

图2.31说明了下一代网络功能参考模型的基本框架结构。ITU-T Y.2012号文件指出，该种框架结构由2个垂直方向的"层"、一系列垂直方向的应用和管理功能和3个水平方向的"域"构成。

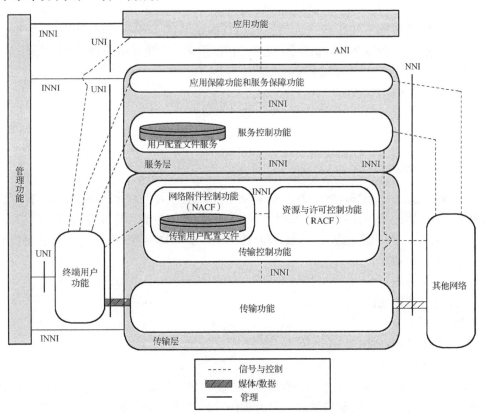

图2.31 NGN网络功能参考模型的框架结构

ANI为应用网络接口；INNI为内部网络节点接口；NNI为网络节点接口；UNI为用户网络接口

1) 层

NGN网络的体系结构，可划分为若干个相互联系的逻辑层(其中两个层分别称作传输层、服务层）以及管理功能群、应用功能群。"层"用于说明下一代网络功能的逻辑子集，与执行这些功能所采用的技术无关。每个功能层都向邻近的层提供能力。这种划分方法有助于理解下一代网络所涉及的功能，但是不能说明执行这些功能的物理过程。

2) 管理功能群

管理功能群包含与服务质量、安全、系统和网络管理相关的管理功能。该功能群负责向所有层中的各个功能实体提供 FCAPS 管理功能，例如，故障、配置、计费、性能、安全之类的运营支撑功能。我们在后面探讨下一代网络管理概念时，再详细论述管理功能群。

3) 应用功能群

应用功能群负责：

(1) 确定和管理签约用户，包括签约用户的签名、选订项目及其他重要数据；

(2) 确定和管理服务，包括保障服务的基础设施、构建基础设施所用的通用数据和媒体功能；

(3) 用户认证与授权；

(4) 为具有服务特色的应用程序提供运行环境。

令人遗憾的是，ITU-T Y.2012 号文件，并未对功能群进行详细论述。

5. 传输层

传输层包含各种逻辑功能，这些逻辑功能除了能够为下一代网络中各种物理上相互分离的功能提供连通性，还能保障传输媒体、信号与控制、管理等方面的信息。传输功能包括接入网功能、边界功能、核心传输功能、网关功能。传输层含有下列功能：

(1) 接入网功能；

(2) 边界功能；

(3) 核心传输功能；

(4) 网关功能；

(5) 媒体处理功能；

(6) 传输控制功能。

下一代网络的体系结构并未对所采用的技术和内部结构（如传输核心网、传输接入网）进行设想。这一点至关重要，因为我们可以举多个例子来说明，如何把传输层功能部署在只在第 1 层（通过 WDM 传输）或第 2 层（通过 SONET、通用框架协议、通用多协议标签交换协议）相交的并行逻辑网络中。传输功能侧重于第 2 至第 4 层的能力，能够把信号与控制信息、管理信息进行物理分离或逻辑分离，然后传输给专用传输基础设施。这种情况很有可能发生在运营商基础设施内部。图 2.32 说明了运营商的城域骨干光纤网、城域接入光纤网与多个运营商广域网相互连接在一起。与同一运营商广域网通过光纤实现相互连接时,只涉及第 1 层协议和第 2 层协议。但是,与不同运营商广域网通过运营商对等路由器和访问控制能力实现相互连接时,只涉及第 3 层协议。

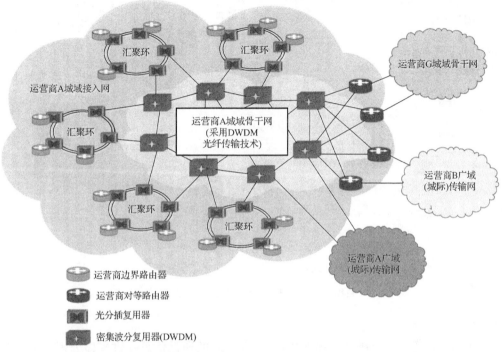

图 2.32 运营商城域接入光纤网和城域骨干光纤网示例

下面,我们详细说明上述 6 种功能。

1) 接入网功能

接入网的功能是,管控终端用户接入网络,收集和汇总终端用户向核心网传输的信息。该种功能包含与用户通信直接相关的服务质量控制机制,如缓冲管理、排队与时序安排、数据包过滤、流量分类、流量标记、流量监管、流量整形等能力。接入网功能的实现,离不开下列网络接入技术。

(1)电缆(光纤或同轴电缆)。

(2)xDSL(金属双绞线)。

(3)无线连接(如 IEEE 802.11、IEEE 802.16、LTE)。

(4)光纤。

图 2.33 说明了采用 PON 技术和 xDSL 技术连接的接入网。有线连接接入网与无线连接接入网大同小异。

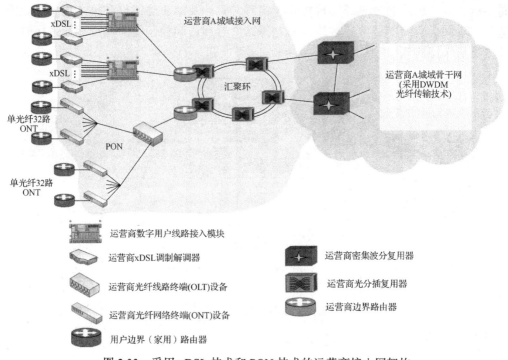

图 2.33　采用 xDSL 技术和 PON 技术的运营商接入网架构

2) 边界功能

边界功能是指，为向核心传输网络输入汇总的通信信息提供媒体处理和通信处理等能力。该种功能包含服务质量与通信控制，核心传输网络之间也可使用该种功能。该种功能还包含静态数据包过滤、深度报文检测、安全通道终止、会话边界控制等功能。这些能力由运营商边界路由器或与之配置在一起的设备提供。

3) 核心传输功能

核心传输功能负责保证整个核心网信息传输，并为数据传输提供不同的传输质量。该种功能包含与用户通信直接相关的服务质量控制机制，如缓冲管理、排队与时序安排、数据包过滤、流量分类、流量标记、流量监管、流量整形、门控制、防火墙等能力。这些能力由运营商城域骨干网路由器、运营商光分插复用器或与之配置在一起的设备提供。

4) 网关功能

网关功能提供与终端用户功能和(或)其他网络(包括其他类型的下一代网络和当前构建的很多网络，如 PSTN、互联网运营商等)联网能力。下一代网络标准未对该功能的设备作出规定。不过，IMS 网络对该种功能的设备作了一些规定。

5) 媒体处理功能

媒体处理功能为数据传输提供媒体资源分配等服务，例如，生成语音信号，对数字化语音进行重新编码等。该种功能特指对媒体资源的处理。

6) 传输控制功能

传输控制功能包括资源与许可控制功能(Resource and Admission Control Function, RACF)、网络附件控制功能(Network Attachment Control Function, NACF)。下一代网络标准未对该种功能的设备作出规定。不过，IMS 网络对该种功能的设备作了一些规定。

资源与许可控制功能，在接入网和骨干网中，就服务控制功能(Service Control Function, SCF)与传输功能之间有关服务质量的传输资源控制问题做出仲裁。该种功能为服务控制功能提供抽象的网络传输基础设施，使运营商并不知道传输设施的具体情况(如网络的拓扑、连通性、资源利用、服务质量控制机制和技术等)。

资源与许可控制功能，根据服务控制功能的申请执行基于政策的传输资源控制，判定传输资源的可用性和许可权，对传输功能进行控制以便进行决策(包括资源预约、许可控制、门控制、网址转换和防火墙、网络穿越)。资源与许可控制功能，与传输功能相互作用，旨在控制传输层中的某个或某些功能：带宽预定和分配、数据包过滤；通信保密分级、作标记、维持秩序、优先权处理；网址和端口翻译；防火墙。下一代网络标准未对该种功能的设备作出规定，图 2.33 也未对该种功能的设备进行说明。不过，IMS 网络对该种功能的设备作了一些规定。

网络附件控制功能，在接入层进行注册，对终端用户功能进行初始化，以便接入下一代网络服务，包括传输层用户身份识别和认证、接入网 IP 地址空间管理、接入会话验证等能力。该种功能还为终端用户提供服务层中下一代网络功能的链接地址。

网络附件控制功能主要提供下列能力。

(1) 动态提供 IP 地址及其他方面的设备配置参数。

(2) 用户签名，自动发现用户设备性能及其他参数。

(3) IP 地址层用户和网络认证。

(4) 根据用户配置文件对接入网进行配置。

(5) IP 地址层位置管理。

网络附件控制功能还能够传输用户配置文件，即在传输层中采用某种功能的数据库形式，把某个用户信息与其他控制数据结合为一个"用户配置文件"进行传输。不过，读者应注意"用户"一词的具体含义，因为该词表示服务消费者、服务订购者、网络管理员或服务管理员。下一代网络标准未对该种功能的设备作出规定，图 2.33 也未对该种功能的设备进行说明。不过，IMS 网络对该种功能的设备作了一些规定。

6. 服务层与 IMS 网络

服务层负责对网络中应用层的通信信息进行呼叫处理和实时路由，还负责管理传输平面中可分配的资源。ITU-T Y.2012 号文件并未详细说明服务层，不过欧洲电信标准协会在 IMS 网络中采用一系列相互联系的标准对服务层的整套功能实体进行了解释说明。2.3.2 节说明了 IMS 网络服务层的架构。

2.3.2　IMS 多媒体子系统(IMS 网络)

IMS 网络是：

(1)一种框架结构，用于向固定位置和移动用户传送基于 IP 的多媒体信息(语音、视频、音频、消息等)；

(2)一系列不同类型的功能，由标准化接口相互连接在一起，结合在一起时组成 1 个 IMS 网络管理网，在该种网络中，IMS 网络的管理域等同于安全域。

IMS 网络的功能并不是节点或元件，而是 ITU-T Y.2012 号文件中所说的功能实体和功能群。执行 ITU-T Y.2012 号文件时，可把 IMS 网络的两项或多项功能结合为一个元件。出于可用性、载荷平衡、隔离、组织结构等方面的需要，每个元件可在一个网络中出现多次。

用户可采取多种方法接入 IMS 网络，无论采取哪种方法都使用标准的 IP。IMS 网络的直接终端(如移动电话、掌上电脑、计算机等)，可直接在一个基于 IMS 网络的网络上注册，还可漫游接入另一个基于 IMS 的网络(访问的网络)。唯一要求是，IMS 网络的设备和网络必须使用 IPv6(早期版本的 IMS 网络使用 IPv4)，并运行"SIP 协议用户代理"(SIP-UA)。IMS 网络能够支持固定连接(如数字用户线路、电缆调制解调器、以太网等)、移动连接、无线连接(如无线局域网、WiMAX)。其他电话系统，如 POTS、H.323、与 IMS 网络不兼容的网络电话(VoIP)系统等，通过网关支撑运行。

IMS 网络的服务层中，主要有下列功能群。

(1)归属签约用户服务器。

(2)控制功能服务器。

(3)应用服务器。

(4)多媒体服务器。

(5)出口网关。

(6)PSTN 网关。

(7)多媒体资源。

1. 归属签约用户服务器

归属签约用户服务器(Home Subscriber Server，HSS)，也称用户配置文件功能(User Profile Server Function，UPSF)，是用户总数据库，为真正处理呼叫信号的IMS网络提供支撑。HSS含有与用户订购服务相关的信息(用户配置文件)，对用户进行认证与授权，提供用户的地理位置信息。该种服务器类似于蜂窝电话系统中的全球移动系统主机位置注册和认证中心。IMS网络使用多个归属签约用户服务器时，需要使用签约用户位置功能(Subscriber Location Function，SLF)对用户地址进行映射。当前版本的归属签约用户服务器，只含有与应用程序服务相关的签约用户信息，并不用于如连接接入网之类的传输层功能的认证与授权(如IEEE 802.11i、IEEE 80.1x、GPON认证等)。HSS和SLF，都通过Diameter协议进行通信。HSS用户数据库，含有IP多媒体公开身份统一资源标识符(Universal Resource Identifier，URI)、IP多媒体隐私身份统一资源标识符、国际移动签约用户身份(International Mobile Subscriber Identity，IMSI)、用户电话号码等信息。IMS网络的其他功能实体，只能利用Diameter协议获取订购IMS网络服务的用户认证和授权信息。Diameter协议的使用安全(用户认证、数据保密性和数据完整性)，由IPsec协议负责保障，因为Diameter协议不能在内部提供这些安全服务。

2. 呼叫会话控制功能

某些类型的SIP协议服务器或代理服务器，统称呼叫会话控制功能(Call Session Control Function，CSCF)，用于处理基于IMS网络的网络中的SIP协议信号数据包。这些服务器的功能如下。

1) 代理-呼叫会话控制功能

代理-呼叫会话控制功能 (P-CSCF)是一种SIP协议代理服务器，为IMS网络终端的第一个联络点，可配置在受访问的网络中，也可配置在家庭网络中。下面对P-CSCF进行说明。

(1)在SIP协议注册过程中，被分配给IMS网络终端，注册过程中不发生变化。

(2)位于所有信号信息的路径上，能够检查每条信息。

(3)通过含有SIP协议用户代理的IPsec IKE协议对用户设备进行认证，与用户设备建立一套IPsec协议关联。这种功能能够预防欺诈攻击和重放攻击，保护用户的隐私信息。其他节点依靠P-CSCF的认证过程，不必在网络层次再次对用户设备进行认证。

(4)也可含有决策功能(Policy Decision Function，PDF)，该种功能对具备独立决策功能的媒体转让资源(如服务质量管理、带宽管理等)进行授权。

（5）为使用服务账户生成收费记录。

2）服务-呼叫会话控制功能

服务-呼叫会话控制功能（S-CSCF），是 IMS 网络发送信号信息的核心节点，是一种 SIP 协议服务器，但是也执行会话控制。该种功能总是位于家庭网络中，采用 Diameter 协议，通过 IPsec 协议与 HSS 进行通信，以便下载和上传用户配置文件，因为该种功能没有用户的本地存储区，所以需要的一切信息都是从 HSS 下载。下面对 S-CSCF 进行说明：

（1）处理 SIP 协议注册，能够绑定用户位置（终端 IP 地址）和 SIP 协议地址；

（2）位于所有信号信息的路径上，能够对每条信息进行 SIP 协议纵深数据包检查；

（3）决定向哪个或哪些应用服务器发送 SIP 协议信息，以便提供服务；

（4）提供路由服务，一般采用电子编号查询方式；

（5）执行网络管理员的政策。

为了合理分配工作量，确保可用性，网络中可配置多个 S-CSCF 服务器。因此，HSS 受到询问-呼叫会话控制功能（I-CSCF）询问时，负责向用户分配 S-CSCF。I-CSCF 与 HSS 之间的通信，必须通过 IPsec 协议使用 Diameter 协议。

3）询问-呼叫会话控制功能

询问-呼叫会话控制功能（I-CSCF）是另一种 SIP 协议功能，位于管理域的边缘。I-CSCF 的 IP 地址公布在域名服务器中，以便相互连接的其他运营商域中的远程服务器，能够找到 I-CSCF，并把 I-CSCF 用作向本域发送 SIP 协议数据包的发送点。I-CSCF 使用 Diameter 协议通过 IPsec 协议询问 HSS，获取用户位置，然后把 SIP 协议申请传送给所分配的 S-CSCF。

3. 应用服务器

应用服务器（Application Server, AS）主管和执行服务，采用 SIP 协议与 S-CSCF 建立连接。AS 有 3 种工作模式：SIP 协议代理服务器模式、SIP 协议用户代理模式和 SIP 协议背对背用户代理模式。具体采用哪一种工作模式，取决于实际提供的服务。AS 可配置在家庭网络中，也可配置在不同的 IMS 网络运营商网络中。AS 与 HSS 之间的通信，必须使用 Diameter 协议，通过 IPsec 协议加以保护。

4. 媒体资源功能

媒体服务器，也称媒体资源功能（Media Resource Function, MRF），提供与媒体相关的功能，如媒体操作、播放语音信息和通告等。每个 MRF 服务器都有一个媒体资源功能控制器和一个媒体资源功能处理器。

5. 网关控制与媒体功能

出口网关控制功能(Breakout Gateway Control Function,BGCF)是一种 SIP 协议服务器,该种服务器含有基于电话号码的路由功能,只有从 IMS 网络中呼叫交换线路网(如 PSTN)中的某个电话时,才使用该种服务器。

PSTN 网关与 PSTN 交换线路网保持连接,包括以下几种。

(1)信号网关。把信息流控制传输协议之类的协议转换成信息传递方协议[PSTN使用的七号信令(SS7)]。

(2)媒体网关控制器功能。利用 H.248 接口控制媒体网关(Media Gateway,MGW)中的资源。

(3)媒体网关与 PSTN 中的媒体平面(音频线路)保持连接。

ITU-T Y.2021 号文件详细说明了 Y.2012 下一代网络中 IMS 网络的架构图。图 2.34 说明了下一代网络中 IMS 网络的功能实体布局。图的左侧有许多与网关相关的功能实体,这些功能实体能够支撑与其他运营商网络的相互连接。图的上方和右侧有许多与媒体处理、媒体控制、基础设施保障相关的功能实体。NMS-EMS 为网络管理系统-网元管理系统。

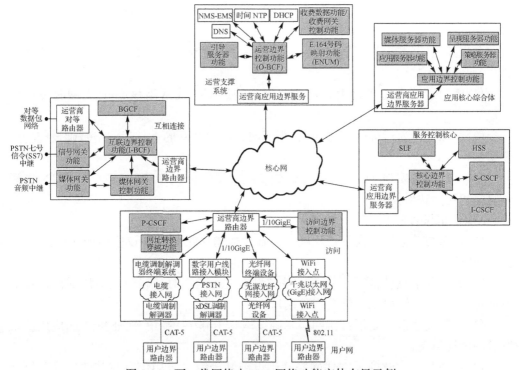

图 2.34 下一代网络中 IMS 网络功能实体布局示例

6. 边界控制功能

边界控制功能(Border Control Function，BCF)提供了下一代网络中的多种安全能力，能够控制提供相互连接、访问、运营支撑、应用服务和服务控制功能的下一代网络核心/骨干网与基础设施之间的通信(图 2.34)。基础设施不同，配置的边界控制功能也不同。边界控制功能大致分下述几种类型。

(1)静态数据包过滤(防火墙)。主要用于限制哪些应用协议可以在下一代网络核心/骨干网基础设施与某个专用基础设施之间传输，哪些目的系统可以接受下一代网络核心/骨干网传输的数据包。

(2)一般深度报文检测(DPI)(如入侵检测系统、入侵防御系统)，用于检测正在传输的应用协议信息，确保未夹带恶意程序。

(3)网址(端口)解析(NAT/P)。如果运营商为某个专用基础设施选用了一个不可路由的网址范围，则需要使用网址(端口)解析。

如果从专用基础设施的角度仔细分析边界控制功能，就会发现，边界控制功能可与单个设备中的其他功能配置在一起，如同当前采用的商业版"电信级(carrier class)"虚拟路由器平台一样，能够保障多种同时虚拟执行环境。这些虚拟路由器产品，能够提供多个可以个人配置的逻辑路由器，相当于物理上相互独立的路由器产品。

在相互连接的基础设施功能区中，互联边界控制功能(I-BCF)可与下述功能配置在一起(图 2.35)。

(1)虚拟运营商边界路由器功能。用于传送下一代网络核心/骨干网收发的数据包。

(2)虚拟运营商对等路由器功能。用于向其他运营商的下一代网络基础设施传送数据包。

(3)出口网关控制功能。用于 SIP 协议统一资源标识符(SIP URI)与 PSTN 电话号码之间建立映射关系。

I-BCF 能够保障：

(1)跟踪与其他运营商下一代网络基础设施建立的 SIP 协议应用会话(SIP 协议会话窃听)；

(2)封锁其他运营商下一代网络基础设施发送的实时传输协议应用媒体信息的数据包流(实时传输协议"针孔"控制)；

(3)封锁其他运营商下一代网络基础设施基于源/目的 IP 地址和传输/应用协议发送的数据包流；

(4)封锁其他运营商下一代网络基础设施基于综合应用信息与其他模式和统计标准发送的数据包流。

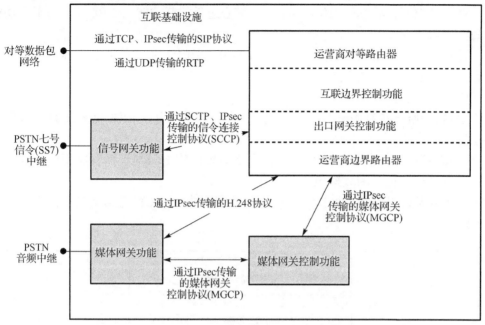

图 2.35　互联基础设施边界控制功能

在运营支撑系统基础设施功能区中，运营边界控制功能(O-BCF)可与下列功能配置在一起：

虚拟运营商应用边界服务器(SP-AER)功能。用于在运营支撑系统与运营商下一代网络核心/骨干网之间传送数据包。

O-BCF 能够保障：

(1)封锁运营支撑系统与下一代网络基础设施之间基于源/目的 IP 地址和传输/应用协议传输的数据包流；

(2)封锁运营支撑系统与下一代网络基础设施之间基于综合应用信息及其他模式和统计标准传输的数据包流。

在应用核心综合基础设施功能区中，应用边界控制功能 (AP-BCF)可与下列功能配置在一起：

虚拟运营商应用边界服务器(SP-AER)功能，用于在应用服务器与运营商下一代网络核心/骨干网之间传送数据包。

AP-BCF 可保障：

(1)封锁应用服务器与下一代网络基础设施之间基于源/目的 IP 地址和传输/应用协议传输的数据包流；

(2)封锁应用服务器与下一代网络基础设施之间基于综合应用信息及其他模式和统计标准传输的数据包流。

在服务控制核心基础设施功能区中,核心边界控制功能 (C-BCF)可与下列功能配置在一起:

虚拟运营商应用边界服务器(SP-AER)功能。用于在服务控制服务器与运营商下一代网络核心/骨干网之间传送数据包。

C-BCF 可保障:

(1)封锁服务控制服务器与下一代网络基础设施之间基于源/目的 IP 地址和传输/应用协议传输的数据包流;

(2)封锁服务控制服务器与下一代网络基础设施之间基于综合应用信息及其他模式和统计标准传输的数据包流。

在接入基础设施功能区中,访问边界控制功能(A-BCF)可与下列功能配置在一起(图 2.36)。

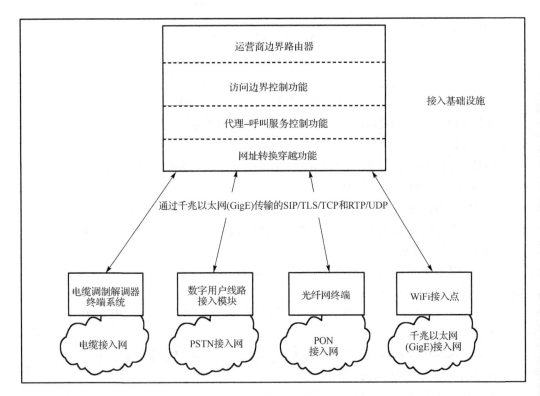

图 2.36 接入基础设施边界控制功能

(1)虚拟服务网边界路由器功能。用于传送下一代网络核心/骨干网收发的数据包。

(2)代理-呼叫服务控制功能(P-CSCF)。

(3)网址转换穿越功能和协议，如会话穿越(STUN)，建立交互式连接(ICE)，使用中继穿越(TURN)。

A-BCF 可保障：

(1)跟踪与下一代网络接入基础设施中的设备建立的 SIP 协议应用会话(SIP 协议会话窃听)；

(2)封锁传送下一代网络接入基础设施发送的实时传输协议(RTP)应用媒体信息的数据包流(实时传输协议"针孔"控制)；

(3)封锁下一代网络接入基础设施基于源/目的 IP 地址和传输/应用协议发送的数据包流；

(4)封锁下一代网络接入基础设施基于综合应用信息及其他模式和统计标准发送的数据包流。

7. 下一代网络传输域与服务域之间关系

下一代网络能够连接各种各样的服务。任何运营商提供的特定服务，都取决于商业需要和用户需要。图 2.37 举例说明了下一代网络中的多个服务域。

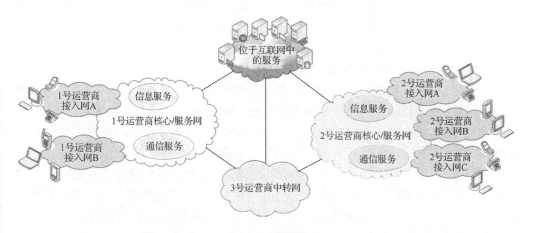

图 2.37　下一代网络服务域示例

在图 2.37 中，1 号运营商经营两个接入网，这两个接入网通过 1 号运营商核心/服务网提供 3 个服务域的连接。

(1)第一个服务域是通信服务。这些服务可能完全位于 1 号运营商领域内，也可能为其他运营商保障端到端服务。1 号运营商保障的端到端通信服务，与 2 号运营商保障的通信服务能够互操作。这两个运营商保障的通信服务通过一个中转网相互连接在一起，该中转网只不过是另一个运营商的核心/服务网，但是这个核心/服务网只传输不同运营商之间的通信信息。网络访问控制功能实体用于保护其他域和中转网中的服务域功能实体。尤为注意的是，中转网另一侧的网络也有可能是另一种类型的外部网（如 PSTN）。

(2)第二个服务域是信息服务。该服务域提供的是网页寄存之类的服务。这些服务功能实体可直接接入 1 号运营商的核心网，也可通过与第三方签订安全布局协议，由第三方提供连接。

(3)第三个服务域是接入位于互联网中的服务。这些服务不属于 1 号运营商领域，也不在 1 号运营商的营业范围，而是通过 1 号运营商在用户与互联网服务承包商之间提供的间接连接进行访问。

图 2.37 所举的例子，只是下一代网络中非常小的一部分布局。

2.4 小结

认证、授权、访问控制、数据保密性和数据完整性，存在于现在网络基础设施的许多功能实现中。物理构件接入网络需要访问控制，在判定是否准许或授权物理接入（即通过密钥、访问卡、门禁、通行卡、个人识别码/密码、指纹等接入网络）之前，进行访问控制离不开身份认证。有线和无线通信连接，都需要访问控制，在判定是否准许或授权逻辑接入（即使用 IEEE 802.1x 结合个人身份号码/密码、共享密钥、基于私人密钥的数字签名、安全令牌等独立接入网络，或者用 RADIUS 服务器接入网络）之前，进行访问控制离不开认证设备的属性。不同网络或子网之间的通信需要访问控制，这种访问控制依赖于：

(1)访问规则，旨在判断是否准许数据包在网络、分网/子网、目的设备之中和之间传输（即静态数据包过滤、深度报文检测、地址解析协议监控代理）；

(2)在判定是否准许数据包在网络、分网/子网、目的设备之间传输之前，认证设备的特性（基于私人密钥、数字证书、共享密钥的 IPsec 协议安全综合措施）。

在不属于下一代网络 IMS 网络的基础设施中，终端设备中应用程序之间的信息传输，一般采用传输层安全（TLS）、安全套接层（SSL）、安全外壳（SSH）等协议加以保护。这三种传输层安全机制都依赖于身份认证，而且都需要采用密码、共享密钥、基于私人密钥的数字签名、安全令牌等安全措施进行身份认证。

由于不同行业采用各种类型和用途的安全机制，目前有多种类型的数字证书用于身份认证，对于安全高效地进行管理具有重大意义。同时，授权/访问控制也需要采用多种类型的机制以便安全高效地进行管理。从历史上来看，联网服务中的认证与授权是相互分离的，如今在下一代网络 IMS 网络基础设施中正逐步紧密结合在一起。

2006 年，冯·索尔姆斯发表一篇论文声称，信息安全与信息管理经历了三次发展浪潮，如今正在经历第四次浪潮。信息安全最初被认为是单纯的技术问题，要靠技术专家来解决(第一次浪潮)。ISO/IEC 7498-2(ITU-T X.800)号文件的公布,代表安全与安全管理的第一次浪潮。冯·索尔姆斯认为,在第二次浪潮中,人们认识到信息安全离不开强有力的管理。国际电信联盟电信标准部就电信管理网问题公布了M.3000、M.3010、M.3020、M.3030、M.3400 号建议书,代表安全与安全管理的第二次浪潮。冯·索尔姆斯还指出,随着第三次浪潮的到来,人们迫切需要某种形式的信息安全标准、最佳实践准则、信息安全文化、信息安全评估与监督。ISO/IEC 27000 系列文件的公布,代表全球信息安全观的巨大发展。冯·索尔姆斯坚信,第四次浪潮与信息安全管理的发展与关键作用紧密相关。本书认同冯·索尔姆斯的观点,因此在第 3 章中从管理的角度论述了信息安全管理,特别是 21 世纪极其复杂的信息环境中的信息安全管理。

3 当前和未来网络中的安全管理

在第 2 章中，我们研究分析了网络体系架构的演变过程，介绍了 20 世纪 80 年代中期 ISO/IEC 7498-1（ITU-T X.200）标准公布前后的网络发展历程。从中可以看出，连接主机与非智能终端设备的现代网络远比早期的星形网络复杂得多。现代网络已经发展成为由许多公有、私营通信基础设施与许多构件相互连接在一起，能够为各行各业的用户提供多种多样的服务的网络。在当代社会，基于网络的虚拟世界对于现实世界至关重要。提高当前网络的安全需求主要体现在以下两个方面：①解决日益增多的虚拟环境犯罪的需求（网络犯罪）；②可靠有效管理虚拟环境的需求（网络管理）。

3.1 网络犯罪急需信息安全管理

虚拟世界已经发生了多种类型的有组织或无组织的犯罪活动，很多犯罪活动属于反社会的行为也渐渐转移到网络空间中。犯罪活动已经在人类社会存在了数千年，大致分为下面几种类型：①侵犯个人或法律实体；②涉及肉体或心理暴力的侵犯；③侵犯财产。

这几种类型的侵犯行为，都有犯罪意图或动机。表 3.1 举例说明了不同类型的犯罪活动，受害者为个人或法律实体（国家、政府及其他合法组织机构等）。

表 3.1　对个人或法律实体实施的犯罪活动

犯罪活动	个人	法律实体
致命性犯罪	如谋杀、过失杀人等	如战争、恐怖活动、颠覆破坏活动等
性犯罪	如强奸、恋童癖、性暴露、窥阴癖、性骚扰、性虐待等	如社会上的嫖娼卖淫等性犯罪活动等
造成受害人身体或心理恐惧的暴力攻击	如跟踪、威胁恐吓、抢劫、敲诈勒索之类的犯罪等	如敲诈勒索、恐怖活动、蓄意破坏、间谍活动等

续表

犯罪活动	个人	法律实体
财产侵犯	如盗窃财产或知识产权、入室行窃、偷盗车辆、纵火、伪造、冒名顶替、诈骗等	如盗窃财产或知识产权、入室行窃、偷盗车辆、纵火、伪造、冒名顶替、诈骗、蓄意破坏等
人身伤害（包括肉体和心理伤害）	如殴打、行凶抢劫等	不适用
行为犯罪	对个人实施的行为犯罪归属于上述分类	对社会的行为犯罪主要包括：贩毒，走私有害或危险物品，扰乱公共秩序，妨碍公共事务，破坏商业或金融市场，扰乱日常生活和商业秩序，使用进攻性武器等

简单地讲，网络犯罪是指，利用虚拟世界直接做出或辅助实施危害现实世界中法人和自然人的犯罪行为。由此可以推出，网络恐怖主义或者网络战是指，利用网络基础设施直接从事或辅助实施恐怖活动或者战争行为。一般来讲，网络犯罪、网络恐怖主义或网络战，利用虚拟环境中的网络服务从事下述活动。

(1)利用电子邮件、社交网站、短信、分布式拒绝服务攻击、恶意程序(特洛伊木马、蠕虫、病毒、击键记录器等)、间谍软件等，对受害人进行威胁恐吓和敲诈勒索。

(2)利用电子邮件、社交网站、短信、分布式拒绝服务攻击、恶意程序(特洛伊木马、蠕虫、病毒、击键记录器等)、间谍软件等，窃取受害人的钱财或知识产权，或者伪造虚假信息和冒充他人身份欺骗受害人。

(3)利用电子邮件、社交网站、短信、分布式拒绝服务攻击、恶意程序(特洛伊木马、蠕虫、病毒、击键记录器等)、间谍软件等，向目标对象发送儿童色情、性虐待、性暴露、性骚扰等黄色淫秽信息。

(4)通过破坏联网的关键性器械、设备或系统(如网络化药品分发设备、SCADA等)谋杀或过失杀人。

(5)通过发动分布式拒绝服务攻击，植入恶意程序(特洛伊木马、蠕虫、病毒、击键记录器等)，破坏关键性系统(如指挥与控制系统、SCADA、电子财务系统等)，发起针对社会的网络战、网络恐怖主义和网络间谍等活动。

(6)通过发动分布式拒绝服务攻击，植入恶意程序(特洛伊木马、蠕虫、病毒、击键记录器等)，破坏关键性系统(如SCADA、电子财务系统等)，对法律实体目标进行网络恐怖主义、网络诈骗、网络间谍和网络颠覆等活动。

针对虚拟环境中的具体服务或安全机制而进行的犯罪活动，可谓是名目繁多，举不胜举，上面只是简单地举了几个例子。关键一点在于，读者应当意识到，许多网络服务和能力，与用于善意行为一样很容易用于恶意行为。很多安全机制已经具备预防恶意使用虚拟服务的能力，如果网络管理员认为有必要的话，就能够立即部署这些能力。但是，单纯部署这些安全机制并不足以对付恶意行为，还应当辅以与之相应的管理能力。

3.2 治理推动信息安全管理

3.2.1 治理的概念

1971 年版本的《牛津英语词典》对"治理（governance）"一词下了多项定义，其中两项定义为：

(1)施加控制、影响、统治的管理性、指导性或规范性行为；

(2)生活或商务准则，生活、行为、举止方式。

从组织机构和商业活动角度来讲，"治理"一词的本质含义是，对商业行为举止的控制、指导和调节，也就是说，各种组织机构如何控制、指导和调节商业活动与人员行为举止。本书中，我们将使用通用词语"组织机构"一词表示商业组织机构（商业部门和公司等）、政府机构（各级政府部门等）、非政府组织（慈善组织、政治党派等）。尽管治理的原则适用于各种组织机构，我们主要研究分析商业组织机构的治理。不考虑商业组织机构的规模（一般用财政收入、员工数量、客户数量或类型等参数来衡量）、法人形式（唯一所有人、有限责任公司、法人团体等）和商业活动范围（加工制造、财政金融、公用设施、服务行业等），我们把商业组织机构的治理统称为公司治理。

从最高层次来讲，公司治理应遵守《卡德伯里报告》（*Cadbury Report*）中提出的原则，这些原则侧重于董事会的控制与报告功能、审计者的职责、《最佳做法准则》（为规范公司行为而制定的一套标准）。公司治理的含义是指：指导、控制各个公司的制度。董事会负责公司治理。股东在治理方面的职责是任命董事和审计员，确定适当的治理机构。董事会的职责包括：制定公司战略目标；组建领导层；监督商业管理；向股东报告工作情况。

上述治理原则和当前商业活动遵循的一般治理原则，都能确保进行正确的治理。《萨班斯-奥克斯利法案》（Sarbanes-Oxley Act，SOX）试图把美国联邦政府在《卡德伯里报告》和《经济合作与发展组织报告》中建议的若干条原则制定成法律条文。

3.2.2 信息系统安全治理

2001 年，卡尔·兰德维尔指出："商业界自然而然地关注金融资产的流通与保护。"这种观点与下列观点不谋而合:"人们普遍认识到,信息已经成为一种至关重要的公司资产,具有巨大的商业价值。"卡里达等专家学者认为:当今时代,各种组织机构的正常运转都离不开基于计算机构建的信息系统。某个组织机构的信息系统包括该组织机构存储与处理的信息、配置计算机系统所用的软硬件、用户行为和关系构成的社会系统、指导用户行为的规则等。

格伯、冯·索尔姆斯、奥瑟比克等专家学者指出:"在信息社会,安全重点是保护信息,而不仅仅是基础设施。"由此可以看出,信息及相应的信息处理基础设施,具有重大的经济价值,应当从公司治理的角度进行正确管理,这一点与建立信息技术治理学院的提议相一致。

许多组织机构都能认识到 IT 技术所能产生的潜在利益,但是获得成功的组织机构还能明白和管理与采用新技术相关的风险。企业面临的重大挑战和问题包括:

(1)使 IT 产业发展战略与经营战略相一致;

(2)将战略和目标逐级落实到企业的各个层次之中;

(3)建立有利于实现战略和目标的组织机构;

(4)构建 IT 产业控制框架结构;

(5)评估 IT 产业业绩。

企业的管理层应当及时采取有效措施,解决上述重大管理问题。因此,董事会和行管部门应当把对企业的治理拓展到 IT 产业,构建以战略调整、业绩评估、风险管理、价值交付、资源管理为主体的高效的 IT 产业治理框架结构。简言之,对 IT 产业进行治理并构建相应的框架结构,由董事会和行管部门负责。IT 产业治理是企业治理不可分割的一部分,包括支撑和拓展企业战略与目标的领导层、组织机构、程序。

莫尔顿和科尔斯对信息技术治理机构的看法是:在这种情况下,治理集中致力于管理组织机构和充分利用资源。如果我们承认安全治理是公司或企业治理的一部分的话,那么可把上述定义拓展为:

(1)安全责任与实践;

(2)安全战略与目标;

(3)风险评估与管理;

(4)资源安全管理;

(5)遵守法律、规章制度、安全政策与规则;

(6)与投资人的沟通和联系交流活动。

冯·索尔姆斯认为,之所以在信息安全方面缺乏完善的公司治理文件作为直接参考,是因为编制公司治理文件时并未把信息安全视作至关重要的问题,应当在完善公司治理的各种文件中直接说明信息安全的重要性,明确高层管理人员和董事会所担负的职责,从而大幅度地简化信息安全管理员的工作量。因此,未来的公司治理文件及相关标准中,很有可能明确说明信息系统的安全治理问题。2006 年,冯·索尔姆斯再次发文指出,信息系统的安全治理,从本质上讲,是用法规来降低与信息技术相关的风险。霍恩与埃勒夫认为任何组织机构都确实需要采取多种管理控制措施,以确保信息安全工作的实效。这些管理控制措施包括技术解决方案,合同性规章制度,组织机构的风险、威胁与隐患意识等。毋庸置疑,这些管理控制措施中,信息安全政策最为重要。

卡里达等专家学者认为,实施信息系统安全政策,是进行信息系统安全管理所采用的重要机制之一,应包含保护信息系统的意图和优先权(通常称作安全目标),并大致说明采用哪些手段和方法来实现安全目标。

作为一种信息系统安全管理机制,信息系统安全政策应当向本组织机构的信息资源所有用户:

(1)说明保证信息系统安全的必要性;

(2)论证高层管理人员对保证信息系统安全所发挥的特殊作用;

(3)明确哪些行为可以接受,哪些行为不能接受。

有人认为,信息系统安全管理和信息系统安全政策只不过是对员工行使管理权。然而,卡尔·兰德维尔认为安全政策提供了计算机安全领域的游戏规则,……简单地讲,某项政策是用于实现特定目标(即保证计算机及其所处理信息的安全)的一套规则。计算机如果没有安全政策,就好像一个社会没有法制一样。也就是说,如同社会中不能有违法行为一样,计算机中也不能有违反安全政策的行为。

尽管兰德维尔谈论的是计算机安全问题,但是他的观点实际上适用于信息系统的方方面面(即计算机、相关联网元件、操作程序与活动、人事、计划、所处理的信息等)。兰德维尔的观点与卡德伯里的下述观点相一致:不能单靠组织机构和规则来提高公司治理水平。组织机构与规则之所以重要,是因为它们提供了保障和促进良好治理的框架结构,不过更为重要的是,它们投入使用的方式。

因此,3.3 节论述当今常用的信息安全管理框架结构。

3.3　信息安全管理框架结构

多年来,网络安全领域制定了多种信息安全管理框架结构,为实现信息安全治理提供了多种方法。这些框架结构主要包括以下几方面。

(1)ISO/IEC 27000 系列国际标准文件,特别是:①2005 年公布的 ISO/IEC 27001

号文件《信息安全管理标准》; ②2005 年公布的 ISO/IEC 27002 号文件《信息安全政策》。

（2）服务管理——《信息技术基础架构库》(Information Technology Infrastructure Library, ITIL)。

（3）《信息与相关技术控制目标》(Control Objectives for Information and Technology, COBIT) 的框架结构。

（4）《联邦信息安全管理法案》(Federal Information Security Management Act, FISMA) 风险管理框架结构(NIST 2004、NIST 2009、NIST 2010 号文件)。

下面论述每种框架结构所包含的内容、相互之间关系以及每个框架结构特有的部分。

3.3.1 ISO/IEC 27000 系列文件

自 1995 年英国政府贸易与工业部公布英国标准(British Standard, BS) 7799 号之后，国际社会开始借鉴英国标准制定和公布安全管理国际标准。BS 7799 分为若干部分，第一部分于 1998 年修订，被国际标准化组织(ISO)采用为 ISO/IEC 27002 号文件；第二部分于 1999 年首次公布，被国际标准化组织采用为 ISO/IEC 27001 号文件；第三部分于 2005 年公布，被国际标准化组织采用为 ISO/IEC 27005 号文件。信息安全管理系统〔(Information Security Management System, ISMS)包括整个组织机构的所有人员、政策、程序和技术等〕是这一系列国际标准文件(建议书)在信息安全领域实例化(本地化)的结构。ISO/IEC 27005 号文件，详见本书第 4 章有关风险管理的论述。

作为一个过程，安全管理可在任何规模的组织机构(小到个体户，大到国有企业和跨国企业)内部实施。安全管理的主要目的是，确保组织机构实现安全目的和目标，同时避免给自身和服务对象带来不必要的风险。安全管理应当：

（1）确定哪些资产具有价值，列出资产敏感度清单；

（2）确定组织机构的编组和需要掌握的团体组织；

（3）确定资产所有权(管理监护责任)；

（4）明确访问某个资产所需的授权形式；

（5）大力开发和慎重选用安全模型。

ISO/IEC 27001 号文件(BS 7799-2)，引用了现代质量控制之父 W·爱德华·戴明博士提出的“计划、实施、检查、措施”(Plan,Do,Check,Act, PDCA)这一概念(表 3.2)，与 ISO 9000 系列通用质量标准保持一致。

表 3.2　计划、实施、检查、措施四个阶段

计划	根据预期产量确立达成预期结果所必需的目标和流程。计划应着眼于预期产量，务必完整、准确、具体，而且不断调整完善
实施	执行新流程

| 检查 | 评估新流程，对比实际结果与预期结果的差异 |
| 措施 | 分析导致差异的原因 |

1. ISO/IEC 27001 号信息安全管理标准

ISO/IEC 27001 号文件介绍了"信息安全管理规程"（Information Security Management Program，ISMP）这一概念。该概念把安全管理视作一个流程，认为一切经营管理活动都应当包含安全管理这个流程。该份文件为建立、实施、运行、监督、审查、维护、完善"信息安全管理规程"确立了一套明确具体的职责要求，以便对组织机构是否遵守信息安全管理标准进行认证。这些要求采用有组织结构的正式格式编写，便于进行认证。ISO/IEC 27002 号文件是一份关于信息安全政策的文件，列出了安全管控目标，推荐了一系列具体的安全管控措施（流程、职责、机制）。ISO/IEC 27001 号文件与 ISO/IEC 27002 号文件配套使用，以便与 ISO/IEC 27002 号文件中明确的目标和措施保持一致。组织机构根据 ISO/IEC 27002 号文件提出的最佳实践建议执行"信息安全管理规程"的同时，还应当满足 ISO/IEC 27001 号文件提出的要求。组织机构根据 ISO/IEC 27001 号文件提出的要求进行认证，完全是自愿的，但是可以向客户、商业伙伴、民政部门等证明，经过认证的组织机构对基础设施和资产的安全有一套完善的管理方法。

每个组织机构可结合自己实际需要对 ISO/IEC 27001 号文件要求的安全管控措施进行定制，但是务必确保所选用的管控措施足以保护信息资产，并获得有关部门和人员的信任。ISO/IEC 27001 号文件有多种用途：

(1)确定安全需求与安全目标；

(2)确保从成本收益比的角度进行安全风险管理；

(3)确保与法律法规保持一致；

(4)明确执行管控措施的流程框架结构，确保符合组织机构确定的安全目标；

(5)解释说明新的信息安全管理流程；

(6)明确说明现行的信息安全管理流程；

(7)管理，旨在判定信息安全管理活动的状况；

(8)内部和外部审计，旨在判定遵守政策、指令和标准的一致程度；

(9)组织机构用于向商业伙伴、客户、其他组织机构提供政策、指令、标准和程序等方面的信息。

ISO/IEC 27001 号文件分为五大部分，根据上面所说的"计划、实施、检查、措施"概念模型，提出了153条必须执行的要求，很多要求使用了"建立、实施、运行、监督、审查、维护、确保、明确、说明、实现"等字眼(表3.3)。

表3.3 "计划、实施、检查、措施"与 ISO/IEC 27001 号文件中的
"建立、实施、评估、完善"相对应

计划(建立信息安全管理系统)	根据组织机构的总政策和总目标，结合预期结果，建立与管理风险和增强信息安全相关的信息安全管理系统的政策、目标、流程、程序
实施(实施和运行信息安全管理系统)	实施和运行信息安全管理系统的政策、目标、流程、程序
检查(监督和审查信息安全管理系统)	根据信息安全管理系统的政策、目标和实践经验，评估和衡量工作绩效，向管理部门报告评定结果以便审查
措施(维护和完善信息安全管理系统)	根据信息安全管理系统内部审核结果、管理部门审查结果及其他相关信息，采取纠正措施和预防措施，不断完善信息安全管理系统

这些要求十分明确，组织机构结合自己的安全规划，很容易把这些要求进一步细化为更加具体的要求。表3.4说明了 ISO/IEC 27001 号文件部分章节中含有的主要要求。

第一组要求是基本要求，侧重于下列内容：

(1)为组织机构明确信息安全管理系统的内容范围，主要包括经营属性、组织结构、位置、资产、技术、法律豁免权等方面的信息；

(2)制定反映经营属性、组织结构、位置、资产、技术等方面信息的信息安全政策；

(3)明确组织机构确定、分析、评估、降低、控制、应对风险的方法。

表3.4 ISO/IEC 27001 号文件部分章节中含有的主要要求

4　信息安全管理系统

　4.1　基本要求

　4.2　建立和管理信息安全管理系统

　　4.2.1　建立信息安全管理系统

　　4.2.2　实施和运行信息安全管理系统

　　4.2.3　监督和审查信息安全管理系统

　　4.2.4　维护和完善信息安全管理系统

　4.3　文档要求

　　4.3.1　概述

　　4.3.2　文件管理

　　4.3.3　档案管理

5　管理责任

　5.1　管理承诺

5.2	资源管理
	5.2.1　提供资源
	5.2.2　训练、意识、能力
6	信息安全管理系统内部审核
7	管理审查信息安全管理系统
7.1	概述
7.2	输入信息审查
7.3	输出信息审查
8	完善信息安全管理系统
8.1	不断完善
8.2	纠正措施
8.3	预防措施

第二组要求侧重于信息安全管理系统的实施和运行，第三组要求侧重于监督、审查实施和运行流程，第四组要求侧重于维护和完善信息安全管理系统。第五组要求至关重要，不但说明组织机构进行信息安全管理的必要性，而且说明组织机构应当积极审查信息安全管理系统。与 ISO 9001 号文件(建议书)界定的质量系统概念相一致，ISO/IEC 27001 号文件还要求，防止和纠正不符合信息安全管理系统要求的做法,确保组织机构的一切活动都遵守信息安全管理系统的要求(包括组织机构的信息安全政策)。有关信息安全政策的文件，重点说明了组织机构如何遵守 ISO/IEC 27001 号文件提出的要求，组织机构应遵守 ISO/IEC 27002 号文件为拟制信息安全政策文件而提出的指导方针。

2. ISO/IEC 27002 号信息安全政策标准

ISO/IEC 27002 号文件对信息安全进行程序化管理提供了指导方针,但是作为指导性文件，该份文件确立的标准比较宽泛，容易让不同的组织机构产生不同的理解。不过，组织机构应当像遵守 ISO/IEC 27001 号文件一样，遵守这些指导方针。某个组织机构制定的信息安全政策,并不是对如何管理与信息安全相关的活动进行总结，而是为如何管理与信息安全相关的活动提供文件参考。政策是管理文件的一种，组织机构应让所有成员了解和掌握信息安全政策，以便他们在维护信息与资产安全方面增强责任意识。

ISO/IEC 27002 号文件主要包含下列题目(条款)，详见后面论述：

(1)安全政策；

(2)信息安全组织结构；

(3)资产管理；

(4)人力资源安全；

(5)物理与环境安全；

(6)通信与运营管理；

(7)访问控制；

(8)信息系统采购、开发与维护；

(9)信息安全事故管理；

(10)业务持续管理；

(11)遵守政策和法规。

ISO/IEC 27002 号文件对如何制定、实施和完善信息安全政策进行了顶层设计和概括说明，旨在为组织机构制定、实施和完善信息安全政策提供指导方针与基本原则。不过，该份文件并未说明信息安全领域的各个重要方面，只是一个起点。该份文件主要说明了信息安全政策主题和普遍适用的良好做法，着重论述了进行下面几个方面管理的必要性，但是没有就采取哪些必要的具体措施提供专业技术指导：

(1)制定组织机构安全政策；

(2)组织机构安全基础设施；

(3)资产分类与管理；

(4)人员安全；

(5)物理与环境安全；

(6)通信与运营管理；

(7)访问控制；

(8)系统开发与维护；

(9)业务持续管理。

下面探讨上述几个方面内容提出的主要建议。

1)制定组织机构安全政策

该方面内容属于 ISO/IEC 27002 号文件的第五部分，阐述说明了安全政策的重要性，为领会制定安全政策的意图和确立安全政策的目标提供了基本指导方针。安全政策为信息安全提供管理指导和保障。信息安全政策文件应明确管理职责和义务，说明组织机构的信息安全管理方法，至少包含下面几个方面内容：

(1)信息安全定义；

(2)说明管理意图；

(3)既定目标和管控措施的框架结构；

(4)解释说明对组织机构重要的安全政策、原则、标准和要求；

(5)解释说明信息安全管理责任；

(6)为安全政策提供支撑的参考文献(即更加详细地说明具体信息系统或安全规则所参考的安全政策与程序)。

应当向用户及时公布安全政策,以便用户认识到安全政策与自己紧密相关,并确保安全政策便于查阅、通俗易懂。应当向负责制定、审查和评估安全政策的人员分发有关安全政策的文件。组织机构应结合自己的实际需要制定安全政策。

2)组织机构安全基础设施

该方面内容属于 ISO/IEC 27002 号文件的第六部分,在框架结构上包含下列几个标题:

(1)信息安全的管理义务;

(2)信息安全协调;

(3)信息安全职责分工;

(4)信息处理设施资格认证流程;

(5)保密协议;

(6)与权威部门联系;

(7)与特殊利益集团联系;

(8)独立审查信息安全;

(9)确定与外部因素相关的风险;

(10)与客户打交道时注意信息安全;

(11)与第三方签署协议时注意信息安全。

组织机构的最高层管理部门应当为制定安全政策提供必须履行的管理义务指导。应构建信息安全管理框架结构,以便在组织机构内部推行信息安全政策,并管控信息安全政策的实施。信息安全管理框架结构应当确保信息安全管理部门批准信息安全政策,明确职责分工,协调和审查信息安全政策在整个组织机构的实施。组织机构的信息安全管理职责,应当由一个专门成立的高级管理部门(如管理论坛、管理委员会、管理小组)来承担,或者由现有的管理部门(如董事会)来承担,具体由哪个管理部门承担,视组织机构的规模而定。

信息安全管理活动的协调工作,应当由组织机构各个职能部门的代表来负责,需要经理、用户、管理员、应用程序设计员、审计员、安全员以及保险、法律、人力资源、IT、风险管理等行业的人士通力协作。规模较大的组织机构,应当组建辅助性管理论坛、管理委员会或管理小组,向高级管理论坛、管理委员会或管理小组汇报工作情况。如果组织机构规模较小,不能专门成立一个跨部门的管理组织,则可指定现有的管理部门或人员进行必要的协调。

安全政策应当明确安全职责分工，并详细说明每项职责的具体内容。应当以安全政策附件的形式专门为特定场所和设施提供更加详细的安全职责指导。担负安全职责的人员可把安全任务委托给其他人员执行，但是仍旧对安全任务负责，并负责判定所委托的安全任务是否得到正确执行。安全政策应当重视签署保密协议的必要性，对保护涉密信息提出相关要求。保密协议应当遵守相关法律和规章制度，确保具有约束力。应定期对保密要求和保密协议进行审查，一旦情况发生变化，应及时修订相关内容。保密协议应当侧重于保护组织机构的信息，确保签署方认清自己的责任，以负责和合法的方式保护、使用或公开信息。组织机构经常在不同情况下签订不同形式的保密协议。

应当制定联系程序，说明何时进行联系，由谁进行联系，与哪个权威部门(如执法部门、消防部门等)取得联系。涉嫌违法犯罪活动(或行为)时，安全政策应当提供报告内容、向谁报告等方面的指导。遇到网络攻击时，有可能需要向第三方(如互联网运营商)报告以便对攻击源采取措施，还有可能需要向当地、州或联邦政府的有关机构或者为各级政府的有关部门机构报告。

应当定期专门对安全管理框架结构及实施情况进行审查，或者在安全管理框架结构进行了比较大的改动后进行审查，确保信息安全管理方法仍旧适用、够用、管用。审查内容应当包括对调整完善安全政策框架结构、责任委托、安全管控措施的时机和必要性进行评估分析。审查人员应当具备安全管理审查技能和经验，还应当记录好审查结果，并向启动审查的管理部门报告，如果发现违反安全政策或执行安全政策不到位的情况，则应向管理部门建议纠正措施。

应当确定外部接入对资产造成的风险，并在授权访问之前采取相应的管控措施。确有必要允许外部访问资产时，应当进行风险评估，以便判定具体管控措施。应当签署合同说明外部访问或连接的期限、条件和工作安排。组织机构应当向用户说明安全要求，并且在用户遵守安全要求之后，才能准许用户访问资产。组织机构在准许用户访问资产之前，应当考虑下面几个方面事项：

(1)保护资产的规程；

(2)判定是否损坏资产的规程；

(3)限制复制和泄露信息；

(4)用户访问的理由、要求和收益；

(5)准许用户采用的访问方法，利用用户身份证和密码进行控制；

(6)用户访问和权限的获取流程；

(7)说明所有未经明确授权的访问都一律受到禁止；

(8)取消访问权或断开系统之间连接的流程；

(9)信息错误、信息安全事故、违反安全政策等情况的报告、通知、调查工作安排；

(10) 说明所能提供的每项服务；

(11) 服务目标和不能达到的服务水平；

(12) 监督权，有权取消与资产相关的任何活动；

(13) 组织机构与客户理应担负的责任；

(14) 法定责任。

与第三方签署的协议应当包含安全要求。每条协议都应当保证不产生误解。整个协议应当包含下面几个方面内容：

(1) 安全政策；

(2) 保护资产的程序；

(3) 判定是否损坏资产的程序；

(4) 信息与资产遭到破坏后的还原措施；

(5) 限制复制和泄露信息；

(6) 用户、管理员在方法与程序方面的培训；

(7) 确定报告结构和格式。

3) 资产分类与管理

该方面内容属于 ISO/IEC 27002 号文件的第七部分，论述了对所有资产进行编目造册的必要性，认为组织机构应当按照重要性、所有者、负责人等区分项目对所有资产特别是重要资产进行注册登记，并且保存好资产登记簿。资产登记簿应当记录便于灾后还原的必要信息(如资产类型、格式、位置、备份、许可证、商业价值等)。应当把每个资产的所有权和安全保密级别记录在案，并根据资产的重要性、商业价值和安全保密级别，明确说明相应级别的防护措施。

资产所有者应当履行下述职责：确保信息和资产都得到适当的分级分类；确定并定期审查访问限制和信息密级。组织机构的内部与外部用户都应当严格遵守既定的信息和资产使用规则(包括电子邮件、互联网、移动设备等使用规则)，特别是在组织机构的建筑物外面使用时更要注意严格遵守。进行资产分类应当考虑共享信息和限制访问信息等方面的营业需要，还应当评估分析这些需要对营业所产生的影响。分类指导方针中应当包含初步分类和定期再分类等方面的规定。资产所有者应当负责解释说明资产分类，定期审查资产分类，确保资产分类及时更新信息并保持适当的密级。应当从便于使用和带来的便利等方面考虑分级分类的个数，方案越复杂越不切实际。

信息标注程序既要考虑物理格式的资产，也要考虑电子格式的资产。从系统输出的保密信息或重要信息，应当用保密标签进行标注，项目包括：打印报告、屏幕显示、载体(如磁带、磁盘、CD 光盘、DVD 光盘等)、电子信息、文件传输方式等。各种级别的保密信息都应当有相应的管理程序，主要包括处理、保存、传输、解密、销毁等措施。这些程序还应当包括各级监管人员和相关安全事件日志。

4) 人员安全

该方面内容属于 ISO/IEC 27002 号文件的第八部分，论述了对保护资产安全最为重要的因素，即组织机构的员工，他们对访问资产拥有最高权限。安全政策应当确保员工、承包商、第三方用户了解各自的责任。全体员工都应当具备任职资格，以便降低盗窃、诈骗或滥用资产的风险。

工作(岗位)说明中应当明确安全责任和任职条件。特别是敏感性工作与保密工作，应当对员工、承包商和第三方用户的候选人进行精心筛选。应当与接触资产的员工、承包商、第三方用户签订安全责任书，至少包括下面几个方面内容：

(1) 遵守组织机构的安全政策；

(2) 保护资产免受非法访问；

(3) 遵守安全流程，积极参加安全教育活动；

(4) 对个人采取的安全措施负责；

(5) 报告发生的安全事件、潜在安全事件及其他类型的安全风险。

在面试期间，应当与工作人选进行安全责任方面的交流沟通。在保护隐私权和个人数据的基础上，应当对候选人提供的求职资料进行核查，主要包括下面几个方面内容：

(1) 性格参考资料(既要考虑职业特点，又要考虑个性)；

(2) 申请者个人简历的完整性和准确度；

(3) 核实申请者所说的资格；

(4) 核实身份(身份证、护照之类的证件)；

(5) 可能需要进行的额外调查(如信用卡信用度，有无犯罪记录，对涉密人员进行的忠诚调查等)。

任职条件应当在下面几个方面反映组织机构的安全政策：

(1) 法定责任和权利，如版权法、数据保护法；

(2) 信息保密责任和资产管理责任；

(3) 处理外来信息的责任；

(4) 处理个人信息的责任；

(5) 在组织机构建筑物外部的责任和业余时间责任(如做家务)；

(6) 忽视安全要求可能会发生的情况。

在授权访问资产之前，应当先签订保密协议。

对员工的管理责任包括对员工进行安全教育和培训，增强员工安全意识，教会员工正确使用资产，使员工能够按照正规流程处理违反安全的事件等。管理责任应当确保每个员工都能做到下列事项：

(1)明确安全职责；

(2)掌握安全职责指导方针；

(3)积极执行安全政策；

(4)增强安全意识；

(5)符合任职条件（包括遵守安全政策）；

(6)不断提高技能和资格。

安全意识培训，应当首先举行开班典礼，正式介绍组织机构的安全政策和目标，然后在正常的营业活动中穿插进行培训，主要内容是安全要求、法定责任、营业管控措施、正确使用资产访问权等。

只有核实发生破坏安全的事件之后，才应当开始执行纪律过程。执行纪律过程应当：

(1)确保公正公平对待涉嫌破坏安全的员工；

(2)要从多种角度全面分析破坏安全事件的性质、严重性及其对经营所造成的影响，例如，违反安全政策的人员是第一次违反还是屡教不改，是否接受过培训等。

执行纪律过程中还应当确保，让违反安全政策的人员立即停止履行职责，取消其访问权和特权，必要时护送其马上离开设施。员工因违反安全政策而解职或停职时，管理部门负责确保其按照规定程序（例如，交回所有设备、软件、信用卡、文件资料等，取消其所有访问权）离开组织机构，或者改换其他工作岗位。

5)物理与环境安全

该方面内容属于 ISO/IEC 27002 号文件的第九部分，论述了组织机构的资产应当放置在组织机构设立安全区的设施中，并安装栅栏、门禁等安全防护措施，以防资产遭到非法访问、破坏和干扰。安全区用于保护信息存储和信息处理设施所在的区域。设立安全区应遵守下列指导方针：

(1)规定出入日期和时间；

(2)只有获得授权人员才准进入，并且采取足够的验证措施；

(3)出入人员佩戴证件或证章；

(4)只有需要时，经过授权且在监督的情况下，提供服务保障的第三方人员才准进入。

设立安全区应当考虑一些不安全因素，例如，附近建筑物发生火灾，楼顶漏水，水管漏水，甚至是所在街道的公用设施爆炸等。还应当遵守下列指导方针预防火灾、水灾、地震、爆炸、民众骚乱等自然灾害或人为灾害。

(1)危险品或易爆易燃物品的存放,应当与安全区保持一定的安全距离。不得在安全区内大量存放文具和办公用品之类的日常保障物资。

(2)报废设备和备用设备的存放,应当与安全区保持一定的安全距离,以防发生灾害后波及主要设备所在区域。应当合理配备并适当摆放消防器材。

为防止资产遭受损毁、破坏、丢失、盗窃或失效,确保组织机构的活动不受妨碍或干扰,应当保护设备免遭物理与环境方面的威胁。

要想保护好设备,务必降低信息受到非法访问的风险,防止信息遭到损毁或破坏,此外还应考虑设备所在位置。为防止设备遭到物理方面的威胁,保证水电暖等生活保障基础设施的安全,应当采取安全防护特别措施。

6)通信与运营管理

该方面内容属于 ISO/IEC 27002 号文件的第十部分,非常详细地论述了正确和安全使用信息处理资产的必要性,受文章篇幅所限,此处不再赘述,而是用表 3.5 说明该部分内容所涉及的安全政策主题十分广泛。

所有信息处理设施都应当制定管理和运营方面的职责与程序,其中包括操作程序。应当明确职责分工,降低玩忽职守或蓄意破坏风险。本书以后章节将深入探讨表 3.5 中所列的一些主题。

表 3.5 ISO/IEC 27002 号文件第十部分所涉及的安全政策主题

操作程序与职责	文档化管理流程
	转变管理模式
	明确职责分工
	研发、试验与运营设施相互分离
第三方服务交付管理	服务交付
	监督与审查第三方服务
	管理第三方服务变更
系统规划与验收	系统验收
防御恶意代码和移动代码	对付恶意代码的管控措施
	对付移动代码的管控措施
备份	信息备份
网络安全管理	网络管控措施
	网络服务安全
载体管理	管理可移动载体
	载体处理
	信息处理程序
	系统文件安全

	信息交流政策与程序
	交流协议
信息交流	运送中的物理载体
	电子信息
	商业信息系统
	电子商务
电子商务服务	在线交易
	可公开获取的信息
	审查日志
	监控系统使用情况
	保护日志信息
监控	管理员与操作员日志
	故障日志
	时钟同步

7) 访问控制

该方面内容属于 ISO/IEC 27002 号文件的第十一部分，主要提出下列建议：应当根据商业和安全要求对访问组织机构的资产进行控制；应当根据信息传播和授权政策制定访问控制规则；应当根据经营要求和安全要求制定访问控制政策，并编成文件，定期审查修订。

访问控制政策应当明确说明每个用户或用户组的访问控制规则与权利。访问控制包括物理控制与逻辑控制，应当把这两种控制结合在一起进行考虑。应当向用户和运营商明确说明进行访问控制是出于商业需要。管理访问控制应至少符合下列要求：

(1) 分配密码；

(2) 定期审查用户访问权；

(3) 应当让用户意识到有责任维护好访问控制措施，确保访问控制措施有效，特别是密码使用和用户设备安全方面的访问控制措施；

(4) 采用屏幕保护程序降低非法访问的风险；

(5) 要求用户在选用密码方面遵守良好的安全防护习惯做法；

(6) 应当让用户了解保护好无人值守设备的安全要求与程序；

(7) 应当对网上服务(包括内部网络服务和外部网络服务)进行访问控制；

(8) 应当对本单位网络与其他单位网络、公用网络的接口适当进行控制；

(9) 应当对用户和设备采用适当的认证授权机制；

(10)对用户访问信息服务进行控制；

(11)应当控制对诊断端口和配置端口进行物理访问、逻辑访问；

(12)应当对网络上的信息服务、用户和信息系统进行分组；

(13)应当把大型网络分为若干个相对独立的子网；

(14)通过预定的表单与规则，采用网关、数据包过滤等措施，对用户接入共享的网络进行限制或控制；

(15)应当考虑有些网络需要限定访问时间或访问日期；

(16)采取路由控制措施时，应当考虑检查内部和外部网络控制点的源地址与目的地址，特别是采用代理服务器技术和网址转换技术时更要注意检查；

(17)应当限制授权用户访问安全防护设施的操作系统；

(18)应当采用安全登录程序，对操作系统进行访问控制；

(19)应当为每个用户分配独一无二的识别符(用户 ID)，并且专人专用；

(20)应当选用适当的认证方法，对所声称的用户身份进行验证；

(21)应当对密码进行交互式管理，确保密码质量；

(22)应当严格控制或限制访问能够抵消自动控制措施的通用程序；

(23)应当设定不活动时限，自动关闭不活动的对话窗。

8)信息系统采购、开发与维护

该方面内容属于 ISO/IEC 27002 号文件的第十二部分，论述信息系统的安全，主要涉及操作系统、基础设施、商业应用程序、现成产品、服务、用户开发的应用程序等。

应当在开发项目的提出要求阶段明确安全要求，并且在开发和(或)使用信息系统之前证实所提安全要求的合理性，达成一致意见，并编成文件。应当明确采用新系统或改进现有系统的安全管控要求，并且在评估分析商业应用程序所用的软件包(包括开发或采购的软件包)时实施。应当对应用程序采取适当的管控措施，以便验证输入数据、内部处理数据、输出数据。这种管控措施关键在于，能够验证应用程序中输入的数据，通过处理错误数据或应对蓄意破坏行为，检测遭到破坏的信息，确保数据正确无误。

应当明确提出要求，确保应用信息的真实性和完整性，并采取相应的管控措施。可采用加密技术确保应用信息的真实性和完整性，有关加密机制运用的政策中应当包含密钥管理。应当制定密钥管理制度，以防密钥被修改、丢失和损毁。密钥和私钥应当谨防非法泄露，生成、存储和放置密钥所用的设备或软件，应当采用多种方法进行保护。

应当采取保密措施严密控制访问系统文件和程序源代码，谨防在测试环境中泄露涉密数据。操作系统和关键性商业应用程序发生变化后，应当相应地修改控制程序，并进行检查和测试，判定是否对安全造成了不利影响。应当采取下列措施防止信息泄露：

(1)扫描输出的媒体和通信信息是否暗藏着其他信息；

(2)掩盖或转换系统与通信行为；

(3)采用高度完善的系统和软件，例如，采用通过质量检验的产品；

(4)定时监督人员和系统的活动；

(5)监督计算机系统的资源利用情况。

应当严密监管外包型软件开发，并注意考虑下列事项：

(1)营业执照、代码所有权、知识产权；

(2)工作质量和精准度认证；

(3)签订合同，以防第三方开发商开发软件失败；

(4)审核工作完成质量和精准度的访问权；

(5)签订合同，对代码的质量和安全保密能力提出要求；

(6)安装之前检测恶意代码和预先约定的安全保密能力。

应当进行漏洞管理，以便降低黑客利用公布的漏洞发动攻击的风险。进行漏洞管理所采用的程序应当具有系统性，并且能够重复检验漏洞管理效果。应当高度关注操作系统和应用程序中的漏洞。应当及时收集有关漏洞方面的信息，并采取相应措施评估漏洞危害程度，降低漏洞所造成的风险。

9)信息安全事故管理

该方面内容属于 ISO/IEC 27002 号文件的第十三部分，主要论述了如何处理与安全相关的事件。应当制定事件发生与事态升级报告程序，让员工、承包商和第三方用户都掌握这些程序，对可能影响单位资产安全的各种事件及其严重程度进行报告。无论发生何种类型、何种规模的安全事件，都应当尽快报告，并报告安全防护方面存在的弱点。应当制定事故发生与升级应对程序，说明收到安全事件报告后应当采取的行动。应当明确指定报告信息安全事件时的联系单位和联系人。

应当不断完善安全事故应对、监控和评估程序。应当遵照法律要求处理安全事件。安全事件调查完毕后，通常要进行民事诉讼或刑事诉讼，因此进行调查时应当遵照证据规则收集和管理证据，如果不遵照证据规则，就会直接影响到证据能否在法庭上使用和效力大小。

应当根据信息安全事故的类型、次数、规模和损失等因素，建立信息安全事故量化与监督机制。进行安全事故评估时，应当包括分析判断容易重复发生的事故或影响较大的事故，改进或增加安全事故管控措施，降低未来发生安全事故的频率和可能造成的损失，完善安全政策审查程序。

10) 业务持续管理

该方面内容属于 ISO/IEC 27002 号文件的第十四部分,主要论述了如何从安全方面保证营业活动的连续性。系统发生严重故障或遇到重大灾害时,将会中断营业活动,必须及时采取应对措施。应当制定业务持续管理计划和程序,尽量降低自然灾害、事故、设备故障、蓄意行为等因素造成的资产损失,尽快恢复工作。所制定的计划和程序应当明确营业流程的关键环节,把持续运行方面的安全管理要求与经营、人事、物资、运输、设施等方面的持续发展要求结合起来。所制定的计划和程序应当从下列几个方面综合考虑业务持续管理的主要因素:

(1) 从发生概率和影响持续时间的角度认识风险;

(2) 确定关键性的营业程序,并区分优先级;

(3) 判定可能由安全事故导致的营业中断情况;

(4) 在持续营业整个过程中始终注意购买保险;

(5) 制定好预防与应对措施;

(6) 根据所明确的信息安全要求确定所需资源;

(7) 确保人员安全;

(8) 保护设施与财产安全。

制定持续运营的计划时,应当考虑下列几个方面内容:

(1) 明确责任、必要的持续运行程序、在信息与服务方面能够承受的损失;

(2) 在规定的时间范围内进行修复和重建,恢复运营,确保信息能够使用;

(3) 完成修复和重建工作之后的作业程序;

(4) 将所有程序与流程整理为能够访问的文档。

只有进行测试,才能保证持续运营计划的完善性。应当经常对持续营业计划进行测试,检验员工是否真正掌握执行计划时的恢复运行程序和职责分工。

11) 遵守政策和法规

该方面内容属于 ISO/IEC 27002 号文件的第十五部分,主要论述了进行信息安全管理应当遵守法令、条例、规章制度、合同契约和安全要求等。应当遵照法令、条例、规章制度、合同契约和安全要求等设计、运行、使用和管理信息系统。应当向单位的法律顾问或有从业资格的法律工作者咨询法律方面的具体要求。应当根据法律方面的具体要求,制定明确具体的安全机制和程序,并以法定文件形式颁发施行。

所制定的程序应当严格遵守法律、规章制度与合同契约等方面的要求,确保依法使用涉及知识产权的物品和专利软件产品。考虑保护知识产权问题时,应当注意下列事项:

(1)公布保护知识产权的政策，政策中应当含有惩罚措施；

(2)只通过名声好且信誉高的渠道采购软件，以防侵犯版权；

(3)按照保护知识产权的要求，对单位资产进行注册登记，并提供营业执照、母盘、手册等证据和证明材料；

(4)执行控制措施，确保不超过准许访问的用户最大数量；

(5)进行审查，确保只安装获得授权的软件，只使用有许可证的产品。

单位的档案记录是一种非常重要的资产，应当按照法令、条例、规章制度、合同契约和经营等方面的要求，保护好单位的档案记录和涉密信息。应当按照会计存根、数据库记录、交易日志、审计日志、操作程序等几种类型对档案记录进行分类。每种类型的档案记录应当具体说明保存期限和存储介质类型(如纸张、缩微胶卷、磁盘、光盘)，并在资产登记目录中予以说明。应当保存好加密档案的密钥、数字签名和软件等，使这些物品的保存时间与记录档案的保存时间一样长久，以便档案需要解密时能够解密。

存储档案记录的各种介质，经过一段时间都会变坏，因此制定档案保存和处理程序时，应当考虑存储介质的使用寿命。

组织机构应当严禁用户非法使用信息处理资源和通信资源。当把这些资源用于非商业目的或非法目的时，应当视作不正当使用。一旦通过监控和其他措施发现这类不法行为，应当采取相应的惩罚措施，严重者追究法律责任。

应当定期审查组织机构的安全政策和标准是否得到遵守，确保信息系统资产的安全。进行审查时，应当严格对照信息系统安全政策和标准。管理人员应当对照安全政策、安全标准和安全要求中所明确的管控权与职责，定期审查所负责的信息系统，一旦发现不遵守安全政策和标准的情况，应分析原因，判定需要采取的纠正措施，确保不再发生类似情况，并审查纠正措施所起的效果。应当定期审核信息系统是否遵守安全标准。审核工作只能由获得授权、经验丰富且经过培训的人员采用适当的软件工具进行，并生成审查报告供随后分析使用。应当慎重进行突防测试和漏洞分析，谨防破坏系统安全。应当严格提出审查工作方面的要求，周密筹划对操作系统的审查活动，尽量降低破坏营业流程的风险。审查工作指导方针中应当包含审查要求、审查范围、受审查的软件和数据、进行审查所用的资源等内容。应当与操作系统分开单独开发审查工具，并额外采取适当程度的防护措施，以保护审查工具的完整性，防止滥用审查工具。

3. ISO/IEC 27000 系列文件欠缺内容

ISO/IEC 27001 号文件、ISO/IEC 27002 号文件为把信息安全管理结合到营业流程和活动中创造了一个良好开端，但是仍然存在以下几个方面的问题。

(1)ISO/IEC 27001 号文件提出的要求，在文字表述上还不够明确具体，如果没有 ISO/IEC 27002 号文件对信息安全政策进行详细解释，很容易被误解。

(2)在风险管理方面，ISO/IEC 27001 号文件并不是以 ISO/IEC 27005 号文件为参考，而是以版本较老的 ISO/IEC TR 13335-3 号技术报告《信息技术—信息技术安全管理指导方针—信息技术安全管理技能》为参考。应当对 ISO/IEC 27001 号文件进行修订，不但以 ISO/IEC 27005 号文件为参考，而且说明如何把 ISO/IEC 27005 号文件倡导的风险管理与 ISO/IEC 27001 号文件倡导的信息安全管理系统结合在一起。

(3)ISO/IEC 27002 号文件是从总体角度论述的信息安全管理系统，适用于大多数组织机构，但未必适用于拥有诸多相对独立的分部的大型企业和超大型企业。对大型企业和超大型企业而言，每个分部都应当根据信息安全管理总政策，构建自己的信息安全管理系统。

(4)ISO/IEC 27001 号文件和 ISO/IEC 27002 号文件，都建议把有关信息安全管理系统的内容汇编为 1 本书。问题在于，不同的组织机构对信息安全管理政策内容的需求不同，不同员工需要学习掌握的内容也不同，把厚厚的一本政策文件摆在员工面前让其阅读和遵守，缺乏具体性与针对性。比较有效的方法是，大型企业制定企业信息安全政策总文件，企业内部的人力资源、财务、研发、市场销售、运营、生产加工等部门，参照企业信息安全政策总文件，结合本部门的实际情况，制定适合本部门特点的信息安全政策文件。每个部门的员工都应当熟悉并遵守企业信息安全政策总文件和本部门的信息安全政策文件，都有宣传信息安全政策的职责，并严格遵守信息安全方面的各项要求。

(5)ISO/IEC 27001 号文件和 ISO/IEC 27002 号文件，都未进一步采取措施，把信息安全政策与各种类型的信息安全流程和程序紧密联系起来。实际上，信息安全流程和程序，才是信息安全管理系统的主要组成部分。如果不详细说明信息安全流程和程序，就难以保证实现 ISO/IEC 27001 号文件中所确立的"实施""检查""措施"等方面的目标。

(6)尽管 ISO/IEC 27001 号文件论述了企业管理责任，但是并未详细说明在信息安全管理系统的具体实践活动中何处、何时、如何实施管理。在该方面有很多问题需要说明，特别是以下问题：

① 高层管理部门对信息安全政策是否有一个审批流程？

② 谁负责制定信息安全政策，中层管理部门还是高层管理部门？

③ 在制定信息安全政策、构建信息安全管理系统方面，董事会担负哪些职责？

④ 企业把信息安全管理系统的运营责任分派给各个部门机构，与单独成立一个负责信息安全的部门相比，有优势吗？

⑤ 如果企业单独成立了一个负责信息安全的部门,该部门领导(信息安全总管)应当向谁(董事会董事还是首席执行官)报告?

⑥ 如果企业把信息安全管理系统的运营责任分派给各个部门机构,则如何处理部门机构之间职责分工不清问题,以防各个部门的信息安全管理目标发生矛盾冲突?

上述问题绝不是小问题,对ISO/IEC 27001号文件和ISO/IEC 27002号文件而言,不详细说明上述问题,就会大幅度地降低这些标准的用途。ISO/IEC 27000 号系列标准普遍存在的另一个严重问题是,没有说明信息安全政策声明中安全要求的来源。这些安全要求所提供的一套基本能力,对于评估分析企业活动和系统的安全而言十分模糊。只有安全要求直接来源于信息安全政策时,达到安全要求的系统或企业活动才算遵守信息安全政策。

3.3.2 信息技术基础架构库的框架结构

《信息技术基础架构库》(ITIL)是一套有关信息技术服务管理实践的标准与规范,这些标准与规范注重把信息技术服务与商业需要结合起来。《信息技术基础架构库》说明了组织机构通用的程序、任务和检查清单,各种组织机构以《信息技术基础架构库》为基础,计划、实施和评估信息技术服务管理。《信息技术基础架构库》第3版共有5卷,2007年5月出版,2011年7月修订。这5卷的名称分别是:①信息技术基础架构库服务策略;②信息技术基础架构库服务设计;③信息技术基础架构库服务转型;④信息技术基础架构库服务运营;⑤信息技术基础架构库服务改善。

《信息技术基础架构库服务设计》为设计信息技术服务、服务流程及其他服务管理活动提供了最佳实践指导。《信息技术基础架构库》中的服务设计,不是仅限于技术本身,而是涉及与交付技术服务相关的各个方面内容。因此,服务设计重点论述了下列内容:

(1)预订服务方案与商业环境、技术条件之间的相互作用;

(2)保障服务所需的服务管理系统;

(3)服务流程与技术、保障架构之间的相互作用;

(4)保障预订服务所需的供应链。

《信息技术基础架构库服务设计》所论述的服务流程主要涉及下面几个方面内容:

(1)设计协调;

(2)服务分类;

(3)服务水平管理;

(4)可用性管理;

(5)能力管理;

(6)信息技术持续服务管理;

(7)信息安全管理系统;

(8)运营商管理。

我们主要介绍《信息技术基础架构库》安全管理。《信息技术基础架构库》中的安全管理流程,把安全管理纳入组织机构的整个管理过程通盘考虑,是根据 ISO/IEC 27001 号标准制定的。"信息安全管理"这一概念的基本思想是,确保适当地选用、实施与操作信息安全管控措施。信息安全管控措施的主要目标是,确保信息资源及其他资源的安全和可用性。

《信息技术基础架构库》安全管理的目标是贯彻落实安全要求,有些要求是根据本单位的信息安全政策确定的,有些要求是根据法律政令、规章制度、合同契约等外部因素确定的。某个组织机构是否遵守这些要求,在一定程度上能够衡量该组织机构的各种活动是否遵守本单位的信息安全政策。安全要求转化为不同等级的安全服务,安全服务靠安全管控措施和安全机制来保障。应当制定安全计划,说明所奉行安全政策的各个方面内容和所要提供的安全服务,然后执行安全计划,并评估分析安全计划的贯彻落实情况。

《信息技术基础架构库》安全管理流程中的第一类活动是"控制"过程。该过程包括安全管理流程自身的组织实施与管理,解释说明了政策声明中所明确的安全管理流程和职责分工。

《信息技术基础架构库》安全管理框架所确定的"控制"过程,包括下面几个方面内容:

(1)制定安全计划;

(2)执行安全计划;

(3)评估分析安全计划;

(4)如何把评估分析结果转化为行动计划。

《信息技术基础架构库》安全管理流程中的第二类活动是"计划"过程。该过程包括与信息安全程序和合同相关的各种活动,以操作程序的形式,为某个组织机构内部的各种实体明确了信息安全目标。

《信息技术基础架构库》安全管理流程中的第三类活动是"实施"过程。该过程是正确贯彻落实安全计划中所明确的各种措施,有关活动见表 3.6。

表 3.6 《信息技术基础架构库》划分的流程

分类活动	说明
对信息技术应用程序进行分类管理	根据软件、硬件、文档、环境、应用程序等类型,把配置的各种项目正式分组的过程
	根据项目范围变更申请、审批变更申请、基础设施变更申请等类型,正式明确各种变化情况的过程。该过程的结果是,形成资产分类和控制文件

分类活动	说明
保障人员安全	采取措施，保障人员安全和信任度，预防犯罪特别是诈骗行为
实施安全管理	明确应当遵守的各种安全要求和规定，并制定成文件
实施访问控制	明确应当遵守的各种访问安全要求和规定，并制定成文件
报告	以明确方式，将整个"照计划实施"过程制定成文件

《信息技术基础架构库》安全管理流程中的第四类活动是"评估"过程。对安全计划制定和贯彻落实情况进行评估分析十分重要，因为该过程能够衡量所制定的安全计划是否正确和完善，是否得到严格贯彻落实。评估分析结果用于证明所选用的安全机制是否完善，在安全机制运行与管理方面是否符合安全政策和安全要求。评估分析结果还用于提出新的安全要求。《信息技术基础架构库》确定了三种类型的评估：自己评估、内部审核、外部审核。自己评估主要由本单位负责流程和程序的部门实施。内部审核由组织机构内部的信息技术审计员实施。外部审核由组织机构外部的信息技术独立审计员实施。应当结合安全事故进行评估分析。

《信息技术基础架构库》安全管理流程中的第五类活动是"维护"过程。由于信息技术基础设施和组织机构自身情况都会发生变化，与安全相关的风险也会发生变化。应当根据评估分析结果进行维护，并预测判断风险发展变化趋势。应当按照"计划"过程中输入的项目，在安全政策、要求、计划和程序等方面提出修订建议，并在整个信息安全管理流程中不断修订完善有关内容。

《信息技术基础架构库》不足之处如下。本书作者认为，《信息技术基础架构库》存在的主要问题是，只是从流程的角度分析信息安全管理，而不是从管理的角度分析信息安全管理。在信息安全要求方面，《信息技术基础架构库》与 ISO/IEC 27001 号、ISO/IEC 27002 号标准一样，缺少很多方面的内容。正如前面所说，这些安全要求所提供的一套基本能力，对于评估分析企业活动和系统的安全而言十分模糊。只有安全要求直接来源于信息安全政策时，达到安全要求的系统或企业活动才算遵守信息安全政策。尽管《信息技术基础架构库》在很多方面弥补了 ISO/IEC 标准的不足之处，但是仍然与信息安全政策或信息安全要求缺乏联系，以至于很难核实是否遵守了信息安全政策或信息安全要求。信息技术基础架构库应当增补的内容主要是，如何把《信息技术基础架构库》流程与 ISO/IEC 标准确定的信息安全管理项目建立相应的关系。此外，《信息技术基础架构库》在文件费用方面也存在问题。有关《信息技术基础架构库》的文件只有很容易获取，才能得到深入分析和严密审查，从而提高文件的采纳率。更为严重的一个问题是，《信息技术基础架构库》目前仍未建立授权与认证机制，而

ISO/IEC 标准建立了这种机制。

3.3.3 信息与相关技术控制目标

《信息与相关技术控制目标》(COBIT)，由信息系统审计与控制协会(Information Systems Audit and Control Association, ISACA)制定，是企业信息技术管理框架结构，为管理人员提供了一套工具，可用于处理控制要求、技术问题和商业风险等。《信息与相关技术控制目标》最新版本是 4.1 版，提供了 34 个信息技术管理流程的框架结构，并结合下面三个方面内容对每个流程进行了解释说明：

（1）流程输入输出数据；

（2）流程中的关键活动；

（3）流程目标与性能指标。

信息系统审计与控制协会认为，《信息与相关技术控制目标》把现有各种参考资料中的指导方针结合在一起，用 1 个总框架总结归纳了信息安全管理的主要目标，并把良好做法模型与安全管理和经营需求联系起来。

《信息与相关技术控制目标》第 5 版于 2012 年 6 月出版发行，增补了信息系统审计与控制协会制定的《信息技术风险框架》。《信息技术风险框架》由信息系统审计与控制协会于 2009 年出版发行，分析了与信息技术利用相关的风险，说明了组织机构的各级部门如何管理相关风险。信息系统审计与控制协会已制定发布了 3 个文件：

（1）《信息技术风险框架》，国际标准书号(International Standard Book Number, ISBN) 978-1-60420-111-6，可从网址 http://www.isaca.org/Knowledge-Center/Risk-IT-IT-Risk-Management/Pages/Risk-IT1.aspx 下载；

（2）《信息技术风险管理从业人员指南》，ISBN 978-1-60420-116-1，只有信息系统审计与控制协会会员才能得到；

（3）《信息技术标准、指导方针、工具和审核、担保、控制专业技能》，可从网址 http://www.isaca.org/Knowledge-Center/Risk-IT-IT-Risk-Management/Pages/Risk-IT1.aspx 下载。

《信息技术风险框架》界定了与风险相关领域的 3 个问题：流程与流程中活动的风险管理、风险评估、风险应对。

风险管理领域主要是确保企业内部重视信息技术风险管理实践，从而正确管理风险，获得最大回报。该领域主要包括下面几个方面的活动。

（1）建立常见风险评估制度，不断进行风险评估。

① 评估企业的信息技术风险。

② 提出信息技术风险容许限度。

③ 审批信息技术风险容许限度。

④ 调整信息技术风险政策。

⑤ 提高信息技术风险意识。

⑥ 鼓励有效进行信息技术风险方面的联系交流。

(2)与一般性的企业风险管理活动相结合。

① 明确信息技术风险管理问责制。

② 协调信息技术风险战略和商业风险战略。

③ 使信息技术风险事件与企业风险实践相适应。

④ 为信息技术风险管理提供足够的资源。

⑤ 为信息技术风险管理单独提供各种保障。

(3)进行具有风险意识的商业决策。

① 吸收借鉴先进的信息技术风险分析方法。

② 批准进行信息技术风险分析。

③ 在战略性商业决策过程中考虑信息技术风险。

④ 接受信息技术风险。

⑤ 合理安排信息技术风险应对活动的先后顺序。

风险评估领域主要是确保用商业术语确定、表述和分析企业的信息技术风险与机遇。该领域主要包括下面几个方面的活动。

(1)收集数据。

① 建立和维护数据收集模型。

② 收集运营环境方面的数据。

③ 收集风险事件方面的数据。

④ 确定风险因素。

(2)分析风险。

① 界定信息技术风险分析范围。

② 评估信息技术风险。

③ 确定风险应对方案。

④ 对信息技术风险分析进行对等审查。

(3)保存有关风险的文件。

① 建立信息技术资源与商业流程之间的对应关系。

② 判定对商业至关重要的信息技术资源。

③ 了解信息技术能力。

④ 更新风险构想中的要素。

⑤ 保持信息技术风险注册登记和信息技术风险图。

⑥ 制定信息技术风险指标。

风险应对领域主要是确保按照商业活动优先权，以投资收益的方式说明企业的信息技术风险、机遇和事件。该领域主要包括下面几个方面的活动。

(1)清晰说明风险。

① 交流信息技术风险分析结果。

② 报告信息技术风险管理活动和政策标准遵守情况。

③ 说明信息技术独立评估结果。

④ 明确与信息技术相关的机遇。

(2)管理风险。

① 对管控措施进行登记造册。

② 遵照风险容许限度监控运营情况。

③ 对发现和暴露的风险因素与机遇做出反应。

④ 执行管控措施。

⑤ 报告信息技术行动计划执行进度。

(3)应对风险事件。

① 制定事故应对计划。

② 监控信息技术风险。

③ 启动事故应对计划。

④ 交流从风险事件中汲取的教训。

在上述流程中，每个流程都应当用文件形式记录下面5个方面内容。

(1)流程中要素。

(2)管理实践。

(3)输入输出数据。

(4)RACI(责任人、负责人、被咨询人、被通知人)图表。

(5)目标与衡量方法。

《信息技术风险管理从业人员指南》由8个部分组成。

(1)界定风险领域和风险管理范围。

(2)风险欲望和风险容许限度。

(3)风险意识、交流和报告。

(4)表述和说明风险。

(5)风险构想。

(6)风险应对及优先权。

(7)风险分析流程。

(8)利用《信息与相关技术控制目标》降低信息技术风险。

《信息技术标准、指导方针、工具和审核、担保、控制专业技能》由3个部分组成。

(1)标准。参照信息系统审计与控制协会制定的《职业道德规范》，明确了达到可接受的最低限度业绩所必须遵守的信息技术审核和担保要求。

(2)指导方针。为执行信息技术审核和担保标准提供指导。

(3)示例。举例说明采用哪些工具和技能达到信息技术审核与担保标准。

"标准"和"指导方针"这两部分内容都论述了审核规章制度、审核报告、审核计划和信息技术管理等。"信息技术审核和担保标准"这一部分内容论述了与审核相关的其他主题。

(1)独立审核。

(2)职业道德与审核标准。

(3)能力。

(4)审核工作业绩。

(5)后续活动。

(6)违规违法行为。

(7)制定审核计划时进行风险评估。

(8)借鉴其他专家的工作成果。

(9)审核方面的证据。

(10)信息技术管控措施。

"信息技术审核和担保指导方针"这一部分内容还论述了下列主题。

(1)审核指导方针，主要涉及下列内容。

① 借鉴其他审核人员的工作成果。

② 审核方面的证据要求。

③ 利用计算机辅助审核技术。

④ 把国际标准化活动外包给其他组织机构。

⑤ 对审核信息系统所做的物质方面构想。

⑥ 职业爱好。

⑦ 审核方面的文件。

⑧ 审核时注意违规违法行为。

⑨ 与审核无关的角色对信息技术审核和担保职业的独立性所造成的影响。

⑩ 2002 年 7 月 1 日出版的《违规违法行为》。

⑪ 审核抽样调查。

⑫ 制定审核计划时进行风险评估。

(2)管控措施指导方针，主要涉及下列内容。

① 普遍采取国际标准化管控措施的影响。

② 第三方对组织机构的信息技术管控措施所造成的影响。

③ 生物技术管控措施。

④ 访问控制。

⑤ 实施管控措施后的审查。

⑥ 组织机构关系与独立性。

(3)应用程序和技术方面的指导方针，主要涉及下列内容。

① 应用系统审查。

② 企业资源规划系统审查。

③ 企业与客户之间的电子商务审查。

④ 系统开发期限审查。

⑤ 网上银行。

⑥ 私营虚拟网络审查。

⑦ 商业流程再造审查。

⑧ 移动计算。

⑨ 使用互联网一般注意事项。

⑩ 资金电子转账。

(4)商业流程指导方针，主要涉及下列内容。

① 计算机调查取证。

② 能力。

③ 隐私权。

④ 持续营业计划。

⑤ 职责、权利和义务。

⑥ 后续活动。

⑦ 配置管理流程。

⑧ 信息技术组织机构。

⑨ 安全管理实践。

⑩ 安全方面的投资回报。

⑪ 持续担保。

"信息技术审核担保工具和技能"这一部分还论述了下列项目的用途。

(1)国际标准化风险评估。

(2)数字签名。

(3)入侵检测。

(4)病毒及其他恶意代码的检测与清除。

(5)风险管控自我评估。

(6)防火墙。

(7)安全评估——突防测试与漏洞分析。

(8)加密方法管控措施评估。

(9)更换商业应用程序管控措施。

《信息与相关技术控制目标》不足之处如下。本书作者认为《信息与相关技术控制目标》存在的主要问题是，只是从流程的角度分析信息安全管理，而不是从管理的角度分析信息安全管理。在信息安全要求方面，《信息与相关技术控制目标》与 ISO/IEC 27001 号、ISO/IEC 27002 号标准一样，缺少很多方面的内容。正如前面所说，这些安全要求所提供的一套基本能力，对于评估分析企业活动和系统的安全而言十分模糊。只有安全要求直接来源于信息安全政策时，达到安全要求的系统或企业活动才算遵守信息安全政策。尽管《信息与相关技术控制目标》在很多方面弥补了 ISO/IEC 标准的不足之处，但是仍然与信息安全政策或信息安全要求缺乏联系，以至于很难核实是否遵守了信息安全政策或信息安全要求。《信息与相关技术控制目标》应当增补的内容主要是，如何把《信息与相关技术控制目标》中的流程与 ISO/IEC 标准确定的信息安全管理项目建立相应的关系。此外，《信息与相关技术控制目标》在文件费用方面也存在问题。有关《信息与相关技术控制目标》的文件只有很容易获取，才能得到深入分析和严密审查，从而提高文件的采纳率。更为严重的一个问题是，《信息与相关技术控制目标》目前仍未建立授权与认证机制，而 ISO/IEC 标准建立了这种机制。

3.3.4 联邦信息安全管理法案的框架结构

2002 年，《联邦信息安全管理法案》(FISMA)纳入美国联邦法律体系，成为 2002 年颁布的《电子政务法案》中的第 3 章内容。虽然该部法律要求，向某个部门提供信息处理服务的任何联邦部门，都应制定和实施信息安全规划并发布相关文件，但是政府部门都未把《联邦信息安全管理法案》作为信息安全管理框架结构。美国国家标准与技术研究院(National Institute of Standards and Technology, NIST)制定了《联邦信息安全管理法案》实施计划，确立了下列安全标准和指导方针。

(1)第 199 号联邦信息处理标准(Federal Information Processing Standard, FIPS)出版物《联邦信息与信息系统安全分类》。

(2)FIPS 200 出版物《联邦信息与信息系统安全最低要求》。

(3)NIST 专业出版物(Special Publication, SP)800-53《联邦信息系统安全管控建议》。

(4)SP 800-59《把信息系统视作国家安全系统指导方针》。

(5)SP 800-60《信息和信息系统类型与安全类别之间关系指南》。

为保障《联邦信息安全管理法案》实施计划的贯彻执行，美国国家标准与技术研究院还制定发布了下列文件。

(1) SP 800-37《把风险管理框架结构应用于联邦信息系统指南——安全周期理论》。

(2) SP 800-39《信息系统风险管理——站在组织机构的角度》。

(3) SP 800-53《联邦信息系统和组织机构安全管控措施评估指南——制定高效的安全评估计划》。

美国国家标准与技术研究院还会继续制定发布一些新的安全标准和指导方针。美国国家标准与技术研究院制定发布的这些出版物可从下列网址下载：http://csrc.nist.gov/publications。《联邦信息安全管理法案》采用基于风险管理的方法实现信息安全。组织机构应当在整个信息安全规划中选用适当的安全管控措施进行风险管理，并对安全管控措施进行详细说明。

《联邦信息安全管理法案》认为，风险管理是组织机构信息安全规划中的一个关键要素，为信息系统选用适当的安全管控措施提供了一个框架。采用基于风险管理的方法，有利于选择和详细说明安全管控措施，还有利于评估分析安全管控措施的效率、效果，以及安全管控措施在法律、指令、政策、标准和规章制度等方面的制约因素。《联邦信息安全管理法案》把组织机构的风险管理流程划分为六大步骤(分类、选择、实施、评估、授权、监督)，认为这些步骤对于高效进行信息安全管理至关重要，新型信息系统和旧式信息系统都应当采用这些步骤。图 3.1 说明了这六个步骤，并提供了每个步骤适用的联邦信息处理标准和美国国家标准与技术研究院专业出版物等指导文件。

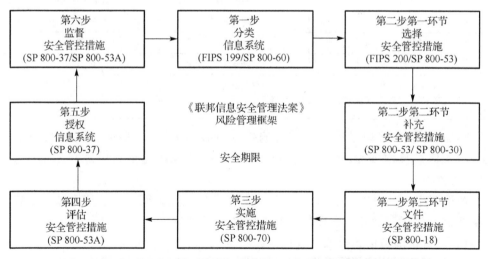

图 3.1 《联邦信息安全管理法案》中的风险管理框架

在第一步(分类)中，组织机构应当分析每个系统所受的影响，并分析每个系统所处理、存储的信息或与其他系统的通信信息，然后根据分析结果，参照 FIPS 199 和 NIST SP 800-60 等指导文件，从保密性、完整性和可用性三个方面，按照低、中、高三个等级的损失程度，对每个系统所受的影响进行分类。在第二步（选择）中，根据安全分类，为信息系统初步选择一套安全管控基本措施（第二步第一环节）。正如 NIST SP 800-53、SP 800-60 中所论述的那样，组织机构应当结合风险评估与当地条件，选择适合自身的安全管控基本措施和增补一些措施（第二步第二环节），并制定发布相关文件（第二步第三环节）。在第三步中，组织机构实施第二步第三环节文件中明确的安全管控措施。令人遗憾的是，第三步中的指导文件（SP 800-70）仅仅从检查清单的角度论述了应当采取哪些安全管控措施，而且只有 NIST 和国防信息系统局（Defense Information Systems Agency, DISA）研发的检查清单才可使用。《联邦信息安全管理法案》认为，这些检查清单不但应当明确必要的安全管控措施，还应当附带安全管控措施具体安装说明。目前，可使用的检查清单共有 233 个，分为 28 类（表 3.7），可从下列网址下载：http://web.nvd.nist.gov/view/ncp/repository。

表 3.7 NIST 开发的可用检查清单分类

杀毒软件	应用服务器	配置管理软件
恶意软件	桌面应用程序	桌面客户端程序
目录服务	域名服务器	电子邮件服务器
加密软件	企业应用程序	通用服务器
手持设备	身份管理	数据库管理系统
网络交换机	网络路由器	多功能辅助设备
成套办公应用软件	操作系统	外部设备
安全服务器	防火墙	虚拟软件
网页浏览器	网页服务器	无线电子邮件
无线网		

NIST 的检查清单是根据全球普遍接受的技术安全原则和实践做法，以及 SP 800-27《信息技术安全工程原则（安全底线）》和 NSA《信息保障技术框架》研发的。

在第四步（评估）中，组织机构应当参照本单位制定的安全要求和信息安全政策，定期评估安全管控措施，旨在判定下列情况。

（1）是否正确贯彻执行安全管控措施。

（2）是否按照预定规程操作。

（3）是否能够降低潜在安全威胁。

（4）是否能够减少系统漏洞。

组织机构应当遵守 NIST SP 800-53 中规定的安全管控措施评估程序。在第五步（授权）中，应当根据所判定的可承受风险等级，合理安排联邦政府信息系统操作授权先后顺序。在第六步（监督）中，应当不断评估和监控信息系统的安全状况，并向本单位的相关管理人员报告。评估和监控活动，不但包括定期评估安全状况，还包括把系统和运行环境的变化情况记录下来，并分析变化情况对安全所造成的影响。有关安全管控措施监督、风险判定、可承受风险、操作授权等方面的指导原则，详见 NIST SP 800-37。

NIST 正在制定《常见问题解答》《职责分工》《快速启动指南》等一系列文件，认为第三步至第六步中的文件资料需要不断修订完善。

《联邦信息安全管理法案》不足之处如下。《联邦信息安全管理法案》是以 NIST SP 800-53 为基础制定的，SP 800-53 文件明确了企业安全政策文件中应当包含的诸多方面内容。然而，与 ISO/IEC 27001 文件不同的是，SP 800-53 文件中的安全政策并不能反映企业的组织结构，也未明确企业内部不同部门机构在保障信息安全方面的职责分工、权利义务和安全目标。有关《联邦信息安全管理法案》的整套文件有数千页，内容都侧重于政府部门。商业部门和企业要想依据《联邦信息安全管理法案》进行信息安全管理，需要花费大量人力、物力和财力研究《联邦信息安全管理法案》的基础文件，制定适合自身特点的文件，而且还必须制定相关的安全政策声明，为部署相关的安全管控措施提供依据。

3.4 采用整体分析法进行安全管理

企业信息安全管理规划应当综合说明下列几个方面内容才算全面。

(1)安全管理组织机构。

(2)安全管理政策。

(3)安全功能要求。

(4)确定、分析和降低安全风险。

(5)技术性安全管控措施。

(6)安全操作控制措施与程序。

3.4.1 安全治理和安全管理组织机构

每个组织机构都应当指定一名人员，负责本单位的安全治理最终决策。通常情况下，该名人员担任安全总管（Chief Security Officer，CSO）或信息安全总管（Chief Information Security Officer，CISO）职务。在规模较小的一些企业，安全总管职务有时由技术总管（Chief Technology Officer，CTO）或信息总管（Chief Information Officer，CIO）兼任。一些规模很大的企业，有时会增设隐私权总管（Chief Privacy

Officer，CPO)职务，专职处理隐私权问题，不过，本书中所论述的安全总管职责包含隐私权总管职责。如果企业董事会对企业的一切活动和行为负最终法律责任，履行安全总管职责的人员，应当直接向董事会报告工作，并向董事会提供安全工作独立评估报告。该名人员还应当负责协调本单位各个部门机构的安全治理活动，确保相互之间保持一致。此外，安全总管岗位的独立性越高(在接受监督方面比其他岗位较松)，越需要保持安全治理工作的连贯性，更加客观地评估安全治理结果，确保一贯遵守安全政策。安全总管向级别较高的管理层报告工作的好处是，安全总管有权检查研发、运营等部门机构是否遵守安全政策。安全总管的权力和职责应当与行政总管(CEO)、经营总管(COO)、法务总管(CLO)、财务总管(CFO)处于同等级别。图 3.2 说明安全总管直接向董事会报告工作，该名安全总管在企业安全治理规划方面拥有相当大的权力。

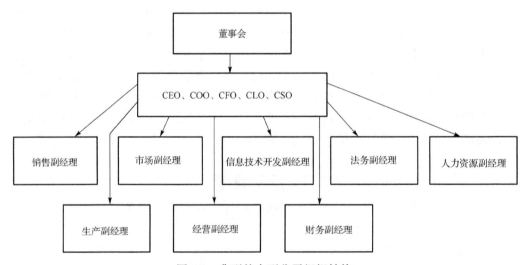

图 3.2　典型的大型公司组织结构

在大多数组织机构中：

(1)信息总管由信息技术开发部门副经理(Vice-President，VP)兼任；

(2)财务总管由财务部门副经理兼任；

(3)法务总管由法务部门副经理兼任。

企业应当专门设立一个负责安全的组织机构，由安全总管担任领导，或者由负责信息安全治理的副总裁兼任领导。企业应当成立一个高级管理安全指导委员会(图 3.3)，由安全总管兼任主任，上述部门机构的高级管理人员(副经理或其代表)兼任委员，主要负责：

(1)指导制定企业的各种信息安全治理政策文件；

(2)审批企业的各种信息安全治理政策文件；

(3)协调解决企业不同部门机构之间在执行和解释信息安全治理政策方面发生的矛盾冲突。

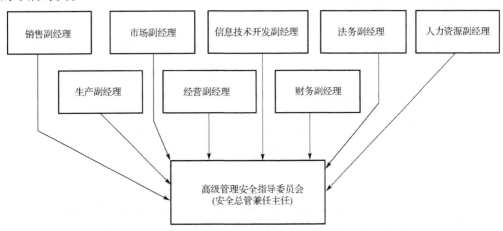

图 3.3 高级管理人员与高级管理安全指导委员会之间关系

高级管理安全指导委员会负责授权官方组织机构审批安全政策声明、指导方针和程序，或者收回审批权。若委员会内部达不成一致意见，则提交安全总管决断，也可提交董事会决议。

企业信息安全治理政策文件的具体准备工作，实际上由"管理信息安全监督小组"负责，组长通常由安全总管所在部门的一名高级管理人员兼任，组员由企业其他部门机构的管理人员兼任(图 3.4)。

管理信息安全监督小组应当具体负责制定安全政策声明、指导方针和程序，并提交高级管理安全指导委员会审批；还应当负责举办企业安全论坛，共同研讨安全问题及解决方案。若小组内部达不成一致意见，则提交高级管理安全指导委员会决议。高级管理安全指导委员会与管理信息安全监督小组之间的关系如图 3.5 所示。

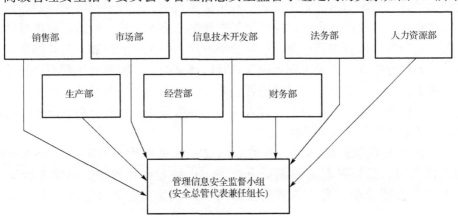

图 3.4 各个部门与管理信息安全监督小组之间关系

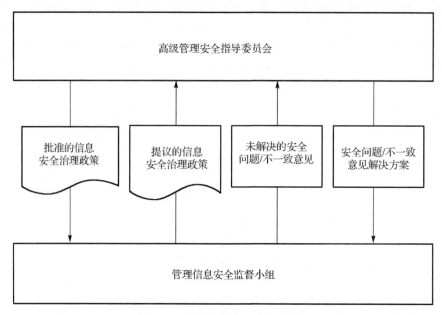

图 3.5　委员会与小组之间关系

　　企业应当在安全总管所在部门成立计算机应急反应分队(CERT)协调机构,负责制定计算机应急反应计划和程序, 从其他部门召集人员组建计算机应急反应分队以及进行计算机应急反应训练。有些企业还让安全总管所在部门负责持续营业和抢险救灾等职责,因为持续营业、抢险救灾与信息安全事件之间有很多相似之处。

　　安全总管所在部门的另一项职责是, 定期进行信息安全审计与检查。进行信息安全审计, 旨在监督所实施的信息安全治理规划和程序是否遵守企业的信息安全政策。通过这种内部审核与检查, 发现安全问题(不遵守安全政策情况), 分析问题,确定纠治措施, 制定纠治计划进度表, 判定所需费用, 合理安排解决问题的先后排序。受法规约束非常严的企业, 应当每年委托第三方人员进行审查。在进行外部审查之前, 应当预先进行内部审查, 以便及早发现与解决一些问题, 为外部审查和制定纠治计划做好准备。积极主动地提前进行内部审查, 不但有利于顺利通过外部审查, 更为重要的是, 还能作为持续监督企业安全活动的一项基础性工作。安全总管所在部门还应当担任外部审查机构或人员的主要联系单位。安全总管所在部门内部组织机构主要职责如图 3.6 所示。

　　信息技术开发和运营部门, 有的专门设立安全机构, 有的从安全总管所在部门长期借调人员协助制定信息安全政策、指导方针和程序, 协助进行安全审查、监督和监视活动。安全总管所在部门根据需要向企业其他部门提供直接援助(图 3.7)。

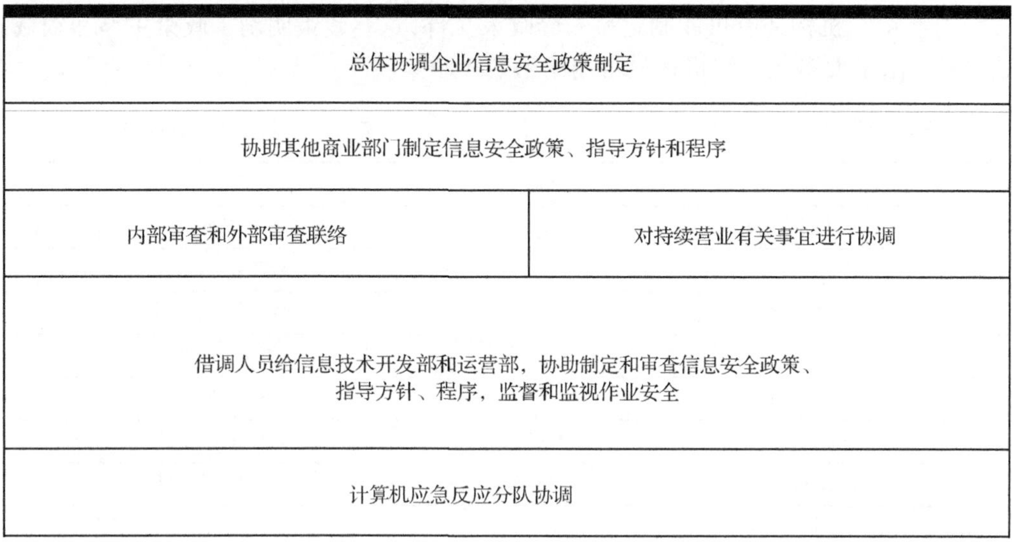

总体协调企业信息安全政策制定
协助其他商业部门制定信息安全政策、指导方针和程序
内部审查和外部审查联络
对持续营业有关事宜进行协调
借调人员给信息技术开发部和运营部，协助制定和审查信息安全政策、指导方针、程序，监督和监视作业安全
计算机应急反应分队协调

图 3.6　安全总管所在部门内部组织机构主要职责

信息技术开发部
安全总管所在部门
借调安全总管所在部门人员援助
安全机构
运营部门
安全总管直接派人援助
安全机构
销售部
人力资源部
市场部
法务部
财务部

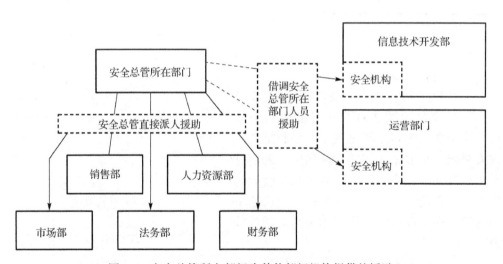

图 3.7　安全总管所在部门为其他部门机构提供的援助

3.4.2　政策与政策体系

组织机构的规模大小，决定着组织机构只制定一部还是制定多部信息安全治理政策文件。大多数组织机构制定、实施和保存一整套信息安全治理政策文件，这些文件是进行企业治理的基础。第一级政策文件(表 3.8)适用于各种组织机构。

有些组织机构还有可能制定另一套政策文件,这套政策明确了政策主题和领域。表3.9列出了大多数组织机构最常用的第二级政策。

表 3.8　第一级政策领域

就业
员工行为规范
利益冲突
采购与合同
绩效管理
员工纪律
信息安全
公司通信
工作区安全
持续营业计划
档案管理

表 3.9　第二级政策领域

安全部门
人员安全
资产分类与管控
物理与环境安全
计算机与网络管理
系统访问控制
系统开发与维护
持续营业计划
遵守政策
电子邮件安全
杀毒/防恶意软件策略
可接受的互联网使用

有些组织机构还可额外制定主题明确的政策文件(表3.10)。

ISO/IEC 27001 和 ISO/IEC 27002 号文件只用一份文件论述企业的信息安全治理政策,这份文件内容全部涵盖第一级和第二级政策领域。很多企业倾向于采用单一的信息安全政策文件,然而,这种方法通常会导致员工不愿意阅读一份厚厚的文件。建议把单一的信息安全政策文件按照相关活动领域分为若干份文件。

例如,有关人力资源和人员的信息安全政策文件可分为下面几个领域。

(1)雇佣关系。
(2)员工行为规范。
(3)利益冲突。
(4)员工纪律。
(5)人员安全。
(6)员工安全培训。

表 3.10　主题明确的政策领域

可能额外制定的政策
电子通信
互联网安全
信息防护
信息保密分级
移动与远程信息处理/交换
应用程序访问控制
数据与软件交换
网络访问控制
信息系统运行
用户访问
客户访问
密码与认证
公钥基础设施和数字证书
互联网可访问的系统安全
防火墙与入侵检测/预防
工作站与便携式计算机安全
掌上电脑(PDA)和智能电话安全

有关法律和财务的信息安全政策文件可分为下面几个领域。

(1)采购与合同。

(2)绩效管理。

(3)信息安全。

(4)公司通信。

(5)工作区安全。

(6)档案管理。

通用的信息安全政策文件可分为下面几个领域。

(1)资产分类与管控。

(2)物理与环境安全。

(3)工作站与便携式计算机安全。

(4)掌上电脑(PDA)和智能电话安全。

(5)人员安全。

(6)遵守政策。

(7)信息防护。

(8)信息保密分级。

(9)持续营业计划。

(10)内部与外部审查。

有关信息技术与运营的信息安全政策文件可分为下面几个领域。

(1)计算机与网络管理。

(2)系统访问控制。

(3)系统开发与维护。

(4)电子邮件安全。

(5)人员安全。

(6)员工安全培训。

(7)杀毒/防恶意软件策略。

(8)可接受的互联网用途。

(9)电子通信。

(10)互联网安全。

(11)移动与远程信息处理/交换。

(12)应用程序访问控制。

(13)数据域软件转换。

(14)网络访问控制。

(15)信息系统运行。

(16)用户访问。

(17) 客户访问。

(18) 密码与认证。

(19) 公钥基础设施和数字证书。

(20) 互联网可访问的系统安全。

(21) 防火墙与入侵检测/预防。

所推荐的上述政策文件，一般情况下应当采用 ISO/IEC 27002 号文件（建议书）提供的组织结构，不过要结合自身特点适当地增减章节篇幅。切记，全体员工都务必阅读企业信息安全政策文件，因为这些文件说明了企业的信息安全治理方法，明确了各个部门机构之间的职责分工。企业应当每年都向全体员工简要说明信息安全治理政策。

3.4.3 功能与运行安全要求

组织机构的安全政策包括多个声明，这些声明说明了组织机构主要关注哪些方面的信息安全，如何实现这些方面的信息安全。然而，这些声明定义的层次太高，实际上并不能管控具体的活动、流程、信息与通信系统诸元。因此，应当把政策声明细化为明确具体的安全要求，这样做有三个方面的好处。

(1) 企业计划采购新设备、系统、分系统或服务时，可在《请求报价书》和《征求意见书》中查到明确具体的安全要求。

(2) 能够运用《研发说明书》明确说明计划研发或研发之中的新系统或应用程序必须具备的功能。

(3) 能够运用《研发质量保证或验收测试程序》保证所研发或采购的设备、系统、分系统或服务等遵守企业的信息安全政策。

详细具体的安全要求应当能够通过检查、测试、分析或证明文件来核实，在文字表述上要简练，例如，"X"应执行"Y"。当政策声明从抉择方案中选定了备用措施之后，应当把政策声明细化为若干项明确具体的要求，每项要求都应当对应一条备用措施。强烈建议，安全要求应当使用"必须""不可""必要的""应当""不得""应该""不该""推荐的""不提倡的""可以""可选择"等字眼。制定这些详细具体的要求时，始终要考虑如何验证所建议的要求切实可行。除了其他特性，每项要求都应当有一个独特的标识符或标签，作为查找此项要求的参照符号。

将信息安全政策声明细化为若干项明确具体的要求，这一流程分为若干步骤。首先分析企业信息安全政策要求具备哪些功能。图 3.8 举例说明了信息安全政策的部分内容。

10.5.2 登录程序

运营商、系统管理员、应用程序开发商负责执行登录程序，尽可能降低非法访问的机会。限制条件和时限由受托方确定。

登录程序应该确保尽可能不泄露有关系统、应用程序或服务的信息，以防不经意向未经授权用户提供援助。

登录程序如下。

(1)不得显示系统或应用程序标识符，直到顺利完成登录程序。

(2)不得泄露或在屏幕上显示登录密码。

(3)应该显示公司警告信息，明确说明只有经过授权用户才能访问计算机和(或)应用程序。

(4)不得在登录期间提供有利于未经授权用户的帮助信息。

(5)只有需要输入的数据全部输入完毕之后才应该验证登录信息。如果输入的数据出现错误，那么系统不得提示哪一部分数据正确或错误。

(6)应该限定不成功登录的尝试次数，超过尝试次数后采取拒绝访问措施。建议限定 3 次尝试，任何情况下都不得超过 6 次。

(7)应该限制一定时限内拒绝访问的最多次数，超过最多次数后仍未成功登录则视作与安全相关的事件。设定的上限应该为：24 小时内使用同一登录身份或设备最多尝试 6 次。

(8)应该限定完成登录程序的最长时间。建议 20 秒，但是采用双重认证时，也可为 30 ~ 40 秒。

(9)尝试登录遭到拒绝之后，应该切断连接，不得给予任何帮助。

(10)应该在成功登录之后显示下列信息。

① 以往成功登录的日期与时间。

② 最后一次成功登录以来未成功的登录尝试详细信息。

超过既定的限制条件应该引发下列一种或多种情况。

(1)认证设备停止运行或不能操作直到重新启动。

(2)将认证设备的功能暂停一段时间。

(3)记录无效尝试，实时进行告警。

(4)强迫推迟一段时间之后才准许再次进行登录尝试。

图 3.8 信息安全政策声明示例

表 3.11 举例说明了由信息安全政策声明细化而成明确具体的安全要求。

表 3.11 把政策细化为要求

安全政策声明	详细具体的安全要求
运营商、系统管理员、应用程序开发商负责实行登录程序，尽可能降低非法访问的机会	(1)运营商应当实行登录程序，尽可能降低非法访问的机会
	(2)系统管理员应当实行登录程序，尽可能降低非法访问的机会
	(3)应用程序开发商应当实行登录程序，尽可能降低非法访问的机会

安全政策声明	详细具体的安全要求
限制条件和时限由受托方确定	(4)信息受托方应当确定登录限制条件
	(5)信息受托方应当确定登录时限
登录程序应该确保尽可能不泄露有关系统、应用程序或服务的信息，以防不经意向未经授权用户提供援助	(6)系统登录程序应该确保尽可能不泄露有关系统的信息，以防不经意向未经授权用户提供援助
	(7)应用程序登录程序应该确保尽可能不泄露有关应用程序的信息，以防不经意向未经授权用户提供援助
	(8)服务登录程序应该确保尽可能不泄露有关系统、应用程序或服务的信息，以防不经意向未经授权用户提供援助
登录程序不得显示系统或应用程序标识符，直到顺利完成登录程序	(9)登录程序不得显示系统或应用程序标识符，直到顺利完成登录程序
	(10)登录程序不得显示应用程序标识符，直到顺利完成登录程序
登录程序不得泄露或在屏幕上显示登录密码	(11)登录程序不得泄露或在屏幕上显示登录密码
登录程序应该显示公司警告信息，明确说明只有经过授权用户才能访问计算机和(或)应用程序	(12)登录程序应该显示公司警告信息，明确说明只有经过授权用户才能访问计算机
	(13)登录程序应该显示公司警告信息，明确说明只有经过授权用户才能访问应用程序
登录程序不得在登录期间提供有利于未经授权用户的帮助信息	(14)登录程序不得在登录期间提供有利于未经授权用户的帮助信息
只有需要输入的数据全部输入完毕之后，登录程序才应该验证登录信息。如果输入的数据出现错误，那么系统不得提示哪一部分数据正确或错误	(15)只有需要输入的数据全部输入完毕之后，登录程序才应该验证登录信息
	(16)如果输入的数据出现错误，那么系统不得提示哪一部分数据正确或错误
登录程序应该限定不成功登录的尝试次数，超过尝试次数后采取拒绝访问措施。建议限定 3 次尝试，任何情况下都不得超过 6 次	(17)登录程序应该限定不成功登录的尝试次数，超过尝试次数后采取拒绝访问措施
	(18)登录程序应当限定不成功登录的尝试次数，任何情况下都不得超过 6 次
登录程序应该限制一定时限内拒绝访问的最多次数，超过最多次数后仍未成功登录则视作与安全相关的事件。设定的上限应该为：24 小时内使用同一登录身份或设备最多尝试 6 次	(19)登录程序应该限制一定时限内拒绝访问的最多次数，超过最多次数后仍未成功登录则视作与安全相关的事件
	(20)登录程序应该设定的上限为：24 小时内使用同一登录身份最多尝试 6 次
	(21)登录程序应该设定的上限为：24 小时内使用同一设备最多尝试 6 次
登录程序应该限定完成登录程序的最长时间。建议 20 秒，但是采用双重认证时，也可为 30～40 秒	(22)登录程序应该限定完成登录程序的最长时间
	(23)登录程序应该把完成登录程序的最长时间设定为默认值 20 秒
	(24)采用双重认证时，登录程序应该把完成登录程序的最长时间设定为默认值 30～40 秒

安全政策声明	详细具体的安全要求
尝试登录遭到拒绝之后，登录程序应该切断连接，不得给予任何帮助	(25)尝试登录遭到拒绝之后，登录程序应该切断连接
	(26)尝试登录遭到拒绝之后，登录程序不得给予任何帮助
登录程序应该在成功登录之后显示下列信息：以往成功登录的日期与时间	(27)登录程序应该在成功登录之后显示以往成功登录的日期与时间
登录程序应该在成功登录之后显示下列信息：最后一次成功登录之前的历次尝试登录详细信息	(28)登录程序应该在成功登录之后显示最后一次成功登录以来任何一次未成功登录尝试的日期与时间
	(29)登录程序应该在成功登录之后显示最后一次成功登录以来任何一次未成功登录尝试所用的设备
超过既定的限制条件应该引发下列情况：认证设备停止运行或不能操作直到重新启动	(30)超过配置的未成功登录尝试限制条件时，应该导致登录所用的键盘不能操作，直到重新启动
	(31)超过配置的未成功登录尝试限制条件时，应该导致登录所用的设备不能再次尝试登录，直到重新启动
	(32)应当为重新激活尝试登录所用的失效键盘提供重新启动能力
	(33)应当为重新激活尝试登录所用的失效设备提供重新启动能力
超过既定的限制条件应该引发下列情况：将认证设备的作用暂停一段时间	(34)超过配置的未成功登录尝试限制条件时，应该导致登录所用的键盘在一定时间内不能操作
	(35)超过配置的未成功登录尝试限制条件时，应该导致登录所用的设备在一定时间内不能操作
	(36)应当为重新激活尝试登录所用的失效键盘提供配置时限的能力
	(37)应当为重新激活尝试登录所用的失效设备提供配置时限的能力
超过既定的限制条件应该引发下列情况：记录无效尝试，实时进行告警	(38)超过既定的未成功登录尝试限制条件时，应该在系统日志文件中记录下无效尝试
	(39)超过既定的未成功登录尝试限制条件时，应该生成实时告警信息，并向管理系统传递告警信息
	(40)应当提供管理系统身份特征和 IP 地址的配置能力，以便超过既定的未成功登录尝试限制条件时能够收到实时告警信息
超过既定的限制条件应该引发下列情况：强迫推迟一段时间之后才准许再次尝试登录	(41)超过既定的未成功登录尝试限制条件应该强迫推迟一段时间之后才准许再次尝试登录

显而易见，安全政策声明与安全要求之间并不是一一对应的关系，这种情况有多种原因。信息安全政策文件及其所包含的政策声明旨在让企业的普通员工都能读

懂。因此，政策声明使用常用的语言和句子结构进行表述，例如，罗列事项用逗号隔开。然而，这种结构，虽然通俗易懂，但是容易造成包含若干项要求的复合句。另一种原因是，政策制定者认识不到派生要求和隐含要求，例如，SR-34 和 SR-35 这两项要求还有两项必要的额外要求：SR-36 和 SR-37，这两项额外要求都是隐含要求。

如果严格遵守管理流程，就不会忽视派生要求和隐含要求。由于安全要求由安全政策声明细化而来，如果不在安全要求与安全政策声明之间建立一一对应关系，就会在法庭上弱化"尽职调查"的主张，甚至导致企业受到处罚。因此，负责安全要求分析的小组，应当包含安全总管所在部门的安全工程人员，并与其他有关部门机构紧密协作。由多个部门机构组建的小组，所起草的安全要求非常详细具体，不但能反映技术或操作方面的能力、弱点或可接受程度，而且有利于向安全小组之外的人员传播安全知识。

3.5 小结

本章首先探讨了推动信息安全管理发展的因素，以及信息安全管理如何发展为信息安全治理；然后介绍了四种信息安全治理方法的框架结构，并分析了每种框架结构的不足之处；随后提出采用综合方法从整体上进行信息安全治理。本书后面几个章节将探讨风险识别和分析、技术控制、操作控制等方面的组织机构、政策与要求。

4 当代和未来网络风险管理

本章重点论述了安全风险识别、分析、消除(统称为风险管理)。风险管理是指识别风险,分析风险可能造成的破坏程度,并判定如何降低风险的方法与过程。人们经常采用"威胁-弱点评估"(Threat Vulnerability Analysis, TVA)一词指代与风险管理相关的活动。有两种情况需要进行风险管理:

(1)在系统开发过程中;

(2)在系统生产、运行和使用全过程中。

图 4.1 说明了上述两种情况,在系统开发过程中,通常重点考虑安全要求收集与分析阶段,在系统生产、运行和使用过程中,通常重点考虑使用与维护阶段。

风险管理的主要步骤如下。

(1)资产识别。

(2)影响分析。

① 当前系统影响分析。

② 新系统影响分析。

③ 风险抵消分析。

(3)恶意安全事件与威胁风险评估分析。

① 制定程序。

② 执行管控措施。

③ 综合测试。

(4)风险抵消管控措施部署。

① 现场测试。

② 运行测试。

(5)风险抵消操作与维护。

① 运营、管理、维护与保障(OAM&P)。

② 审查评估产生的效果。

③ 检查审核是否遵守政策。

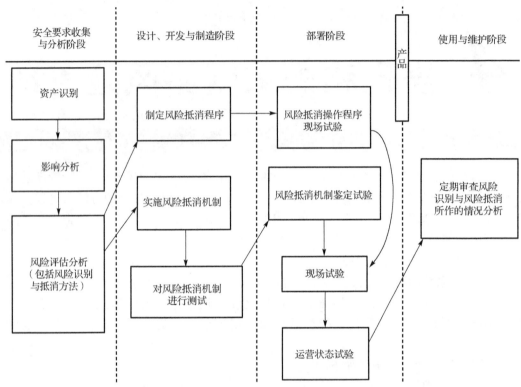

图 4.1 风险管理流程和各阶段、步骤之间关系

4.1 资产识别：界定资产与编制资产目录

进行风险管理首先要对企业的各种资产进行识别并编制资产目录。资产分为两大类：有形资产和无形资产。有形资产是指企业进行经营所使用或依赖的有价值的物质实体。显而易见，有形资产包括物理设施（如办公大楼、车辆、人员、通信系统、公共设施等）。办公大楼中的有形资产包括以下几种。

（1）桌、椅、柜和设备等必需的办公用品。

（2）多种类型的打印（复制）文件（如电话簿、组织结构图、源代码打印件、报告、计划、程序、政策、档案等）。

（3）通信基础设施构件（如数据、电缆及相关通信设备）。

（4）信息处理设施构件（如工作站、移动设备、服务器系统、存储系统、打印系统、多功能设备等）。

（5）供暖、通风和制冷设施构件（如火炉、锅炉、加热器、空调、冷却设备、电风扇、鼓风机等）。

(6)电力设施构件(如发电系统、配电系统、电线等)。

(7)消防设施构件(如消防车辆、消防栓、干粉灭火器、视频监控系统、物理入侵发现与告警系统、电子与物理访问控制系统等)。

如果企业的物理资产遭到破坏或损毁，则会降低或丧失经营能力，进而导致收入减少甚至破产。

无形资产是指逻辑或抽象的资产，主要包括以下几种。

(1)运营软件(如操作系统、应用程序、管理规划等)。

(2)运营记录(如系统与交易日志文件、软拷贝/电子版报告、数据文件、数据库、电子邮件档案等)。

(3)开发的软件(如程序源代码档案、通用软件、工具)。

如果企业的逻辑无形资产遭到破坏或损毁，也会降低或丧失经营能力，进而导致收入减少甚至破产。抽象无形资产主要包括以下几种。

(1)公众对组织机构的信任(即赢得和保留新老客户、运营商的能力)。

(2)组织机构的财务地位或状况(即保持市场平等地位，或者以最快速率获取资金)。

(3)预防因打官司而承担的法律责任和相关费用(即尽量降低法律辩护方面的费用，防止因打官司而付出高昂代价，交大笔民事罚金)。

不能忽视对抽象无形资产的损毁或破坏，因为以下几个方面。

(1)当某个组织机构保护客户或运营商相关信息的声誉受到质疑时，该组织机构很快就会发现，客户纷纷转到竞争对手一方，赢得新客户的速率锐减，现有的运营商不愿提供有利的合同条款，很难获取或者付出很高价格才能获取备用运营商的产品和服务。

(2)如果某个组织机构的声誉受损(特别是由与安全相关的事件造成的)，就会直接和间接影响到该组织机构的市场平等地位与资金状况。

(3)美国有 46 个州已经制定了与侵犯个人识别信息(Personally Identifiable Information，PII)相关的法律(附录 H)，其中很多法律不但赋予受害客户民事诉讼权，而且赋予了共同起诉权。作为被告方的组织机构，在法律辩护方面付出的费用非常高，特别是遭到共同起诉时。

(4)一旦外界获得某个单位发生安全问题的消息，就会有很多机构或个人对该单位的安全事件进行大量调查报道，研究分析安全问题对该单位的财务造成的不利影响。

正如上面所说，任何组织机构都应当建立资产登记目录，判定自己拥有哪些资产、这些资产的相对价值、每个资产的负责人、每个资产对公司持续运营的重要性等。

界定资产的第一步是界定资产范围。在该步骤中，要明确区分需要分析的资产之间的界限，以便判定下列情况。

(1)是否考虑了组织机构的各种资产。

(2)是否考虑了某个分部的资产。

(3)是否考虑了某个独立设施或偏远设施的资产。

(4)是否考虑了某个工作组的资产。

(5)是否考虑了某个系统或分系统的资产。

应当确定组织机构各个部门、工作组、系统、应用程序、操作平台、营业流程等方面的资产界限，并达成一致意见。这种活动包括与组织机构相关的各种信息(硬件、软件、接口、数据、人员、流程等)。应当明确记录各种资产的用途(任务)，以及对主要商业活动的重要性。可利用下列方法和工具收集相关信息。

(1)问卷调查。

(2)现场采访。

(3)查阅文件(政策声明、法规、要求、指示等)。

(4)扫描软件(网络映射)。

识别资产、界定资产和编制资产目录时，应提问并回答下列问题。

(1)谁是合法用户？

(2)用户组织机构的职责任务是什么？

(3)资产对组织机构有什么用途？

(4)资产对用户组织机构履行使命任务有什么重要意义？

(5)在资产可用性方面有哪些具体要求？

(6)组织机构需要掌握哪些方面的信息？

(7)资产所生成、消耗、处理或存储的信息是什么信息？

(8)信息对组织机构履行使命任务有什么重要意义？

(9)信息流的路径是什么？

(10)所存储的信息属于哪种类型(人力资源、销售、市场、隐私、财务、研发、生产、指挥控制等)？

(11)信息属于哪种密级(绝密、机密、秘密、内部资料、公开等)？

(12)在什么地方处理和存储信息？

(13)信息存储属于哪种类型？

(14)信息泄露后可能对组织机构造成的影响？

(15)如果信息不可靠，则会对组织机构履行使命任务造成什么影响？

编制资产目录的一种方法是，参照表 4.1 ~ 表 4.10 中的示例，建立资产数据库。这些表是一套相互之间保持密切关系的数据库表。除了表 4.1，每个表都有资产说明这一列，这一列信息只能人工阅读。表 4.1 是企业编制资产目录时首先要参考的资料，所建议的每个列的标题如下。

(1)资产名称——对某项资产进行命名。

(2)资产标识符——用于区分识别某项资产的编号。

(3)资产类型——判定某项资产属于物理资产还是逻辑资产。

(4)资产说明——对某项资产进行具体说明。

表 4.1 资产目录列表部分示例

资产名称	资产标识符	资产类型	资产说明
员工数据	HR000001	逻辑	员工数据
应收款数据	FN000100	逻辑	应收款数据
应付款数据	FN000200	逻辑	应付款数据
总账数据	FN000300	逻辑	总账数据
运营商合同数据	FN000400	逻辑	运营商合同数据
管理数据	FN000500	逻辑	诸多方面的混杂数据
销售数据	SA000001	逻辑	销售数据
市场数据	SA000100	逻辑	市场数据
销售文献	SA000200	逻辑	公众可获取的销售数据
商业客户数据	SA000300	逻辑	商业客户数据
零售客户数据	SA000400	逻辑	零售客户数据
政府客户数据	SA000500	物理	政府客户数据
客户边缘路由器- 防火墙外部缓冲区	IT000001	物理	缓冲区与互联网运营商之间的客户边缘路由器-防火墙
路由器内部缓冲区	IT000002	物理	缓冲区与企业内部网之间的路由器-防火墙
财务边缘路由器	IT000003	物理	财务子网与企业内部网之间的路由器-防火墙
销售边缘路由器	IT000004	物理	销售子网与企业内部网之间的路由器-防火墙
市场边缘路由器	IT000005	物理	市场子网与企业内部网之间的路由器-防火墙
保障边缘路由器	IT000006	物理	客户支持电话中心子网与企业内部网之间的路由器-防火墙
研发边缘路由器	IT000007	物理	研发子网与企业内部网之间的路由器-防火墙
生产边缘路由器	IT000008	物理	生产子网与企业内部网之间的路由器-防火墙
设施边缘路由器	IT000009	物理	设施子网与企业内部网之间的路由器-防火墙
操作、维护、管理与 供应边缘路由器	IT000010	物理	信息技术操作、维护、管理、供应子网与 企业内部网之间的路由器-防火墙
高级管理边缘路由器	IT000011	物理	高级管理子网与企业内部网之间的路由器-防火墙

续表

资产名称	资产标识符	资产类型	资产说明
功能实体边缘路由器	IT000012	物理	现场支持子网与企业内部网之间的路由器-防火墙
信息技术工作站	IT001001	物理	人力资源副经理工作站
信息技术工作站	IT001002	物理	人力资源经理工作站
信息技术工作站	IT001004	物理	人力资源管理员工作站
信息技术工作站	IT001006	物理	人力资源代表工作站
信息技术工作站	IT001101	物理	财务总管工作站
信息技术工作站	IT001102	物理	财务总经理工作站
信息技术工作站	IT001103	物理	财务收款经理工作站
信息技术工作站	IT001104	物理	财务付款经理工作站
信息技术工作站	IT001105	物理	财务审计经理工作站
信息技术工作站	IT001106	物理	财务职员工作站
信息技术工作站	IT001201	物理	技术总管工作站(研发)
信息技术工作站	IT001202	物理	研发管理员工作站
信息技术工作站	IT001203	物理	研发经理工作站
信息技术工作站	IT001204	物理	研发质量保证经理工作站
信息技术工作站	IT001205	物理	研发采购经理工作站
信息技术工作站	IT001206	物理	研发职员工作站
信息技术工作站	IT001207	物理	研发档案管理工作站
信息技术工作站	IT001301	物理	法务总管工作站
信息技术工作站	IT001302	物理	律师工作站
信息技术工作站	IT001303	物理	律师助手工作站
信息技术工作站	IT001304	物理	法务管理员工作站
信息技术工作站	IT001305	物理	法务审计经理工作站
信息技术工作站	IT001306	物理	法务职员工作站
研发工作站	RD001501	物理	研发工作站
研发工作站	RD001502	物理	研发工作站
研发工作站	RD001503	物理	研发工作站
研发工作站	RD001504	物理	研发工作站
信息技术工作站	IT001601	物理	信息总管工作站
信息技术工作站	IT001602	物理	桌面管理工作站
信息技术工作站	IT001604	物理	服务器经理工作站
信息技术工作站	IT001606	物理	网络经理工作站
信息技术工作站	IT001607	物理	网络管理工作站
信息技术工作站	IT001701	物理	业务/生产副总裁工作站
信息技术工作站	IT001702	物理	业务/生产经理工作站
信息技术工作站	IT001704	物理	业务/生产管理员工作站
信息技术工作站	IT001706	物理	业务/生产技术员工作站
信息技术工作站	IT001801	物理	销售/市场副总裁工作站
信息技术工作站	IT001802	物理	销售经理工作站

资产名称	资产标识符	资产类型	资产说明
信息技术工作站	IT001804	物理	销售管理员工作站
信息技术工作站	IT001806	物理	销售代表工作站
信息技术工作站	IT001807	物理	销售代表工作站
信息技术工作站	IT001808	物理	市场拓展经理工作站
信息技术工作站	IT001809	物理	市场管理员工作站
信息技术工作站	IT001810	物理	市场代表工作站
信息技术工作站	IT001811	物理	市场代表工作站
信息技术工作站	IT001901	物理	销售终端设备
信息技术工作站	IT001902	物理	销售终端设备
信息技术工作站	IT001903	物理	销售终端设备
信息技术工作站	IT001904	物理	31 号销售终端设备
安全工作站	SC002001	物理	安全总管工作站
安全工作站	SC002001	物理	物理安全经理工作站
安全工作站	SC002001	物理	审核经理工作站
安全工作站	SC002001	物理	监视经理工作站
安全工作站	SC002001	物理	安全技术员工作站
管理服务器	IT010001	物理	管理服务器总系统
管理服务器	IT010010	物理	财务服务器系统
管理服务器	IT010020	物理	人力资源员工网页服务器
管理服务器	IT010030	物理	销售电子商务网页服务器
管理服务器	IT010040	物理	市场服务器系统
管理服务器	IT010050	物理	合同服务器系统
管理服务器	IT010060	物理	法务服务器系统
管理服务器	IT010070	物理	客户支持网页服务器系统
管理服务器	IT010071	物理	客户服务器系统
管理服务器	IT010090	物理	运营服务器系统
管理服务器	IT010100	物理	生产服务器系统
管理服务器	IT010300	物理	网络管理服务器系统
管理服务器	IT010301	物理	桌面管理服务器系统
管理服务器	IT010302	物理	信息技术管理服务器系统
管理服务器	IT010303	物理	域名服务器系统
管理服务器	IT010310	物理	网络时间服务器系统
管理服务器	IT010320	物理	RADIUS 服务器系统
安全服务器	SC010001	物理	安全视频监控服务器系统
安全服务器	SC010010	物理	安全周边监控服务器系统
安全服务器	SC010020	物理	安全中央日志服务器系统
安全服务器	SC010030	物理	安全防火墙-入侵防护系统管理服务器系统
安全服务器	SC010040	物理	安全物理访问控制服务器系统
安全服务器	SC010050	物理	安全管理服务器系统

资产名称	资产标识符	资产类型	资产说明
研发服务器	RD020001	物理	研发管理服务器系统
管理服务器	IT010330	物理	软件发布与补丁管理服务器系统
研发服务器	RD020020	物理	研发源代码档案服务器系统
研发服务器	RD020030	物理	研发管理服务器系统
研发服务器	RD020040	物理	研发试验管理服务器系统
企业存储区网络构件	IT030001	物理	存储区网络边缘路由器-防火墙
企业存储区网络构件	IT030010	物理	存储区网络1号磁盘阵列
企业存储区网络构件	IT030020	物理	存储区网络2号磁盘阵列
企业存储区网络构件	IT030030	物理	存储区网络1号磁带库
企业存储区网络构件	IT030040	物理	存储区网络2号磁带库
打印系统	IT040101	物理	管理打印系统
打印系统	IT040201	物理	运营打印系统
打印系统	RD040301	物理	研发打印系统
打印系统	SC040401	物理	安全打印系统
供暖、通风与空调系统构件	FC090101	物理	楼顶1号制冷机
供暖、通风与空调系统构件	FC090102	物理	楼顶2号制冷机
供暖、通风与空调系统构件	FC090201	物理	数据中心1号制冷机
供暖、通风与空调系统构件	FC090202	物理	数据中心2号制冷机
电源系统构件	FC090302	物理	供电入口配电板
电源系统构件	FC090302	物理	1号备用发电机
电源系统构件	FC090302	物理	2号备用发电机
消防系统-水	FC090401	物理	水式消防告警系统
消防系统-化学物质	IT090501	物理	数据中心和存储区网络非水式消防告警系统
消防系统-化学物质	RD090501	物理	研发非水式消防告警系统
消防系统-化学物质	SC090501	物理	安全非水式消防告警系统
视频监控	SC050001	物理	视频监控系统
视频监控	SC050101	物理	主要入口1号摄像头
视频监控	SC050205	物理	码头5号摄像头
视频监控	SC050434	物理	大厅34号摄像头
物理入侵检测	SC051001	物理	物理入侵检测/告警控制系统
物理入侵检测	SC051104	物理	码头4号红外传感器
物理入侵检测	SC051208	物理	自助餐厅8号红外传感器
物理入侵检测	SC051303	物理	电梯3号红外传感器
物理入侵检测	SC051422	物理	大厅22号红外传感器
物理入侵检测	SC051512	物理	数据中心12号红外传感器

表 4.2 中每个列的标题如下。

(1) 资产标识符——用于区分识别某项资产的编号。

(2) 资产说明——对某项资产进行具体说明。这一列信息只能人工阅读。

(3) 资产所属部门——确定组织机构的哪个部门对资产负主要责任。应当简明指出资产所属的部门，例如：

① 负责桌面用户的运营、管理、维护与保障 (OAM&P) 部门；

② 负责网络的运营、管理、维护与保障部门；

③ 负责服务器的运营、管理、维护与保障部门；

④ 负责管理的运营、管理、维护与保障部门；

⑤ 负责生产的运营、管理、维护与保障部门；

⑥ 负责销售和现场人员保障的运营、管理、维护与保障部门；

⑦ 负责客户保障的运营、管理、维护与保障部门；

⑧ 负责研发工作站的运营、管理、维护与保障部门；

⑨ 负责研发网络的运营、管理、维护与保障部门；

⑩ 负责研发服务器的运营、管理、维护与保障部门。

(4) 资产监管人——依据组织机构的信息安全治理政策文件，按照职务或名称确定某项资产的具体负责人，并明确说明具体负责人为资产提供的保护级别。每项资产的保护级别，应当参照识别、认证、授权、访问控制、信息与数据完整性、可用性、不可抵赖性等方面的安全服务与管控措施进行划分。资产具体负责人还负责检查资产所属部门是否正确贯彻落实了资产保护措施，以及资产防护措施是否仍然有效。组织机构应当简明地按照员工的职务 (如财务总管、技术总管、安全总管) 或名称指定具体负责人。指定具体负责人时，只能指定部门领导或者部门领导授权负责的员工。

(5) 资产位置——应当按照物理资产所在的建筑物、楼层、房间、墙壁等，明确说明物理资产位置。应当按照逻辑资产所在 (存放) 的物理资产 (空间)，明确说明逻辑资产位置。

表 4.2 资产所有者和位置目录部分示例

资产标识符	资产说明	资产所属部门	资产监管人	资产位置
HR000001	员工数据	人力资源	人力资源副经理	人力资源服务器系统—IT010020
FN000100	应收款数据	财务	财务总管	财务服务器系统—IT010010
FN000400	运营商合同数据	财务	财务总管	财务服务器系统—IT010010
SA000100	市场数据	销售	销售副经理	市场服务器系统—IT010040

续表

资产标识符	资产说明	资产所属部门	资产监管人	资产位置
SA000200	公众可获取的销售数据	销售	销售副经理	销售服务器系统—IT010030
IT000001	缓冲区与互联网运营商之间的客户边缘路由器-防火墙	信息技术	信息总管	21070 房间
IT000002	缓冲区与企业内部网之间的路由器-防火墙	信息技术	信息总管	21070 房间
IT000006	客户支持电话中心子网与企业内部网之间的路由器-防火墙	信息技术	信息总管	21100 房间
IT000007	研发子网与企业内部网之间的路由器-防火墙	信息技术	信息总管	21100 房间
IT000010	信息技术操作、维护、管理、供应子网与企业内部网之间的路由器-防火墙	信息技术	信息总管	21070 房间
IT000012	现场支持子网与企业内部网之间的路由器-防火墙	信息技术	信息总管	21070 房间
IT001001	人力资源副经理工作站	信息技术	信息总管	13105 房间
IT001006	人力资源代表工作站	信息技术	信息总管	12110 房间
IT001101	财务总管工作站	信息技术	信息总管	13106 房间
IT001106	财务职员工作站	信息技术	信息总管	12130 房间
IT001203	研发经理工作站	信息技术	信息总管	23110 房间
IT001204	研发质量保证经理工作站	信息技术	信息总管	23120 房间
IT001206	研发职员工作站	信息技术	信息总管	23130 房间
IT001302	律师工作站	法务	法务总管	13201 房间
IT001305	法务审计经理工作站	法务	法务总管	13217 房间
IT001306	法务职员工作站	法务	法务总管	13235 房间
RD001504	研发工作站	研发	技术总管	23010 房间
IT001607	网络管理工作站	信息技术	信息总管	22001 房间
IT001702	业务/生产经理工作站	信息技术	信息总管	33010 房间
IT001706	业务/生产技术员工作站	信息技术	信息总管	33020 房间
IT001806	销售代表工作站	信息技术	信息总管	11101 房间
IT001808	市场拓展经理工作站	信息技术	信息总管	12220 房间
IT001809	市场管理员工作站	信息技术	信息总管	12230 房间
IT001904	31 号销售终端设备	信息技术	信息总管	11005 房间
SC002001	安全总管工作站	安全	安全总管	13107 房间

续表

资产标识符	资产说明	资产所属部门	资产监管人	资产位置
SC002001	监视经理工作站	安全	安全总管	22101 房间
SC002001	安全技术员工作站	安全	安全总管	22106 房间
IT010010	财务服务器系统	信息技术	信息总管	21010 房间
IT010020	人力资源员工网页服务器	信息技术	信息总管	21010 房间
IT010030	销售电子商务网页服务器	信息技术	信息总管	21010 房间
IT010040	市场服务器系统	信息技术	信息总管	21010 房间
IT010050	合同服务器系统	信息技术	信息总管	21010 房间
IT010060	法务服务器系统	信息技术	信息总管	21010 房间
IT010100	生产服务器系统	信息技术	信息总管	21010 房间
IT010300	网络管理服务器系统	信息技术	信息总管	21010 房间
IT010303	域名服务器系统	信息技术	信息总管	21010 房间
IT010310	网络时间服务器系统	信息技术	信息总管	21010 房间
IT010320	RADIUS 服务器系统	信息技术	信息总管	21010 房间
SC010020	安全中央日志服务器系统	安全	安全总管	22201 房间
SC010030	安全防火墙-入侵防护系统管理服务器系统	安全	安全总管	22201 房间
IT010330	软件发布与补丁管理服务器系统	信息技术	信息总管	21010 房间
RD020020	研发源代码档案服务器系统	研发	技术总管	23201 房间
IT030001	存储区网络边缘路由器-防火墙	信息技术	信息总管	21010 房间
IT030010	存储区网络 1 号磁盘阵列	信息技术	信息总管	21010 房间
IT030030	存储区网络 1 号磁带库	信息技术	信息总管	21010 房间
RD040301	研发打印系统	信息技术	信息总管	23110 房间
SC040401	安全打印系统	安全	安全总管	22110 房间
FC090101	楼顶 1 号制冷机	设施	副经理	楼顶
FC090202	数据中心 2 号制冷机	设施	设施副经理	楼顶
FC090302	1 号备用发电机	设施	设施副经理	楼顶
SC090501	安全非水式消防告警系统	设施	设施副经理	楼房 4 区
SC050001	视频监控系统	安全	安全总管	22101 房间
SC050101	主要入口 1 号摄像头	安全	安全总管	西墙
SC050434	大厅 34 号摄像头	安全	安全总管	1 号大厅
SC051001	物理入侵检测/告警控制系统	安全	信息总管	22101 房间
SC051422	大厅 22 号红外传感器	安全	信息总管	4 号大厅
SC051512	数据中心 12 号红外传感器	安全	信息总管	21101 房间

表 4.3 中每个列的标题如下。

(1)资产标识符——用于区分识别某项资产的编号。

(2)资产说明——对某项资产进行具体说明。这一列信息只能人工阅读。

(3)资产合法企业用户——明确说明企业的哪些员工有权访问某项资产,访问目的是为了管理该项资产,还是为了使用该项资产存储或处理的应用程序或信息。员工是指人力资源、销售、市场、隐私权、财务、研发、生产、指挥控制及其他部门的工作人员。

(4)企业用户访问资产目的——明确说明企业员工访问某项资产存储或处理的应用程序或信息的目的。

表 4.3 资产合法企业用户目录部分示例

资产标识符	资产说明	资产合法企业用户	企业用户访问资产目的
HR000001	员工数据	所有员工和人力资源工作人员	审查管理员工和人力资源信息,如福利
FN000100	应收款数据	财务工作人员	审查管理企业应收款信息
FN000400	运营商合同数据	财务、法律、信息技术、运营和生产工作人员	审查管理企业运营商合同信息
SA000100	市场数据	销售和市场工作人员	审查管理企业销售和市场信息
SA000200	公众可获取的销售数据	销售和市场工作人员	审查管理公众可获取的企业销售信息
IT000001	缓冲区与互联网运营商之间的客户边缘路由器-防火墙	信息技术操作、维护、管理、供应和安全工作人员	网络与安全方面的操作、维护、管理、供应
IT000002	缓冲区与企业内部网之间的路由器-防火墙	信息技术操作、维护、管理、供应和安全工作人员	网络与安全方面的操作、维护、管理、供应
IT000006	客户支持电话中心子网与企业内部网之间的路由器-防火墙	信息技术操作、维护、管理、供应和安全工作人员	网络与安全方面的操作、维护、管理、供应
IT000007	研发子网与企业内部网之间的路由器-防火墙	信息技术操作、维护、管理、供应和安全工作人员	网络与安全方面的操作、维护、管理、供应
IT000010	信息技术操作、维护、管理、供应子网与企业内部网之间的路由器-防火墙	信息技术操作、维护、管理、供应和安全工作人员	网络与安全方面的操作、维护、管理、供应
IT000012	现场支持子网与企业内部网之间的路由器-防火墙	信息技术操作、维护、管理、供应和安全工作人员	网络与安全方面的操作、维护、管理、供应
IT001001	人力资源副经理工作站	人力资源副经理和信息技术操作、维护、管理、供应工作人员	应用软件使用和工作站方面的操作、维护、管理、供应

资产标识符	资产说明	资产合法企业用户	企业用户访问资产目的
IT001006	人力资源代表工作站	人力资源副经理和信息技术操作、维护、管理、供应工作人员	应用软件使用和工作站方面的操作、维护、管理、供应
IT001101	财务总管工作站	财务总管和信息技术操作、维护、管理、供应工作人员	应用软件使用和工作站方面的操作、维护、管理、供应
IT001106	财务职员工作站	财务和信息技术操作、维护、管理、供应工作人员	应用软件使用和工作站方面的操作、维护、管理、供应
IT001203	研发经理工作站	研发和信息技术操作、维护、管理、供应工作人员	应用软件使用和工作站方面的操作、维护、管理、供应
IT001204	研发质量保证经理工作站	研发和信息技术操作、维护、管理、供应工作人员	应用软件使用和工作站方面的操作、维护、管理、供应
IT001206	研发职员工作站	研发和信息技术操作、维护、管理、供应工作人员	应用软件使用和工作站方面的操作、维护、管理、供应
IT001302	律师工作站	法律和信息技术操作、维护、管理、供应工作人员	应用软件使用和工作站方面的操作、维护、管理、供应
IT001305	法务审计经理工作站	法律和信息技术操作、维护、管理、供应工作人员	应用软件使用和工作站方面的操作、维护、管理、供应
IT001306	法务职员工作站	法律和信息技术操作、维护、管理、供应工作人员	应用软件使用和工作站方面的操作、维护、管理、供应
RD001504	研发工作站	研发工作人员	研发应用软件使用和工作站方面的操作、维护、管理、供应
IT001607	网络管理工作站	信息技术操作、维护、管理、供应工作人员	网络方面的操作、维护、管理、供应
IT001702	业务/生产经理工作站	业务和信息技术操作、维护、管理、供应工作人员	应用软件使用和工作站方面的操作、维护、管理、供应
IT001706	业务/生产技术员工作站	业务和信息技术操作、维护、管理、供应工作人员	应用软件使用和工作站方面的操作、维护、管理、供应
IT001806	销售代表工作站	销售和信息技术操作、维护、管理、供应工作人员	应用软件使用和工作站方面的操作、维护、管理、供应
IT001808	市场拓展经理工作站	市场拓展和信息技术操作、维护、管理、供应工作人员	应用软件使用和工作站方面的操作、维护、管理、供应
IT001809	市场管理员工作站	市场拓展和信息技术操作、维护、管理、供应工作人员	应用软件使用和工作站方面的操作、维护、管理、供应
IT001904	31号销售终端设备	销售和信息技术操作、维护、管理、供应工作人员	处理本地客户购买信息和设备的操作、维护、管理、供应
SC002001	安全总管工作站	安全总管和信息技术操作、维护、管理、供应工作人员	应用软件使用和工作站方面的操作、维护、管理、供应
SC002001	监视经理工作站	安全工作人员	应用软件使用和工作站方面的操作、维护、管理、供应

续表

资产标识符	资产说明	资产合法企业用户	企业用户访问资产目的
SC002001	安全技术员工作站	安全工作人员	应用软件使用和工作站方面的操作、维护、管理、供应
IT010010	财务服务器系统	财务和信息技术操作、维护、管理、供应工作人员	服务器方面的操作、维护、管理、供应和访问财务信息
IT010020	人力资源员工网页服务器	人力资源和信息技术操作、维护、管理、供应工作人员	服务器方面的操作、维护、管理、供应和网页管理
IT010030	销售电子商务网页服务器	销售和信息技术操作、维护、管理、供应工作人员	服务器方面的操作、维护、管理、供应和网页管理
IT010040	市场服务器系统	市场和信息技术操作、维护、管理、供应工作人员	服务器方面的操作、维护、管理、供应和访问市场拓展信息
IT010050	合同服务器系统	法律、财务和信息技术操作、维护、管理、供应工作人员	服务器方面的操作、维护、管理、供应和访问合同信息
IT010060	法务服务器系统	法律和信息技术操作、维护、管理、供应工作人员	服务器方面的操作、维护、管理、供应和访问法律信息
IT010100	生产服务器系统	业务和信息技术操作、维护、管理、供应工作人员	服务器方面的操作、维护、管理、供应,使用生产方面的应用程序,访问生产信息
IT010300	网络管理服务器系统	信息技术操作、维护、管理、供应工作人员	服务器方面的操作、维护、管理、供应和访问财务信息
IT010303	域名服务器系统	信息技术操作、维护、管理、供应工作人员	服务器和内部网基础设施设备方面的操作、维护、管理、供应和访问财务信息
IT010310	网络时间服务器系统	信息技术操作、维护、管理、供应工作人员	服务器方面的操作、维护、管理、供应
IT010320	RADIUS 服务器系统	信息技术操作、维护、管理、供应和安全工作人员	服务器方面的操作、维护、管理、供应
SC010020	安全中央日志服务器系统	安全工作人员	服务器方面的操作、维护、管理、供应,生成日志分析报告
SC010030	安全防火墙-入侵防护系统管理服务器系统	安全工作人员	服务器、防火墙、入侵防护系统主机方面的操作、维护、管理、供应
IT010330	软件发布与补丁管理服务器系统	信息技术操作、维护、管理、供应工作人员	服务器、操作系统和应用程序方面的操作、维护、管理、供应,软件发布与补丁管理
RD020020	研发源代码档案服务器系统	研发工作人员	服务器和开发软件的源代码库及档案方面的操作、维护、管理、供应
IT030001	存储区网络边缘路由器-防火墙	信息技术操作、维护、管理、供应和安全工作人员	网络和安全方面的操作、维护、管理、供应
IT030010	存储区网络 1 号磁盘阵列	信息技术操作、维护、管理、供应工作人员	设备方面的操作、维护、管理、供应和访问财务信息

资产标识符	资产说明	资产合法企业用户	企业用户访问资产目的
FC090101	楼顶1号制冷机	设施维护工作人员	设备方面的操作、维护、管理、供应和网页管理
FC090202	数据中心2号制冷机	设施维护工作人员	设备方面的操作、维护、管理、供应和网页管理
FC090302	1号备用发电机	设施维护工作人员	设备方面的操作、维护、管理、供应和访问市场拓展信息
SC090501	安全非水式消防告警系统	设施维护工作人员	设备方面的操作、维护、管理、供应和访问合同信息
SC050001	视频监控系统	安全工作人员	视频监控系统和摄像头方面的操作、维护、管理、供应和访问法律信息
SC050101	主要入口1号摄像头	安全工作人员	设备方面的操作、维护、管理、供应
SC050434	大厅34号摄像头	安全工作人员	设备方面的操作、维护、管理、供应
SC051001	物理入侵检测/告警控制系统	安全工作人员	入侵检测/告警系统和传感器方面的操作、维护、管理、供应
SC051422	大厅22号红外传感器	安全工作人员	设备方面的操作、维护、管理、供应
SC051512	数据中心12号红外传感器	安全工作人员	设备方面的操作、维护、管理、供应

表4.4中每个列的标题如下。

(1)资产标识符——用于区分识别某项资产的编号。

(2)资产说明——对某项资产进行具体说明。这一列信息只能人工阅读。

(3)允许访问资产的客户类型——明确说明准许哪些类型的客户访问某项资产存储或处理的应用程序或信息。客户类型主要包括普通民众、零售商、批发商、企业、政府部门等。如果不允许客户访问，则输入"不可用"。

(4)客户访问资产目的——明确说明客户访问某项资产存储或处理的应用程序或信息的主要目的。如果不允许客户访问，则输入"不可用"。

表4.4 允许客户访问的资产目录部分示例

资产标识符	资产说明	允许访问资产的客户类型	客户访问资产目的
HR000001	员工数据	不可用	不可用
FN000100	应收款数据	不可用	不可用
FN000400	运营商合同数据	不可用	不可用
SA000100	市场数据	不可用	不可用
SA000200	公众可获取的销售数据	普通民众、批发商、零售商、企业、政府部门	访问公众可获取的企业提供的产品和服务等方面信息
IT000001	缓冲区与互联网运营商之间的客户边缘路由器-防火墙	不可用	不可用

续表

资产标识符	资产说明	允许访问资产的客户类型	客户访问资产目的
IT000002	缓冲区与企业内部网之间的路由器-防火墙	不可用	不可用
IT000006	客户支持电话中心子网与企业内部网之间的路由器-防火墙	不可用	不可用
IT000007	研发子网与企业内部网之间的路由器-防火墙	不可用	不可用
IT000010	信息技术操作、维护、管理、供应子网与企业内部网之间的路由器-防火墙	不可用	不可用
IT000012	现场支持子网与企业内部网之间的路由器-防火墙	不可用	不可用
IT001001	人力资源副经理工作站	不可用	不可用
IT001006	人力资源代表工作站	不可用	不可用
IT001101	财务总管工作站	不可用	不可用
IT001106	财务职员工作站	不可用	不可用
IT001203	研发经理工作站	不可用	不可用
IT001204	研发质量保证经理工作站	不可用	不可用
IT001206	研发职员工作站	不可用	不可用
IT001302	律师工作站	不可用	不可用
IT001305	法务审计经理工作站	不可用	不可用
IT001306	法务职员工作站	不可用	不可用
RD001504	研发工作站	不可用	不可用
IT001607	网络管理工作站	不可用	不可用
IT001702	业务/生产经理工作站	不可用	不可用
IT001706	业务/生产技术员工作站	不可用	不可用
IT001806	销售代表工作站	不可用	不可用
IT001808	市场拓展经理工作站	不可用	不可用
IT001809	市场管理员工作站	不可用	不可用
IT001904	31 号销售终端设备	不可用	不可用
SC002001	安全总管工作站	不可用	不可用
SC002001	监视经理工作站	不可用	不可用
SC002001	安全技术员工作站	不可用	不可用
IT010010	财务服务器系统	不可用	不可用
IT010020	人力资源员工网页服务器	不可用	不可用
IT010030	销售电子商务网页服务器	普通民众、批发商、零售商、企业、政府部门	访问公众可获取的企业提供的产品和服务等方面信息;购买企业提供的产品与服务
IT010040	市场服务器系统	不可用	不可用
IT010050	合同服务器系统	不可用	不可用
IT010060	法务服务器系统	不可用	不可用

续表

资产标识符	资产说明	允许访问资产的客户类型	客户访问资产目的
IT010100	生产服务器系统	不可用	不可用
IT010300	网络管理服务器系统	不可用	不可用
IT010303	域名服务器系统	不可用	不可用
IT010310	网络时间服务器系统	不可用	不可用
IT010320	RADIUS 服务器系统	不可用	不可用
SC010020	安全中央日志服务器系统	不可用	不可用
SC010030	安全防火墙-入侵防护系统管理服务器系统	不可用	不可用
IT010330	软件发布与补丁管理服务器系统	不可用	不可用
RD020020	研发源代码档案服务器系统	不可用	不可用
IT030001	存储区网络边缘路由器-防火墙	不可用	不可用
IT030010	存储区网络 1 号磁盘阵列	不可用	不可用
FC090101	楼顶 1 号制冷机	不可用	不可用
FC090202	数据中心 2 号制冷机	不可用	不可用
FC090302	1 号备用发电机	不可用	不可用
SC090501	安全非水式消防告警系统	不可用	不可用
SC050001	视频监控系统	不可用	不可用
SC050101	主要入口 1 号摄像头	不可用	不可用
SC050434	大厅 34 号摄像头	不可用	不可用
SC051001	物理入侵检测/告警控制系统	不可用	不可用
SC051422	大厅 22 号红外传感器	不可用	不可用
SC051512	数据中心 12 号红外传感器	不可用	不可用

表 4.5 中每个列的标题如下。

(1)资产标识符——用于区分识别某项资产的编号。

(2)资产说明——对某项资产进行具体说明。这一列信息只能人工阅读。

(3)允许访问资产的第三方人员类型——明确说明准许访问某项资产存储或处理的应用程序或信息的第三方人员类型(设备或应用程序运营商现场技术支持人员)。如果不允许第三方人员访问,则输入"不可用"。

(4)第三方人员访问资产目的——明确说明第三方人员访问某项资产存储或处理的应用程序或信息的主要目的。如果不允许第三方人员访问,则输入"不可用"。

表 4.5　允许第三方访问的资产目录部分示例

资产标识符	资产说明	允许访问资产的 第三方人员类型	第三方人员 访问资产目的
HR000001	员工数据	不可用	不可用
FN000100	应收款数据	不可用	不可用
FN000400	运营商合同数据	不可用	不可用
SA000100	市场数据	不可用	不可用
SA000200	公众可获取的销售数据	不可用	不可用
IT000001	缓冲区与互联网运营商之间的客户边缘路由器-防火墙	运营商现场技术支持人员	在运营、管理、维护与保障人员的直接监督下现场修理
IT000002	缓冲区与企业内部网之间的路由器-防火墙	运营商现场技术支持人员	在运营、管理、维护与保障人员的直接监督下现场修理
IT000006	客户支持电话中心子网与企业内部网之间的路由器-防火墙	运营商现场技术支持人员	在运营、管理、维护与保障人员的直接监督下现场修理
IT000007	研发子网与企业内部网之间的路由器-防火墙	运营商现场技术支持人员	在运营、管理、维护与保障人员的直接监督下现场修理
IT000010	信息技术操作、维护、管理、供应子网与企业内部网之间的路由器-防火墙	运营商现场技术支持人员	在运营、管理、维护与保障人员的直接监督下现场修理
IT000012	现场支持子网与企业内部网之间的路由器-防火墙	运营商现场技术支持人员	在运营、管理、维护与保障人员的直接监督下现场修理
IT001001	人力资源副经理工作站	不可用	不可用
IT001006	人力资源代表工作站	不可用	不可用
IT001702	业务/生产经理工作站	不可用	不可用
IT001706	业务/生产技术员工作站	不可用	不可用
IT001806	销售代表工作站	不可用	不可用
IT001808	市场拓展经理工作站	不可用	不可用
IT001809	市场管理员工作站	不可用	不可用
IT001904	31 号销售终端设备	运营商现场技术支持人员	在运营、管理、维护与保障人员的直接监督下现场修理
SC002001	安全总管工作站	不可用	不可用
SC002001	监视经理工作站	不可用	不可用
SC002001	安全技术员工作站	不可用	不可用
IT010010	财务服务器系统	运营商现场技术支持人员	在运营、管理、维护与保障人员的直接监督下现场修理

续表

资产标识符	资产说明	允许访问资产的 第三方人员类型	第三方人员 访问资产目的
IT010020	人力资源员工网页服务器	运营商现场技术支持人员	在运营、管理、维护与保障人员的直接监督下现场修理
IT010030	销售电子商务网页服务器	运营商现场技术支持人员	在运营、管理、维护与保障人员的直接监督下现场修理
IT010040	市场服务器系统	运营商现场技术支持人员	在运营、管理、维护与保障人员的直接监督下现场修理
IT010050	合同服务器系统	运营商现场技术支持人员	在运营、管理、维护与保障人员的直接监督下现场修理
IT010060	法务服务器系统	运营商现场技术支持人员	在运营、管理、维护与保障人员的直接监督下现场修理
IT010100	生产服务器系统	运营商现场技术支持人员	在运营、管理、维护与保障人员的直接监督下现场修理
IT010300	网络管理服务器系统	运营商现场技术支持人员	在运营、管理、维护与保障人员的直接监督下现场修理
IT010303	域名服务器系统	运营商现场技术支持人员	在运营、管理、维护与保障人员的直接监督下现场修理
IT010310	网络时间服务器系统	运营商现场技术支持人员	在运营、管理、维护与保障人员的直接监督下现场修理
IT010320	RADIUS 服务器系统	运营商现场技术支持人员	在运营、管理、维护与保障人员的直接监督下现场修理
SC010020	安全中央日志服务器系统	运营商现场技术支持人员	在运营、管理、维护与保障人员的直接监督下现场修理
SC010030	安全防火墙–入侵防护系统管理服务器系统	运营商现场技术支持人员	在运营、管理、维护与保障人员的直接监督下现场修理
IT010330	软件发布与补丁管理服务器系统	运营商现场技术支持人员	在运营、管理、维护与保障人员的直接监督下现场修理
RD020020	研发源代码档案服务器系统	运营商现场技术支持人员	在运营、管理、维护与保障人员的直接监督下现场修理
IT030010	存储区网络 1 号磁盘阵列	运营商现场技术支持人员	在运营、管理、维护与保障人员的直接监督下现场修理

资产标识符	资产说明	允许访问资产的 第三方人员类型	第三方人员 访问资产目的
FC090101	楼顶 1 号制冷机	运营商现场技术支持人员	现场修理和定期售后保养
FC090202	数据中心 2 号制冷机	运营商现场技术支持人员	现场修理和定期售后保养
FC090302	1 号备用发电机	运营商现场技术支持人员	现场修理和定期售后保养
SC090501	安全非水式消防告警系统	运营商现场技术支持人员 消防人员	现场修理和定期售后保养；消防检查
SC050001	视频监控系统	运营商现场技术支持人员	在运营、管理、维护与保障人员的直接监督下现场修理
SC050101	主要入口 1 号摄像头	运营商现场技术支持人员	在运营、管理、维护与保障人员的直接监督下现场修理
SC050434	大厅 34 号摄像头	运营商现场技术支持人员	在运营、管理、维护与保障人员的直接监督下现场修理
SC051001	物理入侵检测/告警控制系统	运营商现场技术支持人员	在运营、管理、维护与保障人员的直接监督下现场修理
SC051422	大厅 22 号红外传感器	运营商现场技术支持人员	在运营、管理、维护与保障人员的直接监督下现场修理
SC051512	数据中心 12 号红外传感器	运营商现场技术支持人员	在运营、管理、维护与保障人员的直接监督下现场修理

表 4.6 中每个列的标题如下。

(1)资产标识符——用于区分识别某项资产的编号。

(2)资产说明——对某项资产进行具体说明。这一列信息只能人工阅读。

(3)与该项资产相互作用的其他资产——明确说明与该项资产相互作用的其他资产。如果该项资产没有相互作用的其他资产，则输入"不可用"。

(4)其他资产访问该项资产目的——明确说明资产之间相互操作的目的。

表 4.6　其他资产可访问的资产目标部分示例

资产标识符	资产说明	与该项资产相互作 用的其他资产	其他资产访问 该项资产目的
IT000001	缓冲区与互联网运营商之间的客户边缘路由器-防火墙	一端是互联网运营商接入网设备，另一端是企业的缓冲区设备和 IT000002 号设备	在缓冲区附属设备与互联网运营商接入网之间传递和过滤数据包

续表

资产标识符	资产说明	与该项资产相互作用的其他资产	其他资产访问该项资产目的
IT000002	缓冲区与企业内部网之间的路由器-防火墙	一端是企业缓冲区附属设备和客户边缘路由器-防火墙（IT000001 号设备），另一端是企业内部网附属设备	在缓冲区附属设备与企业内部网之间传递和过滤数据包
IT000006	客户支持电话中心子网与企业内部网之间的路由器-防火墙	一端是企业内部网附属设备和 IT000002 号设备，另一端是企业客户支持电话中心子网附属设备	在企业内部网附属设备与客户支持电话中心子网附属设备之间传递和过滤数据包
IT000007	研发子网与企业内部网之间的路由器-防火墙	一端是企业内部网附属设备和 IT000002 号设备，另一端是企业研发子网附属设备	在企业内部网附属设备与研发子网附属设备之间传递和过滤数据包
IT000010	信息技术操作、维护、管理、供应子网与企业内部网之间的路由器-防火墙	一端是企业内部网附属设备和 IT000002 号设备，另一端是企业信息技术操作、维护、管理、供应子网附属设备	在企业内部网附属设备与信息技术操作、维护、管理、供应子网附属设备之间传递和过滤数据包
IT000012	现场支持子网与企业内部网之间的路由器-防火墙	一端是企业内部网附属设备和 IT000002 号设备，另一端是企业现场支持子网附属设备	在企业内部网附属设备与现场支持子网附属设备之间传递和过滤数据包
IT001001	人力资源副经理工作站	人力资源子网附属设备、企业内部网设备、IT010020 号人力资源员工网页服务器	访问人力资源和企业服务器；信息技术运营、管理、维护与保障活动
IT001006	人力资源代表工作站	人力资源子网附属设备、企业内部网设备、IT010020 号人力资源员工网页服务器	访问人力资源和企业服务器；信息技术运营、管理、维护与保障活动
IT001101	财务总管工作站	财务子网附属设备、企业内部网设备、IT010010 号财务服务器系统	访问财务和企业服务器；信息技术运营、管理、维护与保障活动
IT001106	财务职员工作站	财务子网附属设备、企业内部网设备、IT010010 号财务服务器系统	访问财务和企业服务器；信息技术运营、管理、维护与保障活动
IT001203	研发经理工作站	研发子网附属设备、企业内部网设备、RD020020 号研发源代码档案服务器系统	访问研发和企业服务器；信息技术运营、管理、维护与保障活动

续表

资产标识符	资产说明	与该项资产相互作用的其他资产	其他资产访问该项资产目的
IT001204	研发质量保证经理工作站	研发子网附属设备、企业内部网设备、RD020020 号研发源代码档案服务器系统	访问研发和企业服务器；信息技术运营、管理、维护与保障活动
IT001302	律师工作站	法律子网附属设备、企业内部网设备、IT010060 号法务服务器系统	访问法律和企业服务器；信息技术运营、管理、维护与保障活动
RD001504	研发工作站	研发子网附属设备、企业内部网设备、RD020020 号研发源代码档案服务器	访问研发和企业服务器；信息技术运营、管理、维护与保障活动
IT001607	网络管理工作站	信息技术运营、管理、维护与保障子网附属设备、企业内部网设备、IT010300 号网络管理服务器系统	访问信息技术运营、管理、维护与保障和企业服务器；信息技术运营、管理、维护与保障活动
IT001706	业务/生产技术员工作站	业务/生产子网附属设备、企业内部网设备、IT010100 号生产服务器系统	访问业务/生产和企业服务器；信息技术运营、管理、维护与保障活动
IT001806	销售代表工作站	销售-市场子网附属设备、企业内部网设备、IT010030 号销售电子商务网页服务器系统	访问销售-市场和企业服务器；信息技术运营、管理、维护与保障活动
IT001808	市场拓展经理工作站	销售-市场子网附属设备、企业内部网设备、IT010040 号市场服务器系统	访问销售-市场和企业服务器；信息技术运营、管理、维护与保障活动
IT001904	31 号销售终端设备	IT010030 号销售电子商务网页服务器系统	访问 IT010030 号销售电子商务网页服务器进行零售；信息技术运营、管理、维护与保障活动
SC002001	安全总管工作站	安全子网附属设备、企业内部网设备、SC010020 号安全中央日志服务器系统、SC010030 号安全防火墙-入侵防护系统管理服务器系统	访问安全和企业服务器
SC002001	安全技术员工作站	安全子网附属设备、企业内部网设备、SC010020 号安全中央日志服务器系统、SC010030 号安全防火墙-入侵防护系统管理服务器系统	访问安全和企业服务器

续表

资产标识符	资产说明	与该项资产相互作用的其他资产	其他资产访问该项资产目的
IT010020	人力资源员工网页服务器	企业内部网服务器系统(IT010303、IT010310、IT010320、SC010020)和人力资源工作站	被企业员工工作站访问，进行数据处理；被IT010330号资产访问，升级软件；评估分析IT010303(主机解析域名服务器地址)、IT010310(网络时间更新)、IT010320(集中认证)、SC010020(中央日志文件更新)
IT010030	销售电子商务网页服务器	企业内部网服务器(IT010303、IT010310、IT010320、SC010020)和销售工作站	被人力资源工作站访问，进行数据处理；被客户工作站访问，购买产品和服务；被IT010330号资产访问，升级软件；评估分析IT010303(主机解析域名服务器地址)、IT010310(网络时间更新)、IT010320(集中认证)、SC010020(中央日志文件更新)
IT010100	生产服务器系统	企业内部网服务器(IT010303、IT010310、IT010320、SC010020)和财务工作站	被业务/生产工作站访问，进行数据处理；被IT010330号资产访问，升级软件；评估分析生产控制设备、IT010303(主机解析域名服务器地址)、IT010310(网络时间更新)、IT010320(集中认证)、SC010020(中央日志文件更新)
IT010300	网络管理服务器系统	企业内部网附属网络基础设施设备和信息技术运营、管理、维护与保障工作站，包括企业内部网服务器(IT010303、IT010310、IT010320、SC010020)	被信息技术运营、管理、维护与保障工作站访问，进行数据处理；被IT010330号资产访问，升级软件；评估分析所有企业设备的运营、管理、维护与保障活动；评估分析IT010303(主机解析域名服务器地址)、IT010310(网络时间更新)、IT010320(集中认证)、SC010020(中央日志文件更新)

续表

资产标识符	资产说明	与该项资产相互作用的其他资产	其他资产访问该项资产目的
IT010303	域名服务器系统	企业内部网附属设备	被 IT010330 号资产访问，升级软件；被 IT010300 号资产访问，进行运营、管理、维护与保障活动；评估分析 IT010310(网络时间更新)、IT010320(集中认证)、SC010020(中央日志文件更新)；提供企业设备申请的主机解析域名服务器地址
IT010310	网络时间服务器系统	企业内部网附属设备	被 IT010330 号资产访问，升级软件；被 IT010300 号资产访问，进行运营、管理、维护与保障活动；评估分析 IT010303(主机解析域名服务器地址)、IT010320(集中认证)、SC010020(中央日志文件更新)；为企业所有设备提供标准系统时间共享信息源
IT010320	RADIUS 服务器系统	企业内部网、缓冲区、存储区网络附属设备	被 IT010330 号资产访问，升级软件；被 IT010300 号资产访问，进行运营、管理、维护与保障活动；评估分析 IT010303(主机解析域名服务器地址)、IT010310(网络时间更新)、SC010020(中央日志文件更新)；为企业所有设备提供登录集中认证与授权服务

续表

资产标识符	资产说明	与该项资产相互作用的其他资产	其他资产访问该项资产目的
SC010020	安全中央日志服务器系统	安全中央日志服务器系统网络附属设备	被 IT010330 号资产访问，升级软件；被 IT010300 号资产访问，进行运营、管理、维护与保障活动；评估分析 IT010303(主机解析域名服务器地址)、IT010310(网络时间更新)、SC010020(中央日志文件更新)；为企业所有设备提供系统日志集中收集、分析、存档、报告服务
SC010030	安全防火墙-入侵防护系统管理服务器系统	企业内部网服务器系统(IT010303、IT010310、IT010320、SC010020)；企业路由器-防火墙(IT000001、IT000002、IT000006、IT000007、IT000010、IT000012、IT030001)；网络入侵防护系统(IT000020、IT000021、IT000022、IT000023、IT000025、IT000026)	被安全运营、管理、维护与保障工作站访问，进行数据处理；被 IT010330 号资产访问，升级软件；评估分析企业所有设备，进行运营、管理、维护与保障活动；评估分析 IT010303(主机解析域名服务器地址)、IT010310(网络时间更新)、IT010320(集中认证)、SC010020(中央日志文件更新)
IT010330	软件发布与补丁管理服务器系统	企业内部网附属服务器和工作站	评估分析企业所有设备，进行软件升级
RD020020	研发源代码档案服务器系统	企业内部网服务器(IT010303、IT010310、IT010320、SC010020)和研发工作站	被 IT010330 号资产访问，升级软件；被 IT010300 号资产访问，进行运营、管理、维护与保障活动；评估分析 IT010303(主机解析域名服务器地址)、IT010310(网络时间更新)、SC010020(中央日志文件更新)；为源代码存档与开发提供研发工作站集中访问

续表

资产标识符	资产说明	与该项资产相互作用的其他资产	其他资产访问该项资产目的
IT030001	存储区网络边缘路由器-防火墙	一端是企业内部网设备和IT000002号资产,另一端是企业存储区网络附属设备	在企业内部网附属设备与存储区网络附属设备之间传递、过滤数据包;被安全运营、管理、维护与保障工作站访问,进行数据处理;被IT010330号资产访问,升级软件;评估分析IT010303(主机解析域名服务器地址)、IT010310(网络时间更新)、IT010320(集中认证)、SC010020(中央日志文件更新)
IT030010	存储区网络1号磁盘阵列	存储区网络路由器-防火墙(IT030001)、存储区网络其他附属设备、企业内部网设备	被IT010330号资产访问,升级软件;被IT010300号资产访问,进行运营、管理、维护与保障活动;评估分析IT010303(主机解析域名服务器地址)IT010310(网络时间更新)、IT010320(集中认证)、SC010020(中央日志文件更新);提供集中企业磁盘存储
FC090101	楼顶1号制冷机	企业设施状况监控系统(FC091020)	被FC091020号资产访问,进行运营、管理、维护与保障活动
FC090302	1号备用发电机	企业设施状况监控系统(FC091020)	被FC091020号资产访问,进行运营、管理、维护与保障活动
SC090501	安全非水式消防告警系统	企业设施状况监控系统(FC091020)	被FC091020号资产访问,进行运营、管理、维护与保障活动
SC050001	视频监控系统	视频监控摄像头	被SC050001号资产访问,获取视频数据
SC050434	大厅34号摄像头	视频监控系统(SC050001)	被SC050001号资产访问,获取视频数据

续表

资产标识符	资产说明	与该项资产相互作用的其他资产	其他资产访问该项资产目的
SC051001	物理入侵检测/告警控制系统	物理入侵检测/告警传感器	被安全运营、管理、维护与保障工作站访问,进行数据处理;被 IT010330 号资产访问,升级软件;评估分析企业所有设备,进行运营、管理、维护与保障活动;评估分析 IT010303(主机解析域名服务器地址)、IT010310(网络时间更新)、IT010320(集中认证)、SC010020(中央日志文件更新);评估分析企业告警传感器
SC051512	数据中心 12 号红外传感器	物理入侵检测/告警控制系统(SC051001)	被 SC050001 号资产访问,处理告警

表 4.7 中每个列的标题如下。

(1)资产标识符——用于区分识别某项资产的编号。

(2)资产说明——对某项资产进行具体说明。这一列信息只能人工阅读。

(3)资产所用操作系统或应用软件——明确说明某项资产中安装的操作系统或应用软件及其版本。

(4)操作系统或应用软件最近一次打补丁或升级日期——明确说明某项资产最近一次安装操作系统、应用软件补丁或升级程序的日期。

表 4.7 资产所用操作系统目录部分示例

资产标识符	资产说明	资产所用操作系统或应用软件	操作系统或应用软件最近一次打补丁或升级日期
IT000001	缓冲区与互联网运营商之间的客户边缘路由器-防火墙	Cisco IOS Rel. 22	2012-05-22
IT000002	缓冲区与企业内部网之间的路由器-防火墙	Cisco IOS Rel. 22	2012-05-22
IT000006	客户支持电话中心子网与企业内部网之间的路由器-防火墙	Cisco IOS Rel. 22	2012-05-22
IT000007	研发子网与企业内部网之间的路由器-防火墙	Cisco IOS Rel. 22	2012-05-22

续表

资产标识符	资产说明	资产所用操作系统或应用软件	操作系统或应用软件最近一次打补丁或升级日期
IT000010	信息技术操作、维护、管理、供应子网与企业内部网之间的路由器-防火墙	Cisco IOS Rel. 22	2012-05-22
IT000012	现场支持子网与企业内部网之间的路由器-防火墙	Cisco IOS Rel. 22	2012-05-22
IT001101	财务总管工作站	Windows 7 商业版 SP1	每周二 19:30
IT001106	财务职员工作站	Windows 7 商业版 SP1	每周二 19:30
IT001806	销售代表工作站	Windows 7 商业版 SP1	每周二 19:30
SC002001	安全总管工作站	Windows 7 商业版 SP1	每周二 19:30
SC002001	安全技术员工作站	Windows 7 商业版 SP1	每周二 19:30
IT010010	财务服务器系统	Trusted Solaris patch 31	2011-03-03
IT010020	人力资源员工网页服务器	Trusted Solaris patch 31	2011-03-03
IT010030	销售电子商务网页服务器	Trusted Solaris patch 31	2011-03-03
IT010303	域名服务器系统	Trusted Solaris patch 31	2011-03-05
IT010310	网络时间服务器系统	Trusted Solaris patch 31	2011-03-05
IT010320	RADIUS 服务器系统	Trusted Solaris patch 31	2011-03-05
SC010020	安全中央日志服务器系统	Trusted Solaris patch 31	2011-03-06
SC010030	安全防火墙-入侵防护系统管理服务器系统	Trusted Solaris patch 31	2011-03-06
RD020020	研发源代码档案服务器系统	Trusted Solaris patch 31	2011-03-06
IT030001	存储区网络边缘路由器-防火墙	Cisco IOS Rel. 22	2012-05-22
IT030010	存储区网络 1 号磁盘阵列	HPUX 103, patch 3	2012-05-01
FC090101	楼顶 1 号制冷机	Honeywell R44361-5	2012-01-22
FC090302	1 号备用发电机	Generac R102.34.66	2012-01-02
SC050001	视频监控系统	ConVideo	2012-02-01
SC050101	主要入口 1 号摄像头	ConVideo R33.523.81	2012-02-01
SC051001	物理入侵检测/告警控制系统	ADT R01003	2012-02-02
SC051422	大厅 22 号红外传感器	ADT R01003	2012-02-02

表 4.8 中每个列的标题如下。

(1)资产标识符——用于区分识别某项资产的编号。

(2)资产说明——对某项资产进行具体说明。这一列信息只能人工阅读。

(3)资产所用电子邮件应用程序软件——明确说明某项资产中安装的操作系统和版本。

(4)电子邮件应用程序客户端最近一次打补丁或升级的日期——明确说明某项资产最近一次安装电子邮件应用程序客户端补丁或升级程序的日期。

表 4.8 资产所用电子邮件客户端应用软件目录部分示例

资产标识符	资产说明	资产所用电子邮件应用程序软件	电子邮件应用程序客户端最近一次打补丁或升级的日期
IT000001	缓冲区与互联网运营商之间的客户边缘路由器-防火墙	Thunderbird 12.0.1	2012-05-10
IT000006	客户支持电话中心子网与企业内部网之间的路由器-防火墙	Thunderbird 12.0.1	2012-05-10
IT001101	财务总管工作站	Thunderbird 12.0.1	2012-05-10
IT001106	财务职员工作站	Thunderbird 12.0.1	2012-05-10
IT001203	研发经理工作站	Thunderbird 12.0.1	2012-05-10
IT001204	研发质量保证经理工作站	Thunderbird 12.0.1	2012-05-10
IT001206	研发职员工作站	Thunderbird 12.0.1	2012-05-10
IT001302	律师工作站	Thunderbird 12.0.1	2012-05-10
IT001305	法务审计经理工作站	Thunderbird 12.0.1	2012-05-10
IT001306	法务职员工作站	Thunderbird 12.0.1	2012-05-10
RD001504	研发工作站	Thunderbird 12.0.1	2012-05-10
IT001607	网络管理工作站	Thunderbird 12.0.1	2012-05-10
IT001702	业务/生产经理工作站	Thunderbird 12.0.1	2012-05-10
IT001706	业务/生产技术员工作站	Thunderbird 12.0.1	2012-05-10
IT001806	销售代表工作站	Thunderbird 12.0.1	2012-05-10
IT001808	市场拓展经理工作站	Thunderbird 12.0.1	2012-05-10
IT001809	市场管理员工作站	Thunderbird 12.0.1	2012-05-10
SC002001	安全总管工作站	Thunderbird 12.0.1	2012-05-10
SC002001	监视经理工作站	Thunderbird 12.0.1	2012-05-10
SC002001	安全技术员工作站	Thunderbird 12.0.1	2012-05-10

表 4.9 中每个列的标题如下。

(1)资产标识符——用于区分识别某项资产的编号。

(2)资产说明——对某项资产进行具体说明。这一列信息只能人工阅读。

(3)资产所用网页浏览器——明确说明某项资产中安装的网页浏览器名称和版本。

(4)网页浏览器最近一次打补丁或升级的日期——明确说明某项资产最近一次安装网页浏览器补丁或升级程序的日期。

表 4.9 资产所用网页浏览器应用软件目录部分示例

资产标识符	资产说明	资产所用网页浏览器	网页浏览器最近一次打补丁或升级日期
IT000001	缓冲区与互联网运营商之间的客户边缘路由器-防火墙	Firefox 11.0	2012-05-12
IT000006	客户支持电话中心子网与企业内部网之间的路由器-防火墙	Firefox 11.0	2012-05-12

资产标识符	资产说明	资产所用网页浏览器	网页浏览器最近一次打补丁或升级日期
IT001101	财务总管工作站	Firefox 11.0	2012-05-12
IT001106	财务职员工作站	Firefox 11.0	2012-05-12
IT001203	研发经理工作站	Firefox 11.0	2012-05-12
IT001204	研发质量保证经理工作站	Firefox 11.0	2012-05-12
IT001206	研发职员工作站	Firefox 11.0	2012-05-12
IT001302	律师工作站	Firefox 11.0	2012-05-12
IT001305	法务审计经理工作站	Firefox 11.0	2012-05-12
IT001306	法务职员工作站	Firefox 11.0	2012-05-12
RD001504	研发工作站	Firefox 11.0	2012-05-12
IT001607	网络管理工作站	Firefox 11.0	2012-05-12
IT001702	业务/生产经理工作站	Firefox 11.0	2012-05-12
IT001706	业务/生产技术员工作站	Firefox 11.0	2012-05-12
IT001806	销售代表工作站	Firefox 11.0	2012-05-12
IT001808	市场拓展经理工作站	Firefox 11.0	2012-05-12
IT001809	市场管理员工作站	Firefox 11.0	2012-05-12
SC002001	安全总管工作站	Firefox 11.0	2012-05-12
SC002001	监视经理工作站	Firefox 11.0	2012-05-12
SC002001	安全技术员工作站	Firefox 11.0	2012-05-12

表 4.10 中每个列的标题如下。

(1)资产标识符——用于区分识别某项资产的编号。

(2)资产说明——对某项资产进行具体说明。这一列信息只能人工阅读。

(3)资产所用杀毒软件——明确说明某项资产中安装的杀毒软件名称及版本。

(4)杀毒软件最近一次打补丁或升级的日期——明确说明某项资产最近一次安装杀毒软件补丁或升级程序的日期。

表 4.10　资产所用杀毒软件目录部分示例

资产标识符	资产说明	资产所用杀毒软件	杀毒软件定时升级更新
IT000001	缓冲区与互联网运营商之间的客户边缘路由器-防火墙	Symantec Enterprise Security 10	每小时
IT000006	客户支持电话中心子网与企业内部网之间的路由器-防火墙	Symantec Enterprise Security 10	每小时
IT001101	财务总管工作站	Symantec Enterprise Security 10	每小时
IT001106	财务职员工作站	Symantec Enterprise Security 10	每小时
IT001203	研发经理工作站	Symantec Enterprise Security 10	每小时

资产标识符	资产说明	资产所用杀毒软件	杀毒软件定时升级更新
IT001204	研发质量保证经理工作站	Symantec Enterprise Security 10	每小时
IT001206	研发职员工作站	Symantec Enterprise Security 10	每小时
IT001302	律师工作站	Symantec Enterprise Security 10	每小时
IT001305	法务审计经理工作站	Symantec Enterprise Security 10	每小时
IT001306	法务职员工作站	Symantec Enterprise Security 10	每小时
RD001504	研发工作站	Symantec Enterprise Security 10	每小时
IT001607	网络管理工作站	Symantec Enterprise Security 10	每小时
IT001702	业务/生产经理工作站	Symantec Enterprise Security 10	每小时
IT001706	业务/生产技术员工作站	Symantec Enterprise Security 10	每小时
IT001806	销售代表工作站	Symantec Enterprise Security 10	每小时
IT001808	市场拓展经理工作站	Symantec Enterprise Security 10	每小时
IT001809	市场管理员工作站	Symantec Enterprise Security 10	每小时
SC002001	安全总管工作站	Symantec Enterprise Security 10	每小时
SC002001	监视经理工作站	Symantec Enterprise Security 10	每小时
SC002001	安全技术员工作站	Symantec Enterprise Security 10	每小时

上述表格只是举例说明了编制资产目录时应当收集的部分信息。

4.2 风险影响分析

风险影响分析是评估和判定某项资产对新系统或现用(子)系统重要性的方法。评估判定风险对现用系统和新系统影响而采用的方法各不相同。

4.2.1 现用系统风险影响分析

在资产登记造册过程中,应当分析风险对现用系统(资产)的影响。进行风险影响分析的关键在于,资产所有者应当评估判定资产对持续进行商业活动和运营的重要性。资产监管人应当一直参加资产登记造册过程。表 4.11 用于说明资产信息的敏感性,每列标题如下。

(1)资产标识符——用于区分识别某项资产的编号。

(2)资产说明——对某项资产进行具体说明。这一列信息只能人工阅读。

(3)资产对组织机构的用途——明确说明物理资产为企业提供的服务或功能。对逻辑资产而言,明确说明在物理资产中或者由物理资产存储或处理的信息类型和用途。

(4)资产可用性要求——明确说明。

① 以每年可用时间百分比计量的资产必须具备的可用性($A°$)。

② 以分钟计量的资产最坏情况平均修复时间(Mean Time to Repair/Restore, MTTR)。

③ 以天数计量的资产最坏情况平均故障间隔时间（Mean Time Between Failures，MTBF）；平均故障间隔时间对逻辑资产不适用。

表 4.11　资产可用性目录部分示例

资产标识符	资产说明	资产对组织机构的用途	资产可用性要求		
			(A°)/%	MTTR/分钟	MTBF/天
HR000001	员工数据	企业员工电子档案	99.9	30	不适用
FN000100	应收款数据	企业财务主要电子档案	99.9	30	不适用
FN000400	运营商合同数据	企业财务主要电子档案	99.9	30	不适用
SA000200	公众可获取的销售数据	产品与服务的目录清单、数据表等	99.99	30	不适用
IT000001	缓冲区与互联网运营商之间的客户边缘路由器-防火墙	为企业网络提供第一道防线	99.999	0.5	2555
IT000002	缓冲区与企业内部网之间的路由器-防火墙	为企业网络提供第二道防线	99.999	0.5	2555
IT000006	客户支持电话中心子网与企业内部网之间的路由器-防火墙	企业内部网工作组之间的访问控制	99.999	0.5	2555
IT000007	研发子网与企业内部网之间的路由器-防火墙	企业内部网工作组之间的访问控制	99.999	0.5	2555
IT000010	信息技术操作、维护、管理、供应子网与企业内部网之间的路由器-防火墙	企业内部网工作组之间的访问控制	99.999	0.5	2555
IT000012	现场支持子网与企业内部网之间的路由器-防火墙	企业内部网工作组之间的访问控制	99.999	0.5	2555
IT001001	人力资源副经理工作站	员工桌面系统	99.9	156	1095
IT001006	人力资源代表工作站	员工桌面系统	99.9	156	1095
IT001101	财务总管工作站	员工桌面系统	99.9	156	1095
IT001106	财务职员工作站	员工桌面系统	99.9	156	1095
IT001203	研发经理工作站	员工桌面系统	99.9	156	1095
IT001204	研发质量保证经理工作站	员工桌面系统	99.9	156	1095
IT001206	研发职员工作站	员工桌面系统	99.9	156	1095
IT001302	律师工作站	员工桌面系统	99.9	156	1095
IT001305	法务审计经理工作站	员工桌面系统	99.9	156	1095
IT001306	法务职员工作站	员工桌面系统	99.9	156	1995
RD001504	研发工作站	员工软件开发桌面	99.9	156	1995
IT001607	网络管理工作站	员工桌面系统	99.99	52	1995
IT001702	业务/生产经理工作站	员工桌面系统	99.9	156	1995
IT001706	业务/生产技术员工作站	员工桌面系统	99.99	52	1995

续表

资产标识符	资产说明	资产对组织机构的用途	资产可用性要求		
			(A°)/%	MTTR/分钟	MTBF/天
IT001806	销售代表工作站	员工桌面系统	99.9	156	1995
IT001808	市场拓展经理工作站	员工桌面系统	99.9	156	1995
IT001809	市场管理员工作站	员工桌面系统	99.9	156	1995
IT001904	31号销售终端设备	零售终端	99.99	52	1995
SC002001	安全总管工作站	员工桌面系统	99.99	52	1995
SC002001	监视经理工作站	员工桌面系统	99.99	52	1995
SC002001	安全技术员工作站	员工桌面系统	99.99	52	1995
IT010010	财务服务器系统	保存和处理财务数据	99.99	52	1825
IT010020	人力资源员工网页服务器	为员工提供网页,用于访问员工档案和人力资源服务	99.99	52	1825
IT010030	销售电子商务网页服务器	为公众提供网页,用于访问"企业对企业"和"企业对客户"的产品与服务	99.999	5	1825
IT010040	市场服务器系统	保存和处理市场拓展数据	99.99	52	1825
IT010050	合同服务器系统	保存和处理运营商合同数据	99.99	52	1825
IT010060	法务服务器系统	保存和处理法律数据	99.99	52	1825
IT010100	生产服务器系统	保存和处理生产数据;控制生产设备	99.999	5.2	1825
IT010300	网络管理服务器系统	提供通用型运营、管理、维护与保障功能	99.999	5.2	1825
IT010303	域名服务器系统	提供内部网域名服务	99.999	5.2	1825
IT010310	网络时间服务器系统	提供内部网中央标准时间服务	99.999	5.2	1825
IT010320	RADIUS服务器系统	提供内部网认证与授权服务	99.999	5.2	1825
SC010020	安全中央日志服务器系统	管控系统日志的集中收集、分析与报告	99.999	5.2	1825
SC010030	安全防火墙-入侵防护系统管理服务器系统	提供防火墙-入侵防护系统的运营、管理、维护与保障功能	99.999	5.2	1825
IT010330	软件发布与补丁管理服务器系统	保存与管理操作软件的版本和补丁	99.99	52	1825
RD020020	研发源代码档案服务器系统	保存与管理正在开发的软件版本源代码	99.99	52	1825
IT030001	存储区网络边缘路由器-防火墙	控制企业内部网存储区网络之间的访问	99.999	5.2	2555
IT030010	存储区网络1号磁盘阵列	为存储企业文件和数据库提供高度的可用性	99.999	5.2	1825
FC090101	楼顶1号制冷机	为基础设施提供通用型供暖、通风与空调	99.999	5.2	2555

资产标识符	资产说明	资产对组织机构的用途	资产可用性要求		
			(A°)/%	MTTR/分钟	MTBF/天
FC090202	数据中心 2 号制冷机	为数据中心提供供暖、通风与空调	99.999	5.2	2555
FC090302	1 号备用发电机	提供备用电源	99.999	5.2	2555
SC090501	安全非水式消防告警系统	为安全运营中心提供非水式消防系统	99.999	5.2	2555
SC050001	视频监控系统	提供视频监控	99.999	5.2	2555
SC050101	主要入口 1 号摄像头	提供视频监控	99.999	5.2	2555
SC050434	大厅 34 号摄像头	控制企业入侵探测传感器	99.999	5.2	2555
SC051001	物理入侵检测/告警控制系统	企业入侵探测传感器	99.999	5.2	2555
SC051422	大厅 22 号红外传感器	企业入侵探测传感器	99.999	5.2	2555
SC051512	数据中心 12 号红外传感器	企业入侵探测传感器	99.999	5.2	2555

1 年=(365 天×24 小时×3600 秒)=31536000 秒。可用性(A°)数值表示，一年之中资源必须能够获取且能提供正常的服务和功能的秒数所占百分比。资源不可用性数值表示，每年可以承受的计划之外的资源不可用性。表 4.12 列出了每年资产可用性数值及其相应的不可用性数值。

表 4.12　每年资产可用时间与不可用时间数值

可用性(A°)/%	以秒数计量的可用性	以秒数计量可接受的不可用性	以分钟计量可接受的不可用性	以小时计量可接受的不可用性	以天数计量可接受的不可用性
99.999	31535684.64	315.36	5.256	0.0876	0.00365
99.99	31532846.4	3153.6	52.56	0.876	0.0365
99.9	31504464	31536	525.6	8.76	0.365
99	31220640	315360	5256	87.6	3.65

采用分钟计量平均修复时间时，可把可用性(A°)数值与平均修复时间作对比，以便判定是否需要采取可用性控制措施。例如，缓冲区(Demilitarized Zone，DMZ)与互联网运营商之间的"客户边缘路由器-防火墙"[(Customer Edge Router-Firewall，CER)资产标识符 IT000001]，在可用性方面的参数是：

(1)可用性数值 99.999，表示平均每年失去功效的时间不得超过 5.256 分钟；

(2)平均修复时间为 0.5 分钟。

这就意味着，当平均修复时间小于可用性数值时，不必采取可用性控制措施。

该项资产的平均故障间隔时间是 2555 天(约等于 7 年),很有可能还没有发生故障就被更换或升级,因而也不必采取可用性控制措施。

值得一提的是,生产厂家提供的平均修复时间和平均故障间隔时间数值,是指硬件和操作系统方面的故障,并不是指因受到网络攻击而导致的故障。从理论上讲,可以统计出反映网络攻击的平均修复时间和平均故障间隔时间数值,但是,从现实上讲,采用下列方法效果更好。

(1)五个影响等级。

(2)五个概率等级。

(3)概率与影响综合值。

表 4.13 可用于获取下列标题中包含的信息。

(1)资产标识符——用于区分识别某项资产的编号。

(2)资产说明——对某项资产进行具体说明。这一列信息是方便人工阅读。

(3)资产易受攻击类型——明确说明资产容易遭受攻击的类型及应对措施,例如:

① 未经授权访问(包括登录资产,读取资产中数据,对资产进行远程访问,等)。可通过识别、认证、授权、数据保密性等控制措施来降低此类风险。

② 未经授权修改(包括篡改、删除资产中的数据或软件,改动控制资产运行的信息等)。可通过识别、认证、授权、数据完整性、信息完整性、不可抵赖性等控制措施来降低此类风险。

③ 恶意软件(包括病毒、蠕虫、特洛伊木马、击键记录器、系统权限获取器等,这类恶意软件旨在复制、篡改、删除资产中的数据或软件,或者改动控制资产运行的信息)。可通过杀毒软件、入侵防护系统、访问授权、数据完整性等控制措施来降低此类风险。

④ 洪泛攻击(拒绝服务攻击)。包括 TCP SYN 洪泛攻击、滥用互联网控制消息协议(ICMP)、滥用 ping 命令、滥用用户数据报协议(UDP)和 ping 命令洪泛攻击、滥用实时传输协议(RTP)。这类攻击旨在破坏或干扰资产运行。可通过数据包过滤(防火墙)、入侵防护系统、网络访问控制(IEEE 802.1x)、数据包流动监控等应对措施来降低此类风险。

⑤ 钓鱼(通过社会工程学骗取用户的登录识别和验证信息)。可通过杀毒软件、入侵防护系统、网络安全教育、封堵 URL(黑/白名单)等应对措施来降低此类风险。

⑥ 叉鱼(通过社会工程学骗取用户的登录识别和验证信息)。可通过杀毒软件、入侵防护系统、网络安全教育、封堵 URL(黑/白名单)等应对措施来降低此类风险。

⑦ 间谍软件(包括病毒、蠕虫、特洛伊木马、击键记录器、系统权限获取器等,这类恶意软件旨在复制、篡改、删除资产中的数据或软件,或者改动控制资产运行

的信息)。可通过杀毒软件、入侵防护系统、访问授权控制、数据完整性控制等应对措施来降低此类风险。

⑧ 移动介质(潜藏病毒、蠕虫、特洛伊木马、击键记录器、系统权限获取器等恶意软件,这类恶意软件旨在复制、篡改、删除资产中的数据或软件,改动控制资产运行的信息,或者未经授权让资产输出信息)。可通过杀毒软件、入侵防护系统、访问授权、硬件使用控制等应对措施来降低此类风险。

(4)发生攻击概率——判定发生攻击的概率:①低;②中低;③中;④中高;⑤高。

(5)对资产可能造成的影响程度——判定攻击如果得逞后,将会对资产造成的影响程度:①低;②中低;③中;④中高;⑤高。

(6)资产易受攻击程度。用发生攻击概率乘以影响程度,然后判定资产易受攻击程度。

表 4.13 资产易受攻击程度目录

资产标识符	资产说明	资产易受攻击类型	发生攻击概率	对资产可能造成的影响程度	资产易受攻击程度
HR000001	员工数据	未经授权访问	2	4	8
HR000001	员工数据	未经授权修改	2	4	8
FN000100	应收款数据	未经授权访问	3	5	15
FN000100	应收款数据	未经授权修改	3	5	15
FN000400	运营商合同数据	未经授权访问	3	5	15
FN000400	运营商合同数据	未经授权修改	3	5	15
IT000001	缓冲区与互联网运营商之间的客户边缘路由器-防火墙	未经授权访问	5	5	25
IT000001	缓冲区与互联网运营商之间的客户边缘路由器-防火墙	未经授权修改	5	5	25
IT000001	缓冲区与互联网运营商之间的客户边缘路由器-防火墙	恶意软件	2	5	10
IT000001	缓冲区与互联网运营商之间的客户边缘路由器-防火墙	洪泛攻击(拒绝服务攻击)	5	5	25
IT000002	缓冲区与企业内部网之间的路由器-防火墙	未经授权访问	4	5	20

续表

资产标识符	资产说明	资产易受攻击类型	发生攻击概率	对资产可能造成的影响程度	资产易受攻击程度
IT000002	缓冲区与企业内部网之间的路由器-防火墙	未经授权修改	4	5	20
IT000002	缓冲区与企业内部网之间的路由器-防火墙	恶意软件	4	5	20
IT000002	缓冲区与企业内部网之间的路由器-防火墙	洪泛攻击(拒绝服务攻击)	2	5	10
IT000006	客户支持电话中心子网与企业内部网之间的路由器-防火墙	未经授权访问	3	5	15
IT000006	客户支持电话中心子网与企业内部网之间的路由器-防火墙	未经授权修改	3	5	15
IT000006	客户支持电话中心子网与企业内部网之间的路由器-防火墙	洪泛攻击(拒绝服务攻击)	3	5	15
IT001001	人力资源副经理工作站	未经授权访问	4	3	12
IT001001	人力资源副经理工作站	未经授权修改	4	3	12
IT001001	人力资源副经理工作站	恶意软件	5	4	20
IT001001	人力资源副经理工作站	钓鱼	5	2	10
IT001001	人力资源副经理工作站	叉鱼	5	3	15
IT001001	人力资源副经理工作站	间谍软件	5	3	15
IT001001	人力资源副经理工作站	移动介质	5	3	15
IT001203	研发经理工作站	未经授权访问	4	3	12
IT001203	研发经理工作站	未经授权修改	4	3	12
IT001203	研发经理工作站	恶意软件	5	4	20
IT001203	研发经理工作站	钓鱼	5	2	10
IT001203	研发经理工作站	叉鱼	5	3	15
IT001203	研发经理工作站	间谍软件	5	3	15
IT001203	研发经理工作站	移动介质	5	3	15
IT010010	财务服务器系统	未经授权访问	3	5	15
IT010010	财务服务器系统	未经授权修改	3	5	15
IT010010	财务服务器系统	恶意软件	5	4	20
IT010010	财务服务器系统	移动介质	5	3	15
IT010010	财务服务器系统	洪泛攻击(拒绝服务攻击)	3	5	15
IT010030	销售电子商务网页服务器	未经授权访问	5	5	25
IT010030	销售电子商务网页服务器	未经授权修改	5	5	25

资产标识符	资产说明	资产易受攻击类型	发生攻击概率	对资产可能造成的影响程度	资产易受攻击程度
IT010030	销售电子商务网页服务器	恶意软件	5	4	20
IT010030	销售电子商务网页服务器	移动介质	5	3	15
IT010030	销售电子商务网页服务器	洪泛攻击(拒绝服务攻击)	5	5	25
IT010040	市场服务器系统	未经授权访问	3	5	15
IT010040	市场服务器系统	未经授权修改	3	5	15
IT010040	市场服务器系统	恶意软件	5	4	20
IT010040	市场服务器系统	移动介质	5	3	15
IT010040	市场服务器系统	洪泛攻击(拒绝服务攻击)	3	5	15
SC010020	安全中央日志服务器系统	未经授权访问	4	5	20
SC010020	安全中央日志服务器系统	未经授权修改	4	5	20
SC010020	安全中央日志服务器系统	恶意软件	5	4	20
SC010020	安全中央日志服务器系统	移动介质	5	3	15
SC010020	安全中央日志服务器系统	洪泛攻击(拒绝服务攻击)	4	5	20
RD020020	研发源代码档案服务器系统	未经授权访问	4	3	12
RD020020	研发源代码档案服务器系统	未经授权修改	4	3	12
RD020020	研发源代码档案服务器系统	恶意软件	5	4	20
RD020020	研发源代码档案服务器系统	移动介质	5	3	15
RD020020	研发源代码档案服务器系统	洪泛攻击(拒绝服务攻击)	3	5	15
SC050001	视频监控系统	未经授权访问	4	3	12
SC050001	视频监控系统	未经授权修改	4	3	12
SC050001	视频监控系统	恶意软件	5	4	20
SC050001	视频监控系统	移动介质	5	3	15
SC050001	视频监控系统	洪泛攻击(拒绝服务攻击)	3	5	15

表 4.14 可用于获取下列标题中包含的信息。

(1)资产标识符——用于区分识别某项资产的编号。

(2)资产说明——对某项资产进行具体说明。这一列信息也只是方便人工阅读。

(3)资产中存储的信息类型——确定资产提供、存储或处理的信息类型。例如，人员、销售、客户、合同、市场、个人身份识别、财务、研发、生产、运营、管理、维护与保障、安全等。

(4)资产中存储的信息密级——确定资产提供、存储或处理的信息保密级别。例如：

① 4 表示资产存储的信息密级为客户律师级或商业机密，这种信息一旦泄露，很有可能会给组织机构造成极其严重的财政损失，致使组织机构担负刑事责任或民事责任，甚至丧失商业竞争优势。

② 3 表示资产存储的信息密级为秘密或专利，这种信息一旦泄露，很有可能会给组织机构造成非常严重的财政损失，致使组织机构担负刑事责任或民事责任，甚至丧失商业竞争优势。

③ 2 表示资产存储的信息密级为内部资料，这种信息一旦泄露，很有可能会给组织机构造成财政损失，致使组织机构担负刑事责任或民事责任，甚至丧失商业竞争优势。

④ 1 表示资产存储的信息密级为公开，这种信息公众可自由获取。

(5)资产敏感度——确定资产提供、存储或处理的信息在防护方面需要关注的程度。

① 4 表示资产极其敏感，需要采取极其强力的认证、授权、数据保密性、数据完整性、不可抵赖性等控制措施。

② 3 表示资产高度敏感，需要采取非常强力的认证、授权、数据保密性、数据完整性、不可抵赖性等控制措施。

③ 2 表示资产中度敏感，需要采取强力的认证、授权、数据保密性、数据完整性、不可抵赖性等控制措施。

④ 1 表示资产不敏感，只需采取普通的认证、授权、数据保密性、数据完整性、不可抵赖性等控制措施。

(6)资产重要性——确定资产对组织机构从事商业活动能力的重要程度。

① 12 或 16 表示资产极其重要，所提供的能力一旦遭到破坏或摧毁，将会干扰、破坏或中断组织机构的正常活动，甚至导致组织机构停业破产。

② 4、6 或 9 表示资产非常重要，所提供的能力一旦遭到破坏或摧毁，将会干扰或破坏组织机构的正常活动，使组织机构经营能力低于正常水平。

③ 2～3 表示资产很重要，所提供的能力对组织机构的正常活动起保障或辅助作用，一旦遭到破坏或摧毁，对组织机构正常活动造成的问题短期内得不到解决，经过很长时间才能解决。

④ 1 表示资产不是很重要，所提供的能力用于提高组织机构从事正常活动的能力，一旦遭到破坏或摧毁，不会对组织机构的正常活动造成长期才能解决的问题。

(7) 资产风险等级——用资产重要性乘以资产易受攻击程度而得出的数值表示资产(或其中信息)不能用于保障组织机构的正常活动的风险程度，或者表示网络攻击或违反安全法规而对组织机构造成的破坏程度。

① 340~400 表示对资产能力或资产中信息的财政价值造成非常高的风险。

② 270~339 表示对资产能力或资产中信息的财政价值造成高度风险。

③ 200~269 表示对资产能力或资产中信息的财政价值造成的中度至高度的风险。

④ 120~189 表示对资产能力或资产中信息的财政价值造成低度至中度的风险。

⑤ 1~60 表示对资产能力或资产中信息的财政价值造成低度风险。

当某项资产有多个易受攻击程度数值时，应采用最大数值进行计算。

在选择和部署安全管控措施时，应根据资产风险等级合理安排资金分配方面的优先权，以便把资产风险等级降低至可以承受的程度。下面 4.2.3 节将进一步探讨风险抵消分析方面的内容。

表 4.14　资产信息重要性目录部分示例

资产标识符	资产说明	资产中存储的信息类型	资产中存储的信息密级	资产敏感度	资产重要性	资产风险等级
HR000001	员工数据	人员、个人识别信息	3	3	9	72
FN000100	应收款数据	财务、个人识别信息	3	3	9	72
FN000400	运营商合同数据	个人识别信息	3	3	9	135
IT000001	缓冲区与互联网运营商之间的客户边缘路由器-防火墙	安全、运营	3	4	12	
IT000002	缓冲区与企业内部网之间的路由器-防火墙	安全、运营	3	4	12	
IT000006	客户支持电话中心子网与企业内部网之间的路由器-防火墙	安全、运营	3	4	12	
IT001001	人力资源副经理工作站	人员、个人识别信息	4	3	12	
IT001203	研发经理工作站	研发	3	2	6	

续表

资产标识符	资产说明	资产中存储的信息类型	资产中存储的信息密级	资产敏感度	资产重要性	资产风险等级
IT010010	财务服务器系统	财务	4	3	12	
IT010030	销售电子商务网页服务器	销售、个人识别信息	3	3	9	
IT010040	市场服务器系统	市场	3	2	6	
SC010020	安全中央日志服务器系统	安全、运营	4	4	16	
RD020020	研发源代码档案服务器系统	研发	3	2	6	
SC050001	视频监控系统	安全	3	3	9	

4.2.2 新系统风险影响分析

对新系统(包括子系统)而言,在安全需求收集与分析阶段,应当首先进行风险影响分析。风险影响分析是用于识别和评估风险的一种方法,这种风险可能会影响到项目开发或系统开发能否成功,还可能会影响到所提议的研发项目或系统能否提供特定的功能或性能。风险影响分析应当包括投资收益分析,投资收益分析主要包含下列内容。

(1)系统或程序中安全能力和管控措施所具备的特点与优点;也就是说,安全能力和管控措施如何降低系统或程序遭受破坏(包括网络攻击、违反网络安全政策法规、未经授权访问、滥用访问权等)的可能性。

(2)系统或程序中安全能力和管控措施的费用;既包括研发与采购费用,也包括使用与维护费用(制定文件、用户和基础设施保障培训、升级更新)。

(3)应当按照钱数(美元)和人数分析费用。

(4)如果所提议的安全能力和管控措施未获批准,那么应当分析这种情况将会造成哪些方面的影响,主要考虑下述问题。

① 是否影响竞争优势?

② 是否影响履行使命任务的能力?

③ 是否影响战略商业伙伴、运营商、销售商、其他责任人?

④ 是否影响遵守政策法规能力?

表 4.15 举例说明了进行风险影响分析所用的调查问卷,这种问卷调查有助于详细记录和系统整理与风险影响分析相关的信息,但是表中所举的例子并未涵盖风险影响的各个方面。

表 4.15　研发项目风险影响分析调查问卷示例

问题	是/否	意见建议
所提议的安全能力和管控措施是否对研发、试验或运行环境中的计算机资源提出不能接受的要求？		
所提议的安全能力和管控措施是否必须使用工具来实施和测试？		
所提议的安全能力和管控措施是否会影响执行项目计划中各项任务的次序安排、依赖条件、工作难度和持续时间？		
所提议的安全能力和管控措施是否需要使用样品用户或其他用户的输入信息来验证效果？		
所提议的安全能力和管控措施是否会提高产品单位成本，例如，提高第三方获取产品销售许可证的费用？		
所提议的安全能力和管控措施是否会影响市场拓展、生产制造、教育培训、客户支持等方面的计划？		

表 4.16 提供了一种衡量风险影响程度的方法，可用于对各种风险造成的影响程度进行量化。

表 4.16　风险影响程度衡量方法示例

风险对各个方面影响	风险影响程度数值	风险影响程度范围或标准
所提议的安全能力与管控措施对研发或采购费用造成的影响	1	<50 万美元
	2	50 万 ~ 100 万美元
	3	100 万 ~ 200 万美元
	4	200 万 ~ 400 万美元
	5	≥400 万美元
所提议的安全能力与管控措施对技术使用造成的影响	1	项目将要采用第三方现货供应且无须定制的安全能力和管控措施
	2	项目将要采用根据标准方法与技术而内部开发的安全能力和管控措施
	3	项目将要采用内部开发、尚未验证和尚未推广使用的安全能力和管控措施
	4	项目将要采用不受本单位控制、在技术方面已经证实和推广使用的第三方资源开发的安全能力和管控措施
	5	项目将要采用不受本单位控制、在技术方面尚未证实、尚未推广使用的第三方资源开发的安全能力和管控措施
所提议的安全能力与管控措施对开发流程造成的影响	1	对开发人员而言，现行的文件、程序和培训都不需要做出重大变动
	2	—
	3	对开发人员而言，现行的文件、程序和培训需要做出重大变动
	4	—
	5	对开发人员在文件、程序和培训等方面应当遵守的规定不掌握

续表

风险对各个方面影响	风险影响程度数值	风险影响程度范围或标准
所提议的安全能力与管控措施对操作造成的影响	1	文件、程序和培训都不需要重大创新
	2	文件由销售商提供。只需对系统终端用户进行培训
	3	对终端用户而言，文件、程序和培训都需要重大创新
	4	需要为终端用户和操作人员提供文件资料与培训
	5	不掌握文件与培训方面的要求
所提议的安全能力与管控措施对系统退役造成的影响	1	<50 万美元
	2	50 万~100 万美元
	3	100 万~200 万美元
	4	200 万~400 万美元
	5	≥400 万美元

借助于这种方法，就可利用数值记录下不同标准的风险影响程度。如果把风险影响程度的数值相加，就会得到风险影响程度总值，总值最低为 5(风险影响程度非常低)，最高为 25(风险影响程度非常高)。例如，如果根据风险影响分析判定了以下情况。

(1)若项目开发费用估算为 200 万~400 万美元，则开发费用方面的影响程度值为 4。

(2)若项目采用第三方现货供应且无须定制的安全能力和管控措施，则技术使用方面的影响程度值为 1。

(3)若对开发人员而言，现行的文件、程序和培训都需要做出重大变动，则开发流程方面的影响程度值为 3。

(4)若需要为终端用户和操作人员提供文件资料与培训，则操作方面的影响程度值为 4。

(5)若去除所提议的系统所需费用不到 50 万美元，则系统退役方面的影响程度值为 1。

那么风险影响程度总值为 13，表示中等影响程度。

不管所分析的风险影响程度总值是多少，都应当制定风险影响分析报告，用商业方面的理由来证明继续开发项目或系统的有关决策是正确的。风险影响分析报告在下面两种情况下使用：

(1)决策是否继续开发项目或系统时；

(2)第三方(如外部审查人员、商务代理人等)要求管理部门说明决策流程时。

风险影响分析报告至少应当涵盖下面几个方面内容。

(1)项目名称和简要说明。

(2)项目支持者和所有者。

(3)开发项目的商业理由或需求。

(4)从资金、时间、资源等方面分析预测的项目风险程度。

(5)政策法规影响。

(6)基础设施影响。

(7)维护费用影响。

(8)时间表(进度表)。

表 4.17 和表 4.18 采用五个等级的半量化分析法,对风险影响程度和引发安全事件的概率进行了评估分析。

表 4.17　五个影响等级

影响等级	解释说明
低(1)	只有 1 个工作组或部门受到影响,对商业流程几乎没有影响或没有影响
中低(2)	1 个或多个部门受到影响。稍微推迟实现任务目标
中(3)	2 个或多个部门,或 1 个营业单位受到影响。推迟 4~6 小时实现任务目标
中高(4)	2 个或多个部门,或 1 个营业单位受到影响。推迟 2~3 天实现任务目标
高(5)	企业的整个任务受到影响,需要推迟相当长的时间才能实现任务目标

表 4.18　五个概率等级

概率等级	解释说明
低(1)	在未来 12 个月之内风险影响极不可能引发安全事件
中低(2)	在未来 12 个月之内风险影响不可能引发安全事件
中(3)	在未来 12 个月之内风险影响可能引发安全事件
中高(4)	在未来 12 个月之内风险影响很可能引发安全事件
高(5)	在未来 12 个月之内风险影响非常可能引发安全事件

表 4.19 说明如何利用安全事件发生概率和影响程度估算综合值。

表 4.19　概率与影响综合值

项目		安全事件影响等级				
		低	中低	中	中高	高
发生安全事件概率	低	低	低	低	中低	中低
	中低	低	中低	中	中高	中高
	中	低	中低	中	中高	高
	中高	中低	中	中高	高	高
	高	中低	中	中高	高	高

4.2.3 风险抵消分析

在评估分析风险期间，应当确定：

(1) 承受风险的资产(属于资产编目造册过程的部分内容)；

(2) 可能导致资产失效(不可用)的非故意事件；

(3) 可能导致资产失效(不可用)，效用降低，改变资产运行，或者损害(破坏、删除、篡改、窃取)资产中信息的故意事件(网络攻击)。

非故意事件有些是由非人为因素造成的(如森林火灾、洪水、狂风、暴雨、地震、飓风、龙卷风等自然灾害)，有些是由人为因素造成的(例如，员工意外操作失误、附近消防人员或公共设施维修人员意外造成的事故、车辆事故等)。非故意事件一旦发生可能会直接威胁到资产安全，必须采用适当、高效的威胁(安全事件、威胁代理、网络攻击活动、网络攻击引导力量)减缓方法(包括程序和技术)，降低或消除此类事件造成的破坏程度。

风险抵消分析，用于判定哪些事件会影响到资产安全、事件构成的风险等级、降低事件发生概率的方法等。表 4.20 举例说明了自然因素和人为因素导致的一些影响资产安全的非故意事件。

表 4.20 非故意事件

安全事件	是否应当考虑	发生概率	影响程度	现有控制措施	剩余风险等级	剩余风险等级是否可承受
非故意自然灾害						
狂风(30~60 英里/小时)	是	每年 2 次	低	无	低	是
飓风(70~100 英里/小时)	是	10 年 1 次	中	无	低	是
飓风(100~130 英里/小时)	是	20 年 1 次	高	备用场所	低	是
飓风(130~150 英里/小时)	是	30 年 1 次	高	备用场所	低	是
雷击	是	每月 1 次	高	避雷装置	低	是
洪涝	是	每年 1 次	高	备用场所	低	是
地震	否				低	是
龙卷风	是	50 年 1 次	高	备用场所	低	是
森林火灾	否				低	是
行星/彗星影响	否				低	是
屋顶因积雪重压而坍塌	是	10 年 1 次	高	每年检查房屋结构	低	是
非故意人为事件						
电压太高	是	每月 6 次	中	不间断电源	低	是
电压太低	是	每月 6 次	中	不间断电源	低	是

续表

安全事件	是否应当考虑	发生概率	影响程度	现有控制措施	剩余风险等级	剩余风险等级是否可承受
非故意人为事件						
轻度停电(不到30分钟)	是	3月1次	中	不间断电源	低	是
中度停电(超过30分钟,不到36小时)	是	每年1次	中高	备用发电机	低	是
严重停电(超过36小时)	是	10年1次	中高	备用场所	低	是
非故意自然灾害						
与水暖设备相关的水灾	是	5年1次	高	定期检查与隔离	低	是
消防栓系统故障导致的水灾	是	10年1次	高	每年检查	低	是
与消防活动相关的水灾	是	20年1次	高	无	低	是
火灾	是	每年1次	高	消防系统	低	是

注:1英里=1.609 km

诸如停电之类的非故意事件,有些是由人为因素造成的,有些是由自然因素造成的,因此可归属人为事故或自然灾害两个类别。即使非故意事件不怀恶意,在进行风险分析时也要把这类事件考虑在内。有些非故意人为事件,很可能引发故意事件(即网络攻击),应当视作恶意安全事件。具体而言,这些非故意人为事件是由本单位工作人员操作(配置、设置或使用)失误造成的,使单位资产极易遭受内部或外部人员攻击。

4.2.4 恶意安全事件与威胁评估

恶意事件对资产安全构成直接威胁,必须采取适当的威胁抵消措施,降低或消除恶意事件发生概率,或者降低事件发生后造成的影响程度。这些直接威胁一般都是恶意行为,通常怀有下列意图。

(1)窃取信息资产。

(2)篡改信息资产。

(3)伪造信息资产。

(4)毁坏信息资产。

(5)改变网络与计算机资产的运行。

(6)干扰网络与计算机资产的功能。

(7)阻止或干扰合法访问信息、网络与计算机资产。

(8)窃取员工登录账户信息。

(9)搜集有关信息、网络与计算机资产的情报。

应当把员工操作失误活动视作一种对资产安全构成的威胁。

威胁评估(确定风险等级)旨在为组织机构提供决策信息,以便采取适当的管控、防护、对抗、反制等措施,尽可能地降低威胁这种风险所造成的破坏程度。安全风险取决于已识别的威胁(安全事件、威胁代理、网络攻击活动、网络攻击引导力量)发生概率,及其对组织机构提供产品和服务能力的影响程度。安全风险评估,通常称作"风险管理",主要包括7个步骤。

(1)界定、识别、盘点资产(属于资产登记造册的部分内容)。

(2)识别安全威胁。

(3)估算安全威胁事件发生概率。

(4)分析安全威胁事件影响程度。

(5)判定剩余安全威胁风险等级。

(6)就安全管控措施建言献策。

(7)把安全威胁评估结果制成文件。

界定、识别、盘点资产完毕之后,应当分析能够破坏资产或让资产失效(不可用)的事件类型。已经识别的威胁很有可能引发成功窃取、篡改、破坏、摧毁或瘫痪资产的特定事件。换句话讲,已经识别的威胁,很有可能引发成功利用资产漏洞(弱点)的特定事件。

进行威胁评估,首先要准确把握下列定义。

(1)威胁——影响组织机构资产的商业目标、价值或任务的一种不良事件。

(2)漏洞——系统或管控措施中存在的弱点,可用于干扰或破坏系统运行。

(3)威胁影响程度——若事件发生可能对企业的商业目标或任务造成的影响程度。

(4)威胁概率——事件发生的可能性。

应当采用下列方法,制定一套完整齐全的威胁列表。

(1)群策群力。

(2)检查清单。

(3)历史数据。

(4)每年发生率。

制定威胁列表时,还应考虑合同法、保险以及资产所处地区可能发生安全事件的类型和概率等情况。可从下列网站获取安全漏洞和安全威胁等方面的可靠信息。

(1)美国计算机应急战备小组(http://www.us-cert.gov)。

(2)米特尔公司(MITRE)的常见漏洞和暴露问题(CVE)网站(http://cve-mitre.org)。

(3)米特尔公司(MITRE)的常见弱点列举(CWE)网站(http:// cwe-mitre.org)。

(4)卡内基梅隆大学计算机应急反应分队协调中心(http://www.cert.org/certcc.html)。

表 4.21 举例说明了人为发动的恶意威胁。

表 4.21　威胁评估示例

威胁	是否应当考虑	发生概率	威胁影响程度	现有控制措施	剩余风险等级	剩余风险等级是否可承受
外来者—系统被黑	是	每月 1 次	高	集中认证	中	否
外来者—社会工程学攻击	是	每年 2 次	中	用户培训每月 6 次	低	是
外来者—垃圾搜寻	是	每月 1 次	中	锁住垃圾箱	低	是
外来者—钓鱼	是	每月 10 次	中	用户培训每月 6 次	低	是
外来者—叉鱼	是	每月 1 次	高	用户培训每月 6 次	低	是
外来者—DDoS 攻击	是	每月 5 次	高	网络防火墙	中	否
外来者—蠕虫	是	每月 10 次	高	主机杀毒软件	中	否
外来者—系统权限获取器	是	每月 5 次	高	主机杀毒软件	中	否
外来者—病毒	是	每月 20 次	高	主机杀毒软件	中	否
外来者—非法访问内部 WiFi 子网	是	每月 1 次	高	802.11 WEP	高	否
外来者—利用 SAINT、SATAN、ISS 搜集情报	是	每月 1 次	高	网络防火墙	高	否
员工—系统被黑	是	每月 1 次	高	集中认证	中	否
员工—蠕虫	是	每月 10 次	高	主机杀毒软件	中	否
员工—特洛伊木马	是	每月 5 次	高	主机杀毒软件	中	否
员工—病毒	是	每月 20 次	高	主机杀毒软件	中	否
员工—危及安全的编程错误	是	每 1000 行编码有 1 次	中	相互审查编码	中	否
员工—行管操作失误	是	每月 5 次	高	用户培训每月 6 次	中	否
员工—未经授权访问	是	每月 5 次	高	用户培训每月 6 次	中	否
员工—未经授权复制文件	是	每月 10 次	高	用户培训每月 6 次	中	否
员工—使用社交网络或即时消息工具	是	每月 10 次	高	用户培训每月 6 次	中	否
员工—浏览不良网站	是	每月 10 次	高	用户培训每月 6 次	中	否
员工—非法访问内部 WiFi 子网	是	每月 1 次	中	802.11 WEP	中	否
员工—非法访问内部有线子网	是	每月 1 次	中	无	中	否
员工—利用 SAINT、SATAN、ISS 搜集情报	是	每月 1 次	高	内部网防火墙	高	否

续表

威胁	是否应当考虑	发生概率	威胁影响程度	现有控制措施	剩余风险等级	剩余风险等级是否可承受
机与机对等连接—恶意输入"会话发起协议"（SIP）信息	是	每月 5 次	高	网络防火墙	中	否
机与机对等连接—非法利用"实时传输协议"（RTP）信息	是	每月 5 次	高	网络防火墙	中	否
机与机对等连接—域名服务系统与外部域名服务器非法交互	是	每天 10 次	高	无	高	否
机与机对等连接—"开放式最短路径优先"（OSPF）路线更新虚假信息	是	每天 10 次	高	无	高	否
第三方人员—系统被黑	是	每年 1 次	高	集中认证	中	否
第三方人员—蠕虫	是	每月 10 次	高	主机杀毒软件	中	否
第三方人员—特洛伊木马	是	每月 5 次	高	主机杀毒软件	中	否
第三方人员—病毒	是	每月 20 次	高	主机杀毒软件	中	否
第三方人员—未经授权访问	是	每月 5 次	高	主机访问控制	中	否
第三方人员—未经授权复制文件	是	每月 10 次	高	主机访问控制	中	否
第三方人员—非法访问内部 WiFi 子网	是	每月 1 次	中	802.11 WEP	中	否
第三方人员—非法访问内部有线子网	是	每月 1 次	中	无	中	否
第三方人员—利用 SAINT、SATAN、ISS 搜集情报	是	每月 1 次	高	内部网防火墙	高	否

下面对表 4.21 的标题和内容进行解释。

（1）列标题如下所示。

① 威胁——某个人员或组织进行的、对资产构成威胁的、某种形式的活动。

② 是否应当考虑——是否应当考虑消除威胁。

③ 发生概率——威胁发生的可能性。

④ 威胁影响程度——若事件发生可能对资产造成的破坏程度。

⑤ 现有控制措施——为减低威胁发生概率和影响程度，已经部署的某种形式的技术性控制措施或规程性控制机制。

⑥ 剩余风险等级——部署风险抵消机制或控制措施之后剩余的风险程度。

⑦ 剩余风险等级是否可承受——从商业成本角度考虑，剩余风险等级是否可以承受。

（2）外来者——心怀恶意试图访问资产的外部人员或组织。

（3）系统被黑——大多数或各种形式的未经授权登录、修改、访问系统（或信息）资产。

(4)集中认证，是指使用 RADIUS 服务器或具有集中认证、授权和记账（AAA）功能的协议和服务器。

(5)叉鱼，是指针对特定员工而专门编造钓鱼信息。

(6)DDoS，是指对网络与计算机资产发动的"分布式拒绝服务攻击"。

(7)网络防火墙，是指提供互联网连接的边缘路由器中安装的具有静态数据包过滤功能的软件或程序。

(8)主机杀毒软件，是指归单位所有的计算机系统（包括服务器、工作站、笔记本、个人计算机等）中安装的预防和清除病毒、蠕虫、间谍软件等恶意程序的软件。

(9)WiFi，是指基于 IEEE 802.11（802.11a、802.11b 或 802.11g）标准构建的无线局域网。

(10) WEP，是指采用 802.11a、802.11b 或 802.11g 标准无线网络设备建立的"有线等效保密"安全机制。

(11)SAINT、SATAN、Nmap、Nessus、Metasploit、ISS，是指具备网络扫描功能的部分常用软件，用于判定网址、网络附属设备、网络应用程序、数据等是否存在安全隐患，容易被黑客利用对网络与计算机资产发动攻击。

(12)员工是指组织机构雇用的各种工作人员。

(13)危及安全的编程错误，是指内部开发的软件和 Shell 脚本存在黑客可以利用的缺陷与漏洞。

(14)行管操作失误，是指行管方面的操作程序或活动存在黑客可以利用的缺陷和漏洞。

(15)未经授权访问，是指没有经过某个组织机构的授权而试图访问该组织机构的资产。

(16)未经授权复制文件，是指没有经过某个组织机构的授权而试图把该组织机构的信息资产复制到移动设备中，或者发送到远程位置。

(17)使用社交网络或即时消息工具，是指在未经组织机构授权或违反组织机构信息安全政策的情况下，使用社交网络应用程序（或访问社交网站）、对等共享网络、即时消息应用程序。

(18)浏览不良网站，是指在未经组织机构授权和违反组织机构信息安全政策的情况下，连接赌博、色情等活动或主题的网站。

(19)机与机对等连接，是指某种形式的计算机与计算机之间的通信连接。

(20)恶意输入"会话发起协议"（SIP）信息，是指利用"会话发起协议"盗用服务，或者从事其他类型的恶意活动。

(21)非法利用"实时传输协议"（RTP）信息，是指利用"实时传输协议"盗用服务，或者从事其他类型的恶意活动。

(22)域名服务系统与外部域名服务器非法交互，是指以下几个方面。

① 组织机构的系统定向于虚假或非法域名服务器。

② 组织机构的系统接收虚假或非法域名服务器答复。

③ 组织机构的域名服务器信息被网络攻击者篡改或删除。

(23)"开放式最短路径优先"(OSPF)路线更新虚假信息，是指网络攻击者干扰合法分发 OSPF 路线更新信息，或者伪造 OSPF 路线更新信息，旨在扰乱正常的网络数据包发送活动。

(24)第三方人员，是指不是某个组织机构的员工但获得授权可现场(物理)访问该组织机构资产(包括物理资产和逻辑资产)的任何人员(如物业人员、售后服务人员、参观人员、访客等)。

表 4.22 是对表 4.21 的补充说明，针对表 4.21 中剩余风险不可承受的威胁，增添了进一步降低风险的新措施。

表 4.22　增添新措施降低剩余风险

威胁	现有控制措施	剩余风险等级	剩余风险等级是否可承受	建议增添的新措施	新的剩余风险等级	新的剩余风险等级是否可承受
外来者—系统被黑	集中认证	中	否	RBAC	低	是
外来者—社会工程学攻击	用户培训每月 6 次	低	是	无须	—	—
外来者—垃圾搜寻	锁住垃圾箱	低	是	无须	—	—
外来者—钓鱼	用户培训每月 6 次	低	是	无须	—	—
外来者—叉鱼	用户培训每月 6 次	低	是	无须	—	—
外来者—DDoS 攻击	网络防火墙	中	否	网络入侵防护系统	低	是
外来者—蠕虫	主机杀毒软件	中	否	网络入侵防护系统	低	是
外来者—系统权限获取器	主机杀毒软件	中	否	网络入侵防护系统	低	是
外来者—病毒	主机杀毒软件	中	否	网络入侵防护系统	低	是
外来者—非法访问内部 WiFi 子网	802.11 WEP	高	否	IEEE 802.11i	低	是
外来者—利用 SAINT、SATAN、ISS 搜集情报	网络防火墙	高	否	网络入侵防护系统	低	是
员工—系统被黑	集中认证	中	否	RBAC	低	是
员工—蠕虫	主机杀毒软件	中	否	主机入侵防护系统	低	是

续表

威胁	现有控制措施	剩余风险等级	剩余风险等级是否可承受	建议增添的新措施	新的剩余风险等级	新的剩余风险等级是否可承受
员工—特洛伊木马	主机杀毒软件	中	否	主机入侵防护系统	低	是
员工—病毒	主机杀毒软件	中	否	主机入侵防护系统	低	是
员工—危及安全的编程错误	相互审查编码	中	否	源代码扫描软件	低	是
员工—行管操作失误	用户培训每月6次	中	否	RBAC	低	是
员工—未经授权访问	用户培训每月6次	中	否	RBAC	低	是
员工—未经授权复制文件	用户培训每月6次	中	否	ACL	低	是
员工—使用社交网络或即时消息工具	用户培训每月6次	中	否	网络入侵防护系统	低	是
员工—浏览不良网站	用户培训每月6次	中	否	主机入侵防护系统	低	是
员工—非法访问内部WiFi子网	802.11 WEP	中	否	IEEE 802.11i	低	是
员工—非法访问内部有线子网	无	中	否	IEEE 802.1x	低	是
员工—利用SAINT、SATAN、ISS搜集情报	内部网防火墙	高	否	网络入侵防护系统	低	是
机与机对等连接—恶意输入"会话发起协议"(SIP)信息	网络防火墙	中	否	SBC	低	是
机与机对等连接—非法利用"实时传输协议"(RTP)信息	网络防火墙	中	否	SBC	低	是
机与机对等连接—域名服务系统与外部域名服务器非法交互	无	高	否	DNSSEC、IPsec/PKI	低	是
机与机对等连接—"开放式最短路径优先"(OSPF)路线更新虚假信息	无	高	否	IPsec/PKI	低	是
第三方人员—系统被黑	集中认证	中	否	RBAC	低	是
第三方人员—蠕虫	主机杀毒软件	中	否	主机入侵防护系统	低	是
第三方人员—特洛伊木马	主机杀毒软件	中	否	主机入侵防护系统	低	是
第三方人员—病毒	主机杀毒软件	中	否	主机入侵防护系统	低	是
第三方人员—未经授权访问	主机访问控制	中	否	RBAC	低	是
第三方人员—未经授权复制文件	主机访问控制	中	否	ACL	低	是
第三方人员—非法访问内部WiFi子网	802.11 WEP	中	否	IEEE 802.11i	低	是

续表

威胁	现有控制措施	剩余风险等级	剩余风险等级是否可承受	建议增添的新措施	新的剩余风险等级	新的剩余风险等级是否可承受
第三方人员—非法访问内部有线子网	无	中	否	IEEE 802.1x	低	是
第三方人员—利用 SAINT、SATAN、ISS 搜集情报	内部网防火墙	高	否	网络入侵防护系统	低	是

下面对表 4.22 中的新标题和新内容进行了解释。

(1)表 4.22 的列标题如下所示。

① 建议增添的新措施——除了已经部署的技术性或规程性控制措施,建议额外增加的技术性或程序性控制措施。

② 新的剩余风险等级——建议增添的新措施部署之后仍然存在的风险等级。

③ 新的剩余风险等级是否可承受——从商业成本角度考虑,新的剩余风险等级是否可以承受。

(2)RBAC,是指服务器和工作站的操作系统中“基于角色的访问控制”。

(3)网络入侵防护系统,是指路由器或独立网络设备中部署的具有入侵防护功能的配套程序。

(4)IEEE 802.11i,是指电气和电子工程师协会确立的一套网络安全机制,这套机制是基于 IEEE 802.1x 标准(RADIUS 认证服务器与高级对称加密标准)建立的,用于取代基于 802.11g 和 802.11n 标准研制的无线网络设备。

(5)主机防护系统,是指服务器、工作站、笔记本或个人计算机中部署的具有入侵防护功能的配套程序。

(6)源代码扫描软件,是指具备源代码扫描、分析与查找功能的任何一种商业通用软件,可用于扫描分析源代码,查找编码错误,还可用于扫描分析编程逻辑,查找黑客可以利用的软件逻辑漏洞。

(7)ACL,表示“访问控制列表”,是指服务器和工作站的操作系统中安装的一种访问控制执行程序,能够严密控制移动设备的使用。

(8)IEEE 802.1x,是指电气和电子工程师协会确立的双层网络访问控制机制,相当于一把“电子锁”,能够在认证和授权成功之前防止使用组织机构的内部网。

(9)SBC,表示“会话边界控制”,这种控制措施通常部署在路由器中,能够监控、检查和分析“会话发起协议”(SIP)发送的信息,判定是接收还是阻止组织机构内部网输入输出的“会话发起协议”信息。

(10)DNSSEC,是指利用“域名服务系统安全”拓展功能,对域名服务系统的数据更新进行验证，确保域名服务系统能够答复认证型域名服务器询问的需要验证的信息。

(11) IPsec 表示"互联网协议安全"协议，是一种基于互联网协议(IP)开发的加密技术，用于为网关与网关、网关与终端设备、终端设备与终端设备之间的通信活动提供认证、数据完整性、数据保密性等方面的服务。

(12) PKI 表示公钥基础设施，是指按照可以验证的级别配置的一系列数字证书颁发系统，用于确保系统用户拥有与其特定身份相应的正确的非对称公开密钥。

表 4.21 和表 4.22 中的"剩余风险等级""新的剩余风险等级"这两个标题，可用 3 个等级(高、中、低)或 5 个等级(高、中高、中、中低、低)进行说明。

一旦对威胁进行了识别、记录和量化之后，紧接着要回答的问题是：马上采取措施抵消新威胁，还是过一段时间？表 4.23 和表 4.24 说明了威胁发生概率与威胁影响等级的综合值，可与表 4.25、表 4.26 结合使用，用于判定采取威胁减缓新措施的优先权。表 4.25 用于明确指定组织机构内部剩余风险决策负责人(负责决定剩余风险减缓新措施并判定新的剩余风险等级是否可承受的人员)。表 4.26 是对表 4.22 的进一步说明，明确了进一步降低不可承受风险的新措施优先权和剩余风险决策负责人。

表 4.23　根据发生概率与影响等级综合值确定的威胁减缓优先权

项目		威胁影响等级				
		低	中低	中	中高	高
威胁发生概率	低	低	低	低	中低	中低
	中低	低	中低	中	中高	中高
	中	低	中低	中	中高	高
	中高	中低	中	中高	高	高
	高	中低	中	中高	高	高

表 4.24　威胁减缓新措施优先权

等级	新措施
高	应当马上采取新措施，进一步降低威胁发生概率或影响程度
中高	应当近期(随后 4~6 个月内)采取新措施，进一步降低威胁发生概率或影响程度
中	应当在不久的将来(未来 6~12 个月内)采取新措施，进一步降低威胁发生概率或影响程度
中低	继续监控形势的发展变化
低	此时无须采取新措施

表 4.26 中添加的标题是：

(1) 新的控制措施优先级，是指部署所建议的技术性或规程性新控制措施的时间先后顺序；

(2)审批人,是指组织机构内部负责签字决定剩余风险减缓新措施并判定采取新措施之后新的剩余风险等级是否可承受的人员。

表 4.25 剩余风险是否可承受决策负责人

剩余风险等级	剩余风险是否可承受决策负责人级别
高	应当由董事会或行政总管(CEO)根据可能造成的影响程度判定剩余风险是否可承受。必须额外采取新的控制措施,进一步降低风险。各级管理人员都应当参与其中
中高	应当由信息总管或信息安全总管根据可能造成的影响程度判定剩余风险是否可承受。强烈建议额外采取新的控制措施,进一步降低风险。下级管理人员应当参与其中
中	应当由信息总管或信息安全总管根据可能造成的影响程度判定剩余风险是否可承受。强烈建议额外采取新的控制措施,进一步降低风险。下级管理人员应当参与其中
中低	应当由本级安全管理负责人根据可能造成的影响程度判定剩余风险是否可承受。建议额外采取新的控制措施,进一步降低风险。下级管理人员应当参与其中
低	应当由本级安全管理负责人根据可能造成的影响程度判定剩余风险是否可承受。建议额外采取新的控制措施,进一步降低风险

表 4.26 风险减缓新措施优先权

威胁	剩余风险等级	建议增添的新措施	新的剩余风险等级	新的剩余风险等级是否可承受	新的控制措施优先权	审批人
外来者—系统被黑	中	RBAC	低	是	中高	
外来者—社会工程学攻击	低	无须	—	—	—	
外来者—垃圾搜寻	低	无须	—	—	—	
外来者—钓鱼	低	无须	—	—	—	
外来者—叉鱼	低	无须	—	—	—	
外来者—DDoS 攻击	中	网络入侵防护系统	低	是	中高	
外来者—蠕虫	中	网络入侵防护系统	低	是	中高	
外来者—系统权限获取器	中	网络入侵防护系统	低	是	中高	
外来者—病毒	中	网络入侵防护系统	低	是	中高	
外来者—非法访问内部 WiFi 子网	高	IEEE 802.11i	低	是	高	
外来者—利用 SAINT、SATAN、ISS 搜集情报	高	网络入侵防护系统	低	是	高	
员工—系统被黑	中	RBAC	低	是	中高	
员工—蠕虫	中	主机入侵防护系统	低	是	中高	

续表

威胁	剩余风险等级	建议增添的新措施	新的剩余风险等级	新的剩余风险等级是否可承受	新的控制措施优先权	审批人
员工—特洛伊木马	中	主机入侵防护系统	低	是	中高	
员工—病毒	中	主机入侵防护系统	低	是	中高	
员工—危及安全的编程错误	中	源代码扫描软件	低	是	中	
员工—行管操作失误	中	RBAC	低	是	中高	
员工—未经授权访问	中	RBAC	低	是	中高	
员工—未经授权复制文件	中	ACL	低	是	中高	
员工—使用社交网络或即时消息工具	中	网络入侵防护系统	低	是	中高	
员工—浏览不良网站	中	主机入侵防护系统	低	是	中高	
员工—非法访问内部 WiFi 子网	中	IEEE 802.11i	低	是	中高	
员工—非法访问内部有线子网	中	IEEE 802.1x	低	是	中高	
员工—利用 SAINT、SATAN、ISS 搜集情报	高	网络入侵防护系统	低	是	高	
机与机对等连接—恶意输入"会话发起协议"（SIP）信息	中	SBC	低	是	中	
机与机对等连接—非法利用"实时传输协议"（RTP)信息	中	SBC	低	是	中	
机与机对等连接—域名服务系统与外部域名服务器非法交互	高	DNSSEC、IPsec/PKI	低	是	中高	
机与机对等连接—"开放式最短路径优先"(OSPF)路线更新虚假信息	高	IPsec/PKI	低	是	中高	
第三方人员—系统被黑	中	RBAC	低	是	中高	
第三方人员—蠕虫	中	主机入侵防护系统	低	是	中高	
第三方人员—特洛伊木马	中	主机入侵防护系统	低	是	中高	
第三方人员—病毒	中	主机入侵防护系统	低	是	中高	
第三方人员—未经授权访问	中	RBAC	低	是	中高	
第三方人员—未经授权复制文件	中	ACL	低	是	中高	
第三方人员—非法访问内部 WiFi 子网	中	IEEE 802.11i	低	是	中高	
第三方人员—非法访问内部有线子网	中	IEEE 802.1x	低	是	中高	
第三方人员—利用 SAINT、SATAN、ISS 搜集情报	高	网络入侵防护系统	低	是	中高	

一旦确定并记录下新的控制措施优先权，就应当做出财政预算决策，并根据所批准的优先权划拨资金。在风险管理过程的各个环节做好记录至关重要，因为这些记录能够证明组织机构已经从安全经营的角度采取了合理适当的风险管理方法，并且就安全管控措施的部署做出了决策，万一被民事诉讼，可进行非常有力的辩护。

4.3 风险抵消控制措施的采购或开发

一旦做出决策部署新的安全管控措施，应当制定项目计划，组建部署小组。从本质上讲，风险抵消控制措施分为技术性措施和程序性措施两大类。我们先探讨程序性风险抵消控制措施的开发与部署。

4.3.1 程序性风险抵消控制措施

采取程序性风险抵消控制措施，是一种非常高效的风险管理方法。程序性风险抵消控制措施，需要根据各种能力特别是安全能力的复杂程度提高而提高。企业越来越多地采用下列程序性风险抵消控制措施。

(1)静态防火墙。设定了数据包过滤规则，如果配置不正确，将会在不知情的情况下允许恶意网络传输信息通过。

(2)远程收集日志信息(如同系统日志安全机制)，并记录审计跟踪情况。

(3)IPsec 协议远程访问网关(中介网关的远程客户端)。需要界定相关的安全参数，例如，"互联网密钥交换"(IKE)计时器、会话密钥更新频率、可接受的语言转换、信任证书等。

(4)多种类型的认证与授权控制措施，例如，RADIUS 服务器、TACACS+、Diameter 服务器、公钥基础设施认证中心(包括证书与注册管理机构)、数据通信设备(DCE)/Kerberos 服务器或客户端软件。有些控制措施能够实现互操作，有些控制措施是封闭式或孤立式风险管理方法。

(5)杀毒软件。靠数字签名和其他数据发挥作用，如果不定期或及时升级更新，就会落后。

上述安全机制都需要及时进行正确配置并密切监控运行情况，才能有效地实现安全目标。在当前的运营环境中，人员更替率日益增高，很多员工经常换工作、换岗位，以便在职业上取得更大进步。这两种因素会导致下述情况。

(1)新员工需要融入运营团队。

(2)面对迫切需要解决的问题和紧急开展的活动，新员工更容易发生操作失误。

(3)新安全机制需要增长知识，提高技能，因而员工学习压力增大。

应当制定一整套综合指导方针和程序，并充分利用基础设施各种构件的功能与使用寿命来提高生产力。

4.3.2 新的技术性风险减缓控制措施

1. 执行控制措施

不管组织机构的设备和系统是自己研制、购买还是租用的，都应当遵守安全政策和安全要求。因此，应当明确清晰、富有效果地向开发产品或服务的组织机构说明各种安全要求。这种交流沟通过程因产品或服务是自己研制、购买还是合伙经营而不同。

若产品或服务是自己研制的，则安全要求交流沟通过程中应当包括下列活动。

(1)运营、信息技术、计划等部门人员联合召开会议，最终确定功能、性能、操作等方面的安全要求，以及是否遵守安全要求的核查方法。在议程安排方面特别是介绍安全漏洞时，一个最严重的问题是"需求蠕变"，即不进行必要的审查和分析就提出新要求。

(2)定期进行运行状态、程序编码、系统融合、功能测试等方面的审查。在设计阶段发现和解决问题越早，成本就会越低，整个体系结构的融合程度就会越高。所安装的安全漏洞补丁程序，一般都不完善，需要业务人员和客户定期升级更新。

若产品或服务是购买的，或者是与第三方合伙经营的，则安全要求交流沟通过程中应当包括下列活动。

(1)只贯彻落实与功能、性能相关的安全要求。企业不能负责理应由运营商或合伙人贯彻落实的作业安全要求。产品使用支持、维护、改进等方面的安全要求，通常会在合同中予以明确(详见后面论述)。

(2)大型组织机构，特别是通信运营商和电子商务公司，定期与制造商会晤，研讨信息服务基础设施可用的安全管理能力发展方向和优先权，对该机构大有裨益。例如，可就下列主题进行研讨。

① 公钥基础设施的保障。

② 获得认证的补丁管理。

③ 多个管理网接口。

④ 数据包过滤。

⑤ 软件配置监控。

⑥ IPsec、TLSv1、DTLSv1 安全协议。

⑦ 采用 PKCS #10、#11、#12 数据格式进行信任证书管理。

(3)所有制造商和运营商务必树立正确的产品开发理念，争取在产品使用寿命到期之前的 2~3 年内，对产品进行升级换代，或者开发出新产品。安全能力方面的要求与工业部门分享得越快，安全能力就能越快地纳入产品开发计划之中，从而及早投入市场。

2. 采购

大多数商务公司、与国防无关的国有企业、非政府组织等部门机构，都依赖于商用硬件、操作系统、应用程序等。这些部门机构高度依赖于日益复杂的内部信息基础设施，但很少自己开发信息技术产品，而是让信息系统管理人员负责采购各种硬件、软件、外包服务、甚至是系统一体化建设方案。购买产品或服务之前，通常发布《询问信息书》(RFI)、《征求意见书》(RFP)、《请求报价书》(RFQ)等文件资料。很多《询问信息书》(RFI)和《征求意见书》(RFP)通常说明应遵守的国内或国际标准。在购买产品或服务时，应当注意测试，判定产品或服务是否遵守合同或协议中所说的各项安全要求。下面详细探讨了采购过程中的注意事项或避免事项。

1) 询问信息书和征求意见书

当某个组织机构想要(或需要)了解哪些产品能够提供所需的安全能力并且能够买到时，通常会准备和发布《询问信息书》，说明该组织机构想要干的事，征询不同厂家的产品性能和质量等方面的信息。从安全系统工程角度讲，探讨安全能力和具体安全要求时，不应着眼于贯彻落实安全能力的细枝末节问题，除非这些细枝末节问题直接影响到安全机制的完整性、可用性、功能性和可管理性。安全要求应当简明扼要地明确征询信息者认为是关键、必要或想得到的安全能力。下面用两个例子说明了《询问信息书》通常提出的安全要求。

例 4.1

(1) 请说明贵方平台如何提供用户的要素识别与认证能力，包括登录标识符、登录密码、要素登录功能等几个方面。

(2) 请说明贵方平台如何提供授权与访问控制能力，包括安全级别、用户活动计时器、访问控制列表、访问控制协调等几个方面。

(3) 请说明贵方平台如何提供安全审计跟踪日志能力。

(4) 请说明贵方平台如何提供软件安全能力，包括软件安装与升级、操作系统、应用程序等几个方面。

(5) 贵方平台的运行是否依赖于远程登录(Telnet)协议、TFTP、第 1 版简单网络管理协议(SNMP v1)之类的未加密协议？如果依赖的话，如何提供认证、数据保密性、数据完整性等方面的能力？

(6) 请列举贵方平台保密方案中采用的安全协议或标准。

(7) 贵方平台是否支持采用网址转换技术的客户专用网络 IP 地址空间？如果当前不支持，那么打算如何支持？贵方处理专业网络 IP 地址空间的安全架构中采用哪些安全机制与 H.323、SIP 之类的信号协议相互作用?

(8)贵方平台是否支持使用加密虚拟专用网络(Virtual Private Networks,VPN)? 如果支持,那么:

① 支持的对称算法、非对称算法和密钥长度有哪些;

② 贵方虚拟专用网络能力是如何执行互联网工程任务组网络安全协议(IETF IPsec)、互联网安全联盟密钥管理协议(ISAKMP)、互联网密钥交换征求意见书(IKE RFC)的?

③ 是否支持基于 X.509 标准的数字证书,与哪些数字证书签发机构相互协作?

(9)请说明贵方平台如何支持加密虚拟专用网络与网址转换技术相互作用?

(10)请说明贵方平台如何支持入口出口的数据包过滤。

(11)请说明贵方平台采取所建议的安全管控措施(如加密、数据包过滤等)之后对网络与计算机性能造成的影响。

(12)请说明贵方安全方案如何检测入侵企图?

(13)请说明贵方平台如何支持网元本地管理控制台安全,包括识别、认证、授权与访问控制的级别,数据完整性,安全审计跟踪日志等几个方面。

(14)请说明贵方平台如何支持网元管理系统(EMS)的管理控制台安全,包括识别、认证、授权与访问控制的级别,数据完整性,安全审计跟踪日志等几个方面。

(15)请说明贵方平台如何支持网元管理系统的安全管理,包括登录账户管理、密钥管理与分发、安全告警处理、安全报告等几个方面。

(16)请说明贵方平台如何支持网元与网元管理系统之间接口的安全,包括识别、认证、授权与访问控制的级别,数据完整性,安全审计跟踪日志等几个方面。

(17)请说明贵方平台如何支持网元与运营支撑系统(OSS)之间接口的安全,包括识别、认证、授权与访问控制的级别,数据完整性,安全审计跟踪日志等几个方面。

例 4.2

(1)在识别、认证、系统访问控制、资源访问控制、数据保密性、安全审计跟踪日志等方面,贵方现有或计划开发的安全能力,哪些能够为我方系统与外部商业伙伴"公开"联网提供安全防护?

(2)在识别、认证、系统访问控制、资源访问控制、数据保密性、安全审计跟踪日志等方面,贵方现有或计划开发的安全能力,哪些能够为我方员工访问特别是远程访问产品功能提供安全防护?

(3)贵方有哪些安全能力采用了基于通用标准开发的识别、认证、数据保密性等方面的技术(如 PKI、基于 X.509 标准开发的证书、智能卡、轻量目录访问协议等)?

(4)请说明贵方采用哪一种外部网络安全模型来保护认证、数据完整性、数据保密性等方面的安全,以便访问外部无线通信手持设备的运营支撑系统信息。

(5)请说明贵方产品的安全策略。特别是详细说明如何在不同的信任领域内使用贵方产品,贵方产品如何在不同的安全环境(如通过开放网络、未加密网络实现连接)中保护认证、数据完整性、数据保密性等方面的安全。

(6)请说明贵方产品如何对我方员工进行识别与认证。

(7)请说明贵方产品的系统访问控制功能和资源访问控制功能,包括如何在贵方产品中设置、管理、执行这些功能。

(8)请说明贵方产品中所有能够审核的程序、事件、告警、结果、审计跟踪日志等。

(9)请说明贵方产品与其他应用程序和系统通信时,能够保证数据保密性的安全机制。

(10)请说明贵方产品如何处理必须以加密方式传输或处理的数据。

(11)请说明贵方产品与其他应用程序和系统通信时,能够保证数据完整性的安全机制。

(12)请说明贵方产品在开发、安装、配置等方面如何和何时执行某项安全政策。

(13)请说明贵方平台如何为网元管理层(EML)、网络管理层(NML)、服务管理层(SML)、业务管理层(BML)的管理服务器提供直接登录安全保障,包括识别、认证、授权与访问控制的级别,数据完整性,数据保密性,安全审计跟踪日志等几个方面。

(14)请说明贵方平台如何为网元管理层、网络管理层、服务管理层、业务管理层的管理服务器提供(通过网络的)远程登录安全保障,包括识别、认证、授权与访问控制的级别,数据完整性,数据保密性,安全审计跟踪日志等几个方面。

(15)请说明贵方平台如何保障网元管理层、网络管理层、服务管理层、业务管理层的管理类应用软件的安全,包括识别、认证、授权与访问控制的级别,数据完整性,数据保密性,安全审计跟踪日志等几个方面。

(16)请说明贵方平台如何为受管理的单元提供网元与网元管理层、网络管理层、服务管理层、业务管理层之间的接口提供安全保障,包括识别、认证、授权与访问控制的级别,数据完整性,安全审计跟踪日志、日志分析等几个方面。

(17)如果贵方方案具备终端用户域管理能力,请说明贵方平台如何为这种能力提供安全保障,包括识别、认证、授权与访问控制的级别,数据完整性,安全审计跟踪日志、日志分析等几个方面。

(18)如果贵方方案可为客户远程访问应用程序提供远程访问能力,请说明贵方平台采用了哪些协议以及如何为这种能力提供安全保障,包括识别、认证、授权与访问控制的级别,数据完整性,安全审计跟踪日志、日志分析等几个方面。

(19)请说明贵方平台如何提供用户的要素识别与认证能力,包括登录标识符、登录密码、要素登录功能等几个方面。

(20)请说明贵方平台如何提供授权与访问控制能力，包括安全级别、用户活动计时器、访问控制列表、访问控制协调等几个方面。

(21)请说明贵方平台如何提供安全审计跟踪日志能力。

(22)请说明贵方平台如何提供软件安全能力，包括软件安装与升级、操作系统、应用程序等几个方面。

(23)贵方平台的运行是否依赖于远程登录(Telnet)协议、TFTP、SNMP v1、第 2 版简单网络管理协议(SNMP v2)之类的未加密协议？如果依赖的话，如何提供认证、数据保密性、数据完整性等方面的能力？

(24)请列举贵方平台保密方案中采用的安全协议或标准，并说明它们的用途。

(25)贵方平台是否支持使用加密虚拟专用网络(VPN)？如果支持，那么：

① 支持的对称算法、非对称算法和密钥长度有哪些？

② 贵方虚拟专用网络能力是如何执行互联网工程任务组网络安全协议(IETF IPsec)、互联网安全联盟密钥管理协议(ISAKMP)、互联网密钥交换征求意见书(IKE RFC)的？

③ 是否支持基于 X.509 标准的数字证书，与哪些数字证书签发机构相互协作？

(26)请说明贵方安全方案如何检测入侵企图？

(27)贵方能够保证程序员、设计员、测试员掌握产品设计与使用过程中常见的漏洞(如缓冲区溢出)吗？

(28)贵方是否组建了安全事件应急反应分队，负责处理安全漏洞报告，核查安全漏洞，修补安全漏洞，发布公告和补丁程序等？

(29)贵方在接到安全漏洞首次报告后，能否在 24 小时内将贵方产品的安全漏洞通过公开方式告知客户，并在 72 小时内消除安全漏洞的潜在影响？

(30)贵方在接到安全漏洞首次报告后，如果在 72 小时内不能发布补丁程序，那么能否提供备用安全措施？

组织机构的调查小组研讨分析行业部门对《询问信息书》中问题的答复，然后协助起草《征求意见书》。此时，组织机构已经对系统安全要求进行了周密细致的分析，能够把明确具体的安全要求编制成文件。与《询问信息书》中的安全要求一样，《征求意见书》中的安全要求，也不应着眼于贯彻落实安全能力的细枝末节问题。图 4.2 对《征求意见书》可能提出的安全要求进行了举例说明。

在图 4.2 中，"一般可购买到的日期"(GA date)一词，表示某种产品或服务在市场上一般可购买到的时间点。这个词语在《征求意见书》提出的安全要求中出现频率很高，用于明确说明，购买产品或服务的单位所要求的遵守安全要求的时间。发布《征求意见书》的单位应当预想到，将会收到以建议形式反馈的大量信息。

章节或安全要求编号	安全要求文本	FC=到2009年1月100%遵守	PC=到2009年1月部分遵守	WFC=到(输入日期)将会100%遵守	WCX=到(输入日期),除……之外,将会遵守	WNC=不遵守	NA=不适用	在C-F栏中说明产品发行版本级别及相关信息
R[7.1]	网元、管理系统、运营支撑系统之间的通信安全(特别是认证、授权、数据保密性),不得依靠数据可用性和使用"受信任的网段"							
R[7.2]	网元和管理系统的直接登录安全不得依靠物理安全(即限制对这些构件进行物理访问)。要遵守《征求意见书》确定的"一般可购买到的日期"							
R[7.3]	如果所建议的方案需要部署认证型服务器(RADIUS 服务器、DIAMETER 服务器、Kerberos服务器、公钥基础设施认证中心、密钥管理中心或服务器),则建议及费用模型中应当包括该型服务器。要遵守《征求意见书》确定的"一般可购买到的日期"							
R[7.4]	所建议的方案不得假设存在认证型服务器。要遵守《征求意见书》确定的"一般可购买到的日期"							
R[7.5]	所建议的方案中不得用未曾建议的认证型服务器来遵守任何一项具体的安全要求。要遵守《征求意见书》确定的"一般可购买到的日期"							
R[7.6]	应当参加"事故应对与安全小组"举办的论坛。要遵守《征求意见书》确定的"一般可购买到的日期"							
R[7.7]	程序员、设计员、测试员应当接受培训,掌握产品设计与使用过程中常见的缺陷(如缓冲区溢出)。要遵守《征求意见书》确定的"一般可购买到的日期"							

图 4.2 《征求意见书》电子数据表样本

征求建议者在《征求意见书》中对安全要求表述得越明确,收到的反馈信息质量就会越高,从而提高对建议进行分析的效率。提高建议分析效率,能够降低需要分析的建议数量,提高建议分析速度,对于把质量高的建议转化成辅助决策的信息至关重要。例如，征求建议者收到 10 本建设书，每本建议书涉及 2000 多条安全要求，则需要分析 20000 多条安全要求方面的反馈信息。如果把安全要求及需要提出的建议制成电子数据表(图 4.2)，就能利用表格中嵌入的方程、公式、宏指令等数据统计方法，大幅度提高建议对比与分析速度。

大型组织机构经常发布修订版《征求意见书》，或者发布《请求报价书》。在修订版《征求意见书》中，征求建议者修改和增添了一些安全要求，并请求提供价格、费用等方面的信息。《请求报价书》一般只用于询问已挑选的产品价格。组织机构一旦选定了所要购买的产品或服务，就会准备一份含有工作报告(Statement of Work，SOW)的合同。

2) 合同与工作报告

买卖双方签订的合同应当明确说明有关产品或服务的条款。与安全相关的合同条款应当：

(1)要求卖方遵守安全工作报告中的条款；

(2)要求卖方遵守卖方在《征求意见书》中承诺遵守的具体安全要求；

(3)明确说明违反合同者支付的罚金。

《工作报告》应当包含卖方担负的非技术责任和技术责任。

3) 遵守标准

企业应当在《征求意见书》中明确说明所遵守的行业标准，而不是遵守本单位自己确立的标准。这种做法不容忽视。买方应当在卖方最终交付之前对产品或服务进行测试，测试结果越明确、越客观，买方就越有可能买到称心如意的东西。由于测试结果必须准确无误，所以所测试的安全要求应当具有能够识别且能够测试的独特特性。然而，许多与安全相关的标准，所提出的安全要求并没有能够识别且能够测试的独特特性。例如，ITU-T 制定的 X.805、X.2702 号文件(建议书)。这两份文件既没有提出富有特性的安全要求，也没有采用复杂的具体结构，只是提供了非常笼统的宏观指导原则。另外，很多标准(例如，ISO 27001、ANSI T1.276、ITU-T M.3410等)所提出的安全要求，可供制定《征求意见书》做参考，而且也应当参考。

4) 验收试验

如果某种产品或服务是遵照一套十分严格的要求特别是安全要求开发的，那么应当制定周密计划，对该种产品或服务进行验收试验，根据发现的缺陷或缺点多少决定接收还是退订。如果所发现的缺陷或缺点绝大部分都能解决，那么可继续进行现场试验和运行状态试验，这两种试验发现缺陷或缺点的概率更高。进行这些试验的目的是为了确认，想要使用的产品或服务是否遵守了本单位的安全政策、安全规划和具体安全要求。

下一步，应当把功能、性能、操作等方面的安全要求拆分为简单句型，用"应当""应该""可以""不得""不该""不可"等字眼来表示语气。安全要求通常根据所涉及的安全服务(认证、授权、数据完整性、数据保密性、不可抵赖性等)进行分组，也可采用计算功能或通信功能的分组方法进行分组。对于每套安全要求而言，都应当制定试验计划，以便明确说明将要核实的安全要求、必须确立的最低审查标准、用于核对是否遵守安全要求的具体试验等事项。试验计划中确定的每项试验，都应当用相应的试验程序进行说明。试验计划和程序的详细程度，因单位不同而不同。关键在于，确认是否遵守安全要求，这是制定正确的安全规划的前提和基础。

每当获得新产品、服务、改装升级设备或零部件时，不管是自己开发的、集成的还是采购的，都应当进行验收试验。验收试验不应当由运营商(包括制造商、开发商、集成商)组织，而应由一个独立小组在"管理安全监督小组"或安全总管代表的监督下实施，并审查试验结果。

3. 内部开发

要想内部开发基础设施构件、服务器、应用程序，应当采取科学的方法确定和说明一切必要的开发活动。有两种方法值得借鉴：一种方法是一体化能力成熟模型(CMMI)；另一种方法是 ISO 9001 质量框架。ISO 9001 这种方法只是说明了开发流程应该包括的步骤，并未规定每个步骤的详情细节，适用于多种类型的商业活动。CMMI 这种方法比较适用于开发结构复杂的系统，因为这种方法在质量与性能方面有具体的衡量指标，能够预测和评估开发结果。在网络安全方面，最关键且最容易忽视的一点是软件开发，不但在设计阶段容易忽视，而且在编码阶段和试验阶段也容易忽视。

1) 编码

很多网络攻击意图造成预想不到的异常情况，使受害者无法安全和正确地还原计算机系统与网络，因此在设计阶段和编码阶段，不能忽视异常情况处理方法。向应用程序中输入任何数据时，不管数据来自哪儿(如联网的对等系统、用户输入、数据文件)，都应当认真仔细地进行核对，确保格式正确、字段有效。向应用程序内部数据结构中输入的数据，超出数据结构的容纳能力时(如进行长度检查和边界检查时)，应当采用异常情况逻辑处理方法，把输入的数据截短，或者提示输入的数据无效而拒绝输入。如果需要防止隐蔽通道或残留数据泄露，则不得使用共享的功能库或子程序库，而应当使用静态库。

10 余年前，微软公司的两名员工在参加微软公司"可信任计算"课题研究期间，构建了一个威胁分析模型，称作"STRIDE 模型"。该模型能够帮助软件开发人员向软件中输入安全控制措施。"STRIDE"一词是六大类威胁的英文首字母缩写词。

(1) 欺骗身份信息 (**Spoofing identity**)。

(2) 篡改数据 (**Tampering with data**)。

(3) 抵赖 (**Repudiation**)。

(4) 信息泄露 (**Information disclose**)。

(5) 拒绝服务 (**Denial of service**)。

(6) 提高权限 (**Elevation of privilege**)。

该模型的主要价值在于,对开发软件过程中应当考虑的网络攻击进行了归类。表 4.27 说明了 STRIDE 模型威胁分类与各种威胁来源之间的对应关系。

表 4.27　STRIDE 模型威胁分类与各种威胁来源之间的对应关系

STRIDE 模型威胁分类	威胁来源
欺骗身份信息	泄露、非法使用、篡改、破坏
篡改数据	篡改、破坏
抵赖	非法使用、篡改
信息泄露	泄露
拒绝服务	拒绝服务
提高权限	泄露、非法使用、篡改、破坏

2) 代码审查

提高软件开发质量和安全的另一种方法是相互审查代码,即同一软件开发小组的成员之间、不同软件开发小组的成员之间相互审查源代码。这种审查能够反复检查源代码逻辑错误、缺少异常情况逻辑处理方法、缺少边界检查、使用危险语言结构(如 C 语言功能 Strcpy 函数)等缺陷。这种方法的另一个好处是,能够提高内部开发应用软件的可维护性。

3) 源代码扫描工具

10 余年前,人们就开始研究自动化方法,用于发现和识别软件开发方面存在的安全缺陷与问题。有些专家学者探讨了一种基于令牌的扫描方法。他们采用这种方法,扫描 C 语言和 C++语言的源代码,查找安全问题,并将这种方法与其他方法的扫描结果进行了对比。有些专家学者探讨了安全扫描源代码的作用与价值,认为源代码扫描工具虽然不能完全取代人工检查与编辑,但是能够为开发安全可靠的代码提供重要指导。

美国国家标准与技术研究院也研究了源代码扫描工具的作用与价值,认为源代码安全分析工具可用于检查源代码,发现和报告可能会导致安全漏洞的弱点,并把这种工具称作"软件开发期间和之后消除安全漏洞的最后一道防线"。美国国家标准与技术研究院制定发布了下列两份文件,用以帮助组织机构使用源代码扫描工具。

(1)《源代码安全分析工具功能说明书1.1版》, NIST SP 500-268, 2011 年2 月出版, 网址 http://samate.nist.gov/docs/source_code_security_analysis_spec_SP500- 268_v1.1.pdf。

(2)《源代码安全分析工具测试计划1.1版》, NIST SP 500-270, 2011 年7 月出版, 网址 http://samate.nist.gov/docs/source_code_security_analysis_tool_test_plan_ SP500-270. pdf。

这两份文件的电子版,都可从美国国家标准与技术研究院的网站免费下载。表4.28 列举了美国国家标准与技术研究院确定的一些能够得到的扫描工具。

表4.28 美国国家标准与技术研究院确定的源代码扫描工具

工具	语言	获得渠道	查找或检测	发布时间
ABASH	Bash	免费	字符串扩展错误、选项插入错误及其他可能导致安全漏洞的弱点	2012.03
ApexSec Security Console（顶级安全控制台）	PL/SQL(Oracle Apex)	Recx	Apex 应用软件、SQL 注入、跨站脚本(XSS)、访问控制、配置等问题	2010.03
Astrée	C	AbsInt	未定义的代码结构和运行时间错误,例如,超出边界的数组索引或运算溢出	2009.06
BOON	C	免费	整数范围分析,判定能否在边界之外标示数组的索引	2005.02
bugScout	Java、C#、Visual Basic、ASP、php	Buguroo	多种安全故障,例如,deprecated 注释错误、安全功能薄弱、源代码注释中敏感信息泄露等	2012.03
C 语言代码分析器(CCA)	C	免费	超出边界的数组索引或运算溢出,旨在保证无假正例	2006.04
C++语言测试	C、C++	Parasoft	内存泄露、缓冲问题、安全稳定、算法问题等缺陷,以及 SQL 注入、跨站脚本、敏感数据泄露等潜在问题	2006.04
cadvise	C、C++	HP	lint 之类的检查,以及内存泄露、空指针引用故障、受感染的数据或文件路径等	2009.03
Checkmarx	Java、C#、C、C++、VB、ASP、Apex、Visualforce	Checkmarx	开放式 Web 应用程序安全项目组织(OWASP)和三思公司(SANS)公布的各种安全漏洞;是否遵守支付卡行业及其他行业标准;能够无限定制的查询语言;精确检测零值假正例	2010.04
Clang 静态分析器	C、Objective-C	免费	报告无作用储存体、内存泄露、空指针引用故障等问题。使用"不能为空"(nonnull)之类的数据源注释	2010.08

工具	语言	获得渠道	查找或检测	发布时间
CodeCenter（代码中心）	C	ICS	错误指针值、非法数组索引、错误扩展功能、型号不匹配、未初始化变量等问题	2011.04
CodePeer（代码伙伴）	Ada	AdaCore	检测未初始化数据、指针值误用、缓冲区溢出、数字溢出、除以零、死码、并发故障（竞态条件）、未使用的变量等问题	2010.04
CodeScan（代码扫描）	ASP Classic、PHP、ASP.Net	CodeScan Labs	专门检测网页源代码安全漏洞和源代码问题	2008.07
CodeSecure（代码安全）	PHP、Java（ASP.Net soon）	Armmorize Technologies	跨站脚本、SQL 注入、命令注入、受感染的数据流等	2007.03
CodeSonar（代码声呐）	C、C++	GrammaTech	空指针引用故障、除以零、缓冲区溢出、电流不足等	2005.03
Coverity 静态分析	C、C++、Java、C#	Coverity	安全缺陷与漏洞——在减少假正例的同时，降低假负例的可能性	2011.04
Cppcheck	C、C++	免费	指针变量超出范围、界限、类别（构造器失踪、从未用过的专用函数等）、异常情况、内存泄漏、STL 函数使用出错、sprintf 函数数据重叠、除以零、空指针引用故障、从未使用过的结构构件、根据数值传递参数等。目的是保证没有假正例	2010.02
CQual	C	免费	运用类型限定符进行感染分析，检查格式字符串漏洞	2005.02
Csur	C	免费	与加密协议相关的漏洞	2006.04
DevPartner SecurityChecker	C#、Visual Basic、	Compuware	已知安全漏洞和潜在安全隐患	2006.10
DoubleCheck	C、C++	Green Hills Software	缓冲区溢出、资源泄露、无效指针参考、违反 MISRA 编程规范等	2007.07
Flawfinder	C、C++	免费	使用有风险的函数、缓冲区溢出（strcpy()）、格式字符串（[v][f]-printf()）、竞态条件（access()、chown()、mktemp()）、shell metach-aracters（exec()）、生成比较差的随机数值（random()）	2005
Fluid	Java	Call	对竞态条件、线程策略和没有假负例的目标访问进行"基于分析的检验"	2005.10
Goanna	C、C++	Red Lizard Software	存储器毁坏、资源泄露、缓冲区溢出、空指针引用故障、C++风险	2009.08
HP QAInspect	C#、Visual Basic、JavaScript、VB Script	Fortify	应用软件漏洞	2011.04

续表

工具	语言	获得渠道	查找或检测	发布时间
Insight	C、C++、Java、C#	Klocwork	缓冲区溢出、用户输入的无效信息、SQL 注入、路径注入、文件注入、跨站脚本、信息泄露、加密措施薄弱、代码易受攻击，以及质量、可靠性、可维护性等方面的问题	2011.05
ITS4	C、C++	非竞争性使用免费	有潜在风险的函数引用，进行风险分析	2005.02
Jlint	Java	免费	程序缺陷（"臭虫"）、矛盾冲突、同步问题	2006.02
LAPSE	Java	免费	协助审查 Java J2EE 应用软件，查找网页应用软件中的常见安全漏洞	2006.09
ObjectCenter	C、C++	ICS	运行时间和静态错误检测——250 多种类型的错误，包括 80 多种运行时间错误（即各个模块之间的运行时间不一致）	2011.04
PLSQLScanner 2008	PLSQL	Red-Database-Security	SQL 注入、硬编码密码、跨站脚本等	2008.06
PHP-Sat	PHP	免费	静态分析工具、跨站脚本等	2006.09
Pixy	PHP	免费	静态分析工具；只检测跨站脚本和 SQL 注入	2007.06
PMD	Java	免费	可疑的结构、死码、复制代码	2006.02
PolySpace	Ada、C、C++	MathWorks	运行时间错误、执行不到的代码	2005.02
PREfix、PREfast	C、C++	Mirosoft proprietary		2006.02
QA-C、QA-C++、QA-J	C、C++、Java	Programming Research	一套静态分析工具，能够分析 1400 条信息，检测未定义的语言特征、数据冗余、不可触及的代码等多种问题	2009.05
Quality checker	VB6、Java、C#	Qualitychecker	静态分析工具	2007.09
Rational AppScan Source Edition	C、C++、Java、JSP、ASP.NET、VB.NET、C#	IBM（前身为 Ounce Labs）	代码错误、安全漏洞、设计缺陷、违反政策等问题，并提供纠正办法	2010.08
RATS（Rough Auditing Tool for Security）	C	免费	潜在安全风险	2005
RSM（Resource Standard Metrics）	C、C++、C#、Java	M Squared Technologies	扫描可读性和可携带性等方面存在的 50 多种问题或可疑的结构，例如，添加删除关键词、分配算子（=）条件（if）	2011.04
Sentry	C、C++	Vigilant Software	关键软件缺陷，例如，存储信息访问错误、资源泄露、潜在的程序崩溃风险；假正例率比较低	2009.12
Smatch	C	免费	在放大显示的代码（主要是 Linux 系统内核代码）中查找问题的简单脚本程序	2006.04

续表

工具	语言	获得渠道	查找或检测	发布时间
SCA	ASP.NET、C、C++、C#、Java、JSP、PL/SQL、T-SQL、VB.NET、XML、以.NET 为扩展名的其他语言	Fortify Software	安全漏洞、受感染的数据流等	2006.04
SPADE	从 Pascal subset 获得转换器(翻译器),以及下述汇编程序:68020、8096、Z8002	Praxis	采用分析模型分析数据流,检验设施设备。分析模型由自动转换器利用原始源代码生成	2008.12
SPARK tool set	SPARK(Ada subset)	Praxis	模糊结构、数据流和信息错误、可用一阶逻辑表达的任何属性	2006.08
Splint	C	免费	安全漏洞和编码错误。带有注释,检查功能比较强	2005
TBSecure	C、C++	LDRA Software Technology	完全符合卡内基梅隆大学软件工程学院计算机应急反应分队的 C 语言加密编码标准。能够识别安全漏洞,确保能够执行计算机应急反应分队刚刚发布的 1.0 版 C 语言加密编码标准	2008.12
UNO	C	免费	未初始化变量、空指针引用故障、超出边界的数组索引。能够说明和检查用户确定的多种多样的属性;目的是尽可能降低假告警率	2006.02
PVS-Studio	C++	OOO "Program Verification Systems" 有限公司	是一种静态分析软件,能够检测 C、C++、C++0x 语言应用程序的源代码错误。含有 3 套规则:①诊断 64 位数错误(Viva64);②诊断并联错误;③通用诊断	2010.01
xg++	C	unk	通过系列检查,查找 Linux 系统和 OpenBSD 中的内核与设备驱动方面的漏洞等	2005.02
Yasca	Java、C/C++、JavaScript、ASP、ColdFusion、PHP、COBOL、.NET 等	免费	由 FindBug、PMD、JLint、JavaScript Lint、PHPLint、CppCheck、ClamAV、RATS、Pixy 等多种工具综合集成,功能强大、机动灵活、便于扩展功能;制定新规则非常容易,好像用正规的表达式书写规则一样	2010.03

美国国土安全部也高度重视此项课题的研究,已经开发了多种商业版源代码扫描工具,有关详情请访问网站:http://buildsecurityin.us-cert.gov/bsi/articles/tools/code/262-BSI.html。

美国国土安全部不但介绍了源代码扫描工具的潜在利益，而且揭示了这种工具存在的弱点。

(1)不0发现结构或设计方面的缺陷。

(2)不是非常适合查找系统集成方面的缺陷。

(3)分析大型系统时，功能受到一定程度的限制。

(4)不能把某个软件系统中的所有漏洞全都找出来。

因此，美国国土安全部提出建议，组织机构不应单纯依赖安全扫描工具，不应把安全扫描工具作为保障软件源代码安全的唯一手段。一家名叫"公开网页应用软件安全工程"（OWASP)的组织机构，也开发了多种安全可靠的源代码安全扫描工具，有关详情请访问网站：http://www.owsap.org/index.php/Source_Code_Analysis_Tools。

这家网站就哪些扫描工具比较好用和管用，提出了自己的看法与建议，还提出了扫描工具选用标准，以及扫描工具使用方面应当探讨和思考的问题。

4)控制措施试验

在基本单位试验、系统试验、集成试验的整个实施过程中，都应当对安全机制的功能进行测试。渗透测试和攻击模拟也是测试与检验系统集成效果的有效方法。在现场试验过程中，计划安排一些网络攻击活动也具有重要意义，不过要采取适当的安全防护措施，防止对客户及其他组织或人员造成损失或伤害。

4.4 风险抵消控制措施部署试验

不管服务、产品和基础设施构件是如何获得的(是内部开发、外部采购，还是综合集成)，都应当进行一系列鉴定性试验：

(1)验收试验；

(2)现场试验；

(3)运营试验。

进行这些鉴定性试验的目的，是为了确认将要部署的服务、产品和基础设施构件是否遵守了组织机构的安全政策、安全方案和具体安全要求。

应当把功能、性能、操作等方面的安全要求拆分为简单句型，用"应当""应该""可以""不得""不该""不可"等词语来表示命令、建议、希望、告诫等语气。安全要求通常根据所涉及的安全服务(认证、授权、数据完整性、数据保密性、不可抵赖性等)进行分组，也可采用计算功能或通信功能的分组方法进行分组。对于每套安全要求而言，都应当制定试验计划，以便明确说明将要核实的安全要求、必须确立的最低审查标准、用于核对是否遵守安全要求的具体试验等事项。试验计划中确定的每项试验，都应当用相应的试验程序进行说明。试验计划和程序的详细程度，因单位不同而不同。关键在于确认是否遵守安全要求，是制定正确的安全规划的前提和基础。

每当获得新产品、服务、改装升级设备或零部件时，不管是自己开发的、集成的还是采购的，都应当进行验收试验。验收试验不应当由运营商（包括制造商、开发商、集成商），而应由一个独立小组在"管理安全监督小组"或安全总管代表的监督下实施，并审查试验结果。

现场试验侧重于，新产品、服务、改装升级设备或零部件，部署在条件有限的现场环境中，是否依然能够达到各种安全要求并且提供所需的运营能力。适当扩大现场试验环境的范围，有利于评估分析可测量性、现场部署和后勤保障等方面的问题。操作使用、后勤保障和维护保养等相关人员，都应当参与其中。试验结果有利于制定和完善必要的产品使用程序。

运营试验用于检验组织机构的各种资源是否都准备充足，能否为大规模的部署提供有力保障。在很多情况下，运营试验应当与现场试验的后半部分结合在一起进行。

4.5 小结

风险管理是制定正确的安全治理规划的基础。判定需要采取哪些防护措施，是进行风险管理的前提和基础，也是编制资产目录的根本原因。本章对如何编制资产目录，如何确定资产的安全漏洞、可用性和风险特性，提供了具体指导原则。资产的安全漏洞、可用性和风险特性等方面的信息，可用于确定需要额外采取的技术性和程序性安全管控措施。本章还论述了风险抵消控制措施的优先权，以及应当部署或执行的新措施决策过程，接着论述了如何获取新的控制措施（是内部开发还是外部采购），最后探讨了采购问题和控制措施试验。我们将在第 5 章论述运营安全及其中的管理安全。

5 运营安全管理

本章详细地论述了运营安全管理。无论我们部署多少个安全机制，无论我们把这些安全机制部署在什么地方，如果我们不采取有效方法来管理和监督这些安全机制，那么这些安全机制仍然不会为我们提供防护。

运营安全管理依赖于技术性和程序性安全管理机制。本章集中探讨了这两个方面的问题。我们首先探讨了技术性安全管理机制，即管理类应用程序，通常指网元管理系统（EMS）、网络管理系统（NMS）、服务管理系统（Services Management System，SMS）以及这些系统与受管理的设备之间的通信。这三种类型的管理系统，有的提供主要管理功能（FCAPS 功能，即故障、配置、计费、性能和安全方面的功能），有的提供辅助管理功能。从安全角度讲，这些管理系统也属于安全管理机制中受管理的设备，同样需要采取安全管理措施，来保障安全管理机制内部活动的安全和设备之间管理通信的安全。

这些安全管理机制包含运营安全管理人员所依赖的各种专用安全工具和程序。

5.1 安全管理应用程序和安全管理通信

在探讨与安全管理机制相关的问题之前，我们先研究分析当前所管理的网络基础设施。

5.1.1 网元管理系统和网络管理系统内部安全

本书第 1 章已经介绍了网元管理系统和网络管理系统的概念。网元管理系统负责管理网络中相同的元件或同一制造商生产的元件，一般用于支撑 FCAPS 安全管理模型的运行，能够为所管控的各种元件提供接口。同时，网元管理系统还必须能够保障网络管理系统和运营支撑系统的接口安全。网元管理系统和网络管理系统的安全，主要包含以下几个方面的内容。

（1）系统认证。

（2）系统和应用程序的访问控制。

(3) 系统中客户相关信息的保密性。

(4) 创建可靠的日志文件 (最好通过系统日志机制远程保存)。

(5) 使用通信协议 (包括认证和数据完整性方面采取的稳固措施)。

网元管理系统和网络管理系统的操作系统登录认证,不得单纯依赖登录密码,应当建立强固的登录认证机制,例如,采用 Kerberos 安全机制、安全令牌 (即 RSA SecureID) 或智能卡制造的插入式认证模块 (Pluggable Authentication Module,PAM) 为密码简短、密码输入、密码词典攻击、密码监听、密码共享等方面的问题提供重要防护措施。网元管理系统和网络管理系统的操作系统,应当采取基于角色的访问控制 (RBAC) 措施,确保只有经过授权的用户才能访问网元管理应用程序和网络管理应用程序。采取基于角色的访问控制措施,无须建立超级管理员用户账户安全日志文件,还无须共享超级管理员用户账户登录密码。UNIX 或 Linux 操作系统中的访问控制位数,只能提供粗粒度控制措施,这种控制措施很容易被具有超级用户权限的人员绕开。为确保所存客户信息的保密性,网元管理系统和网络管理系统的应用程序,应当使用数据库管理系统 (Database Management System,DBMS) 来支撑选择字段加密功能,以便只有经过授权的数据库管理系统用户才能访问敏感的客户信息。如果技术高超的黑客窃取了网元管理系统和网络管理系统的操作系统管理权与访问权,就会试图篡改系统日志文件,以便隐蔽其非法活动。为保护操作系统日志文件,应当采取日志文件集中管理措施 (如远程访问系统日志文件) 以防操作系统日志文件被篡改。网元管理系统和网络管理系统的操作系统,应当提供诸如数据包过滤 (主机防火墙)、深度数据包检测 (主机入侵防护)、恶意软件扫描之类的安全防护功能。为了实现与其他管理系统和受管理元件的通信,网元管理系统与网络管理系统,应当遵守 ITU-T M.3016.0 至 M.3016.4 号文件 (建议书) 中规定的通信安全能力标准,ANSI-ATIS T1.276-2003 号文件中也规定了这些标准。为网元管理系统和网络管理系统的北行接口提供安全可靠的防护能力,并不是棘手问题,因为网元管理系统和网络管理系统的产品,大多数在技术方面已经实现或能够实现标准化,例如,IPsec、TLSv1、SSH、加密的 XML 等技术。大多数情况下,网元管理系统和网络管理系统的操作系统应用程序,能够与 IPsec 技术相兼容,以便网元管理系统和网络管理系统无须进行代码转换就可支持经过认证的通信信道,这是第一要务。唯一需要注意的是,网元管理系统和网络管理系统的应用程序应当能够在主机操作系统中安装。保证网元管理系统和网络管理系统的南行接口安全,才是重大问题。制造商使用的远程管理协议多种多样,都有各自不同的问题。对网络单元的通信进行远程安全管理,既会增加网络设备的总费用,也会提高网络设备的复杂性。

5.1.2 电信管理网安全

本书第 1 章已经介绍了电信管理网的概念。ITU-T M.3016 号系列文件,说明了电信管理网各个层中诸多元件的安全问题。M.3016 号系列文件考虑了安全管理指令和通信监控措施,这些指令与措施用于保护资产(即计算机、网络、数据及其他资源)免遭非法访问、非法使用及其他非法活动。数据损毁、拒绝服务、盗用服务等,仅仅是安全事故导致的一些结果。表 5.1 说明了常见威胁的分类和示例。系统管理员和网络管理员,应当保护好系统及其构件,防止遭到内部用户、外部用户和网络攻击者的破坏。安全问题涉及运营、物理、通信、处理、人员等诸多方面内容,我们在此处只探讨常用配置和技术方面固有弱点所导致的一些安全问题。常见威胁主要包括泄露信息、非法使用信息、篡改信息、拒绝服务等。

表 5.1　常见威胁分类和示例

威胁分类	威胁示例
非法访问	黑客攻击
	非法访问系统以发动攻击
	盗用服务
冒名顶替	会话重放
	会话劫持
	中间人攻击
危害系统完整性	非法操控系统配置文件
	非法操控系统数据
危害数据完整性	非法操控数据
危害数据保密性	窃听
	记录和泄露会话
	侵犯授权
拒绝服务	TCP SYN 洪泛攻击
	ICMP ping 攻击
	畸形数据包攻击
	分布式拒绝服务

M.3016 号系列文件着重说明了应用程序管理平面活动的安全和能够确保以安全方式管理网络的安全特征。下面列出了能够破坏管理平面的部分威胁。

(1)合法用户或网络攻击者无意或故意做出的不当行为。

(2)绕开或瘫痪控制平面安全协议(信令、路由、命名、发现等协议)。

(3)管理专用协议中的缺陷和漏洞。

(4)恶意程序(植入网络和系统的病毒、特洛伊木马、蠕虫及其他恶意代码)。一旦恶意程序成功破坏网元管理系统和网络管理系统,就会通过安全网络通信线路向其他网元管理系统和网络管理系统传播并发动攻击，直到网络管理员发现并清除发动攻击的恶意程序。

表 5.2 列举了 M.3016 号系列文件提出的安全管理基本指导原则。

表 5.2 设计时应当考虑的基本指导原则

指导原则	说明
隔离	把管理通信与客户通信相隔离
有效安全政策	系统架构遵守的安全政策，必须具备可解释性、灵活性、可执行性、可审查性、可核对性、可靠性、可用性等
强有力的认证、授权和记账（AAA）措施	对获得认证的实体之间经过适当授权的对话进行可靠的记账
考虑既定成本的最大利益	采用普遍可获取的和广泛使用的标准化安全机制来提高安全，以便借鉴历史经验对安全机制进行评估分析
发展完善路线图	结合科学技术和安全机制的发展趋势，考虑提高与完善网络管理安全的下一步措施，以便达到新确定的安全要求
技术可行性	必须适用于当前可用的产品、方案和技术
日常管理规程	应当遵守确保网络管理良好运行的操作程序
公开发布的标准	运用国际标准组织公开发布的已经成为标准或正在成为标准的思想和理念。应当综合考虑公开标准的各个方面内容（如系统、协议、模式、算法、选项、密钥、编码等）

5.1.3 运营支撑系统安全需求

正如本书第 1 章所讲，运营支撑系统是协助运营商管理服务，共享信息，处理订单与账单，维护服务系统，报告新客户需求的计算机化和自动化系统。运营支撑系统是用于管理上述业务的各种软件系统的统称，不过该系统最初起源于语音服务系统，后来逐渐发展成为能够支持语音、数据、应用/表示层等多种功能。

运营支撑系统只不过是一种基于软件运行的、在安全方面具有自身特点的复杂系统，不仅有一套独特方法提供管理政策和管理权限，还有一套独特方法处理数据完整性与数据保密性问题。尤为重要的是，每个运营支撑系统在提供下列安全能力方面，都有自己独特的模型：

(1)用户级别的访问与认证；

(2)访问控制；

(3)安全与用户行为日志。

自问世以来，运营支撑系统已经采用多种方法通过多种硬件与软件服务来运行。第一代运营支撑系统是物主所特有的、集显示功能和应用功能于一体的主机系统，而比较新型的运营支撑系统采用的是开放系统和客户服务器模型，把显示功能与应用功能完全分开，每种功能根据所提供的服务都有自己的安全管理级别。例如：

(1)运营支撑系统应用软件的功能是维护具体管理信息,管理运营支撑系统的各种活动，即管控管理员和用户的行为，管控应用层北行(朝向其他管理系统)接口和南行(朝向网络管理系统、网元管理系统和各种元件)接口;

(2)人机接口功能可由另一种软件(如网页服务器应用软件)来提供,该种软件在同一个运营支撑系统上运行，能够与不同计算机上运行的用户代理应用软件(如网页浏览器)进行通信,使用户能够通过未加密网络的通信信道与应用软件的功能进行交互。

由于采用各种各样的体系结构与系统构件,运营支撑系统内部和相互之间的安全管理变得越来越复杂，其复杂程度主要取决于不同平台的总数量以及每个平台如何提供或展示服务。

1. 订单输入与业务工作流程

运营商所开展的以客户为主的任何一项工作,第一步都是通过电话中心客服人员接收订单，并把订单输入到开始为客户提供服务的系统中。订单可通过多种不同的输入端口显示出来。一种方法是，客服人员通过图表式用户接口(如网页浏览器)或文本式终端接口手动输入订单信息。另一种方法是客服人员通过大规模交换网关手动输入订单信息。大规模交换网关只不过是一种信息交换机，使竞争性本地交换电信公司(CLEC)、数据本地交换电信公司(DLEC)与运营商之间能够进行联系、交流和沟通。这种方法采用多种传输机制[如公共对象请求代理体系结构(Common Object Request Broker Architecture，CORBA)、可扩展标记语言(XML)网页服务、批处理文件等]传递经过认证的数据。

从安全角度讲,这些信息交换机应当使用非对称配对密钥对提供终端认证。公开密钥应当使用企业公钥基础设施签发的 IEEE X.509 标准数字证书中的封装协议进行加密，并在本地的信息交换机中保存相对应的私人密钥，确保每次申请公开密钥时，申请者和提供者的身份合法。应当使用公钥基础设施为申请公开密钥提供单点访问，并确保公开密钥真实可信。切记，公钥基础设施只负责把公开密钥与其用户身份绑定在一起，并不负责对公开密钥用户的身份进行直接认证。与外部公司打交道时，单一信任模型并非总能适用，因此，运营支撑系统应当能够支撑多种信任模型，例如，证书颁发机构交叉认证的证书和单根节点分层逐级认证树形结构。认证中心签发远程伙伴提供的证书时，采用这种方法可以控制与其他运营商打交道时的安全等级。安全等级因接口和所传数据的敏感性不同而不同。应当指明的是，对于大规模交换网关而言，不能总是通过专用网递交申请，考虑申请内容中含有客户保密信息，应当对潜在网络传输机制(协议)进行认证和核查，并采取保密措施。

一旦订单输入到运营支撑系统中,就进入了业务流程。相关负责人将会按照业务流程把订单传送给所有需要处理订单的系统。从订单输入系统至其他运营支撑系统，之间有多种多样的通信方式。每个运营支撑系统通常只提供自己的加密通信方法，否则就是没有自己的加密通信方法。

订单输入系统和订单处理系统应当按照业务流程在本地信息库中保存好所有客户的详细信息、网络信息、从原始订单开始有关订单的任何详细信息。这些信息具有高度敏感性，应当进行备份并采取与其安全级别相称的保密措施。本地订单和外部订单都应当保存在长期存储系统中，并对系统进行安全审计与安全日志，确保数据的不可抵赖性和完整性。

2. 供应和激活服务

处理完订单之后，下一步就是确保有必需的网络资源能够向客户提供所申请级别的服务。如果没有这些资源，则必须对网络进行修改以便支持新的服务。只有负责供应和激活服务的运营支撑系统，才具备这种级别的功能。如果负责供应的运营支撑系统判定有足够的资源，就会分配或锁定这些资源，把申请的服务发送给激活模块进行实时处理，以便为所申请的服务提供支持。负责供应的运营支撑系统自始至终保持着网络总体评估能力，并为负责试验和故障管理的运营支撑系统提供网络总体评估详细信息，以便启动对新服务的查询，在合适的地方输入正确的工作单。

应当注意的是，此时的供应称作服务层次的供应。还有一种供应是基础设施层次的供应，这种供应是提交服务信息之前进行的。采购新设备并妥当安置在中央设备室之后，必须建立物理连接，设备之中还必须有保障性资源来支撑自动流程的供应。

负责供应的运营支撑系统分配和锁定资源之后，负责激活的运营支撑系统开始接管，直接通过不同类型的协议和堆栈，与网元管理系统、网络管理系统或网络(服务)单元进行通信。每个协议和堆栈都有各自不同的安全要求与安全需求。应当对全球网络态势评估信息进行安全管控，务必确保这种信息的安全。也就是说，要严格控制能够修改全球网络态势评估信息的人员，正确判断这些信息是从计算机与计算机接口界面显示出来，还是从用户与计算机接口界面显示出来。网络、安全要求和安全措施等发生任何变化，都应当进行审查并长期保存审查结果，以便日后查找信息，进行网络修复与还原。进行审查时，应当注意审查信息和数据的完整性、不可抵赖性，最好还要审查通用安全日志。

3. 测试服务

负责激活和供应的运营支撑系统提交新服务信息之后，所有必要的客服信息就会传递到负责测试的运营支撑系统，并明确要求核查新服务信息的完整性。然后，负责测试的运营支撑系统进行具有破坏性或不具有破坏性的测试，确保实际提供的服务达到预期效果。负责测试的运营支撑系统还会接收到另一种形式的要求：运营商提供一份工作单或故障单，要求查明客户反映的服务问题。负责测试的运营支撑系统用于判定什么地方容易发生故障或发生了故障。应当通过保密通信信道(即北行接口)，向负责测试的运营支撑系统递交要求测试的服务。负责测试的运营支撑系统应当从新客户的角度测试整套服务。考虑这种测试有时会影响服务，必须遵照安全政策和管理权限进行测试，确保所要求的测试合法，以免破坏服务。

4. 故障管理服务

所提交的服务经过测试证明能够正常运行之后，就会传递到负责故障管理的运营支撑系统进行监控，确保服务总能正常运行。任何时候发生任何故障，负责故障管理的运营支撑系统就会向相关工作人员报警，由相关工作人员调查问题，排除故障。

提交和测试服务之后，整个服务次序与保障服务的基础设施整体布局就会传递给负责故障管理的运营支撑系统。应当对所输入的信息进行认证并保存起来以便监控。这些数据属于敏感信息，应当采取必要的安全管控措施，确保数据免遭有意破坏或无意破坏。

负责故障管理的运营支撑系统，监控着保障各种服务的所有资源。大多数情况下，负责故障管理的运营支撑系统与网元管理系统、网络管理系统进行通信联络，或者直接与网络单元进行通信联络。这些通信接口都必须经过认证和授权，确保只准许合法用户访问。

单靠 1 个运营支撑系统，并不能保障所有服务的故障管理。因此，应当使用多个运营支撑系统来保障各种类型的服务基础设施构件的故障管理。管理网中有很多地方对服务进行分层管理。发生问题时，负责监控的运营支撑系统必须进行协调，根据发生问题的服务层及其资源配置情况，确保把故障单发送给适当的网络运营中心(NOC)。这就意味着，负责故障管理的所有运营支撑系统，都必须相互之间通信联络和共享数据。因此，应当对共享数据所用的通信信道进行认证并采取保密措施。

5. 账单

订单完成之后，有关订单的信息就会发送至负责账单的运营支撑系统，以便把客户订购服务必须支付的费用信息发送给客户。这些信息属于财政信息，需要进行适当级别的认证与授权。账单信息中含有密级相当高的客户信息，一旦泄露，就有可能导致客户被冒名顶替、上当受骗及其他方面的损失。

6. 工程/目录

为客户提供任何一种服务，都需要安装和管理多种网络元件。负责工程/目录的运营支撑系统，保存着每个新设备(元件)的详细信息(包括具体型号、编码、所在位置等)，并把这些信息传递给负责供应的运营支撑系统，以便与负责供应的运营支撑系统和网络单元保持同步，确保新设备能够马上为客户提供服务，投入使用。负责供应的运营支撑系统，需要掌握资产方面经过认证的详细信息。负责征询信息的网络工程师询问这方面的信息。两个运营支撑系统之间应当建立相互协同的认证机制和访问控制机制。

7. 工作单/问题反馈系统

如果客户打电话向运营商反映问题，那么问题反馈系统就会生成一份问题报告单，并在各种保障机构传阅，这些保障机构将会修理故障，纠正问题，密切监控问题处理情况，直到解决问题。问题反馈单在问题存在期间随时都可访问。尤为重要的是，客户每天向有关管理部门(特别是联邦通信委员会和公共设施委员会)报告的问题发生次数和问题持续时间等情况，有可能导致运营商被罚款或停业整顿。对于任何一个运营支撑系统而言，认证与访问控制是防止假投诉的重要手段。假投诉会浪费大量的人力、物力和财力。更为重要的是，应当对问题反馈单所反映信息的真实性和有效性进行核查。长期保存的信息以及客户报告的信息都必须经过适当认证，并用安全可靠的时间源打上时间戳，确保证据效力的持久性和不可抵赖性。

8. 外部设施管理

外部设施(Outside Plant，OSP)管理，不但涉及用于管理中央办公室外部劳动力的系统(如工作单/问题反馈系统)，而且涉及协助这些劳动力履行职责的辅助系统。因此，把工作要求输入到负责外部设施管理的运营支撑系统时，应当先进行认证再进行处理。工作要求有些来自负责处理工作单或问题反馈单的运营支撑系统，有些来自负责供应的运营支撑系统。有很多辅助系统用于协助负责外部设施管理的工作人员。例如，全球定位与跟踪系统能够保证每个工作小组的位置和持续时间。移动设备除了能够让客户进行订购和退订服务，检测服务中断问题，进行认证与访问控制，还具有保密能力与防盗机制。

5.1.4 反思国际电信联盟以往的安全管理做法

每当部署安全机制时，都需要具备某些类型的管理能力。安全管理涉及安全机制管理。安全机制管理的目的如下。

(1)提高运营效率，采用统一的方法管理基础设施中的安全服务或安全功能。

(2)降低与安全管理相关的运营复杂性和运营培训费用。

(3)在安全管理期间提高运营生产率，减少运营失误。

(4)推动和促进通信与服务基础设施快速发展。

然而，正如本书第 1 章所讲，ITU-T X.800 号文件在论述所必需的安全管理能力时，仅仅列举了系统安全管理、安全服务管理、安全机制管理等一些类型的安全管理。在系统安全管理方面，存在下面几个方面问题。

(1)没有进一步详细说明安全总政策管理。

(2)没有进一步详细说明与其他管理功能的交互。

(3)没有进一步详细说明与受管理元件的安全服务控制措施的交互。

(4)处理安全事件管理，只是简单说明了该方面包括报告、告警、安全阈值管理。

(5)安全审计管理，只是简单说明了该方面包括安全事件日志、远程审核日志、收集报告事件。

(6)安全恢复管理，只是简单说明了该方面包括管理可疑的安全事件、安全恢复规则、远程报告、管理员活动。

在安全服务管理方面，并未进一步详细说明下面几个内容。

(1)判定和分配服务安全防护机制。

(2)管理服务安全防护机制的挑选规则。

(3)协调可用的安全机制。

(4)调用安全机制。

(5)与其他安全管理功能的交互。

在安全机制管理方面，存在下面几个问题。

(1)密钥管理，只是简单说明了该方面包括通过密钥分配中心或手动机制,生成、分发、更换非对称密钥和对称密钥。

(2)加密管理，只是简单说明了该方面包括与密钥管理功能的交互、选用算法、对称加密同步、管理加密参数。

(3)数字签名管理，只是简单说明了该方面包括与密钥管理功能的交互、选用算法、使用协议、第三方使用、管理加密参数。

(4)访问控制管理，只是简单说明了该方面包括分配安全属性(包括访问控制表或访问能力列表)、使用与访问控制相关的协议。

(5)数据完整性管理，只是简单说明了该方面包括与密钥管理功能的交互、选用算法、使用协议、管理加密参数。

(6)认证管理，只是简单说明了该方面包括分发认证证书(即密码、口令、数字签名及其他经过加密处理的信息)、使用与认证相关的协议。

(7)通信量填充管理，只是简单说明了该方面包括管理安全特性所用的数据速率、通信量填充机制、消息特性等规则。

(8)路由控制管理，只是简单说明了该方面包括根据具体标准选用链接或子网。

(9)公证管理，只是简单说明了该方面包括分发公证信息、公证各方之间的交互、使用与公证相关的协议。

ITU-T X.800 号文件条款 8.4.3 认为："数字签名管理与加密管理之间大同小异。"实际上，运用数字签名实现对等实体认证和数据完整性，只不过是非对称加密的一种特殊用法，不应当与加密管理区分开来，而且加密管理基本上也是运用加密算法实现数据源认证、数据保密性和数据完整性。ITU-T X.800 号文件条款 8.4.5 认为："采用加密技术实现数据完整性时，数据完整性管理与加密管理之间大同小异。"实际上，数据完整性总是依赖于采取安全防护措施的消息摘要算法。可采用下面 3 种方法来保证数据完整性，即接收纯文本信息。

(1)消息摘要(哈希算法)是运用选定的哈希算法，处理带有共享对称密钥的纯文本信息的结果。

(2)对称加密消息摘要是运用选定的哈希算法，处理纯文本信息的结果。

(3)基于私人密钥的非对称加密消息摘要(数字签名)是运用选定的哈希算法，处理纯文本信息的结果。

从上面可以看出，消息摘要可直接用共享密钥进行保护，也可用共享密钥与对称加密算法进行保护，还可用私人密钥和非对称加密算法进行保护。因此，密码加密、数字签名与数据完整性之间的密钥管理需求没有多大差别。

下面有些观点值得思考。

(1)在商业环境中，通信量填充不再算作一种安全机制。

(2)在商业环境中，路由控制不再算作一种安全机制，除非在配置 IPsec 协议安全政策时，明确规定使用专用通信系统之间的 IPsec 协议。

(3)在商业环境中，公证服务/机制这个概念已经被忽略，不过有些专家学者认为，公钥基础设施或分布式身份管理能力可能与这个概念有关。

ITU-T M.3050 号系列文件《增强型电信运营图》(eTOM)并未把安全管理和安全机制看作"战略、基础设施和产品"流程区或"运营流程区"的一部分，只是重点论述了"企业管理流程区"和"企业风险管理"方面的安全。因此，《增强型电信运营图》并未从运营的角度说明安全管理，除了 ITU-T X.800 号文件中已经说明的内容，并未进一步详细说明与安全管理相关的内容。ITU-T 为管理下一代网络而发布的 M.3060 号文件，建议参照 ITU-T X.805 号和 ITU-T M.3016 号文件进行安全管理，然后说明：为了解决下一代网络(包括管理平面)安全管理工作的复杂问题，应当利用运营系统把各种安全服务、安全机制和安全工具的应用程序实现自动化，从而实现安全管理流程自动化。这种运营系统所需要的安全要求和体系结构，也称安全管理系统(Security Management System，SMS)，有待进一步研究(ITU-T M.3060 号文件条款 9.5)。

我们已经探讨了 ITU-T M.3016 号文件，现在开始探讨 ITU-T X.805 号文件。ITU-T X.805 号文件构建了端到端网络安全的框架结构，解释说明了"安全维度"这一概念，该概念涵盖 8 个方面安全。ITU-T X.800 号文件，说明了访问控制、认证、数据保密性、数据完整性、不可抵赖性等 5 种安全服务功能，与 X.805 号文件中的"安全维度"功能相一致。X.805 号文件说明了另外 3 个安全维度。

(1)通信安全主要应用于军事安全环境中，在商业环境中的价值还有待证实。

(2)可用性揭示了安全与网络可用性之间的关系。

(3)隐私安全。不应当把隐私安全视作某个主体对有关该主体的信息进行访问控制所要达成的目标。

X.805 号文件把电信网划分为 3 个层：基础设施安全层、服务安全层、应用安全层，每个层由多种设备和设施组成。

X.805 号文件还界定了 3 种安全平面：管理安全平面、控制(信号)安全平面、终端客户安全平面，用于表示每个层都会发生的 3 种防护活动。

然而，X.805 号文件只是把安全管理看作管理安全平面的一部分，并未详细说明安全管理。M.3060 号文件条款 9.5 中所说的第三个方面的安全需求"安全管理系统"，将在 5.1.6 节论述。M.3400 号文件(见本书第 1 章所述)围绕预防、检测、遏制、恢复/还原、安全管理等概念论述了安全管理，迄今为止，是国际电信联盟电信标准部文件中对安全管理论述最为详细的文件。但是，正如本章第 1 章中所指出的那样，M.3400 号文件并未对如何提供安全管理能力提供指导。

5.1.5 安全服务和安全机制管理简介

下面对系统(包括受管理的设备和相关的管理系统)及其之间相互通信所必需的安全服务和安全机制进行简要介绍。

1. 密钥管理

密钥管理是一种至关重要的安全服务。使用非对称密钥作为对等实体认证的基础极其重要，而共享对称密钥对于有效地保护数据的完整性和保密性至关重要。正确管理集中使用对称密钥和非对称密钥，能够大幅度地降低公司推出新服务的复杂性，降低公司内部身份重复甚至身份识别错误的可能性。除了集中存放密钥，钥匙圈、配制与备份密钥、密钥自动升级、密钥签名管理等正确的密钥管理方法，都是至关重要的安全服务。应当通过公钥基础设施分配和管理非对称公开密钥。应当尽可能地使用安全协议(如 IPsec、TLS/SSL、SSH)动态生成对称共享密钥，如果安全协议不具备动态密钥生成能力，则依靠 Kerberos 之类的密钥分配中心(KDC)系统生成密钥。

2. 不可抵赖性

由于数据在运营商和批发商的系统之间来回传输，双方发出的请求信息具有防抵赖能力十分重要。当今已经采用大量技术（如 IPsec、TLS、SSH）来保证数据的不可抵赖性，但是仍旧需要开发一个一体化的系统，来集中管理加密数据和数字签名的档案文件，并把数字签名所用的密钥正确归档。

3. 时间戳

使用加密时间戳非常必要。应当使用加密时间戳来保障安全审计日志、密钥管理、公证、数据完整性等诸多方面的安全服务。所有管理系统和受管理的元件，应当有一个共用的、可认证的、高质量的时间源，以便实现安全审计日志与安全告警之间的同步。让诸多设备的系统时间保持同步，常用的一种方法是"网络时间协议"（NTP），RFC 5905 提供的是第 4 版"网络时间协议"（NTPv4），以前的 RFC 1305 提供的是第 3 版"网络时间协议"（NTPv3）。NTPv3 已经使用了很多年，由于缺乏密钥管理能力，组织机构很少使用该协议的消息摘要和基于密钥的认证。NTPv4 能够与 NTPv3 兼容，是目前普遍使用的版本，也是最新版本。

4. 权限和策略管理

由于系统以默认模式对用户或管理员的身份进行认证和授权，采用统一方式管理用户或管理员的权限与身份，成为越来越棘手的问题。如果能够把下列方法实现标准化，就可利用统一的安全管理机制减少错误，慑止恶意活动。

(1)唯一认证方法，如唯一签名。

(2)创建用户或管理员身份的唯一方法。

(3)使用标准化的职责分工。

这种安全管理不但有利于降低管理工作强度，而且有利于降低发生错误或灾害的概率。这种安全管理还能减少在网络中建立新身份对应关系所需时间量，并且能够立即取消访问能力或权限。权限管理也能授权他人代理履行安全管理责任，不管出于何种理由授权他人执行何种任务，都能确保工作流程连续顺畅，没有漏洞。在受管理设备数量日益增多的情况下，如果采取单点控制措施，就能够集中统一地进行权限安全管理。

5. 数据保密性和完整性

对于大多数商用系统而言，数据保密性方面的安全管理能力，在重要程度上，比不上认证、授权、数据完整性方面的安全管理能力，除非数据中含有个人识别信息（PII）或法规明确要求必须保密的信息。对数据保密性和完整性方面的安全机制进行监控和管理，非常重要。不但要保证通信信道的保密性和完整性，而且要保证管理数据的保密性与完整性。

6. 审计与日志

管理设备和管理系统，大多数都会生成大量的安全日志与安全审计跟踪数据。应当采取单点控制措施，集中收集和保存这些数据，并采取单点联络措施，确保适当地清除一些数据和长期保存一些数据。该方面的核心安全管理能力是能够自动报告审核情况的远程系统日志(syslog)和安全信息与事件管理(Security Information Event Management，SIEM)工具。

7. 入侵检测与防护

任何组织机构的网络和主机设备都有可能成为外界入侵的目标。有能力检测和反击入侵，对于保护系统中的敏感数据极其重要。因此，妥善管理入侵检测与防护系统，保证这方面的安全政策连贯一致，至关重要。入侵检测与防护技术，远远超出了静态数据包过滤(防火墙)技术的范围。防火墙是管控企业网与子网之间及其内部网络通信流量的一种非常有效的方法。但是，很多形式的网络攻击是利用有效的和经过批准的应用协议发动的，而防火墙根本检测不到这些网络攻击。基于网络、基于主机的入侵检测与防护系统，都能够应对诸多形式的网络攻击，是一种主要的安全防护工具，特别实施集中统一管理时，所发挥的效果更好。

8. 恶意软件检测

有能力检测、清除或隔离恶意软件对网络安全至关重要。病毒、蠕虫及其他恶意程序非常危险，很有可能感染计算机系统，对网络安全构成极大危害。从一般性的网络活动，到移动载体(如 U 盘、CD 光盘、DVD 光盘)，再到个人设备(很多公司允许员工使用个人设备)，其中有很多恶意软件可以利用的进入点。因此，安装防恶意软件的应用程序，来监控受管理设备和管理系统非常必要，特别是对允许员工使用个人设备的公司而言。这些防恶意软件的应用程序，应当采用集中方式进行管理，包括集中管理软件和防恶意软件程序的数字签名及其他检测规则。

这一方面的安全管理还可采用一种方法：采用扫描技术，对预接入网络基础设施的设备(包括个人设备)进行远程扫描，直到扫描后未发现恶意软件，才准许该设备接入和使用网络基础设施。

9. 安全可靠的软件分发

企业网络中使用的操作系统和大多数应用软件，都会定期安装新版本、升级包和补丁程序。有些管理系统能够向各种元件自动分发和安装设备运营商提供的升级软件。在任何情况下，对软件安装方面的数据完整性进行管理非常重要。销售商出售某种软件时，应当提供该种新软件、升级包或补丁程序的公证书，通过哈希算法进行消息摘要或数字签名，确保所安装软件的合法性，即所安装的软件正是运营商提供的正版软件。一旦新发布的软件通过验证，应当先安装在测试环境中测试其运行情况，确保在生产环境中运行时不发生故障。软件经过验证和测试之后，应当运送到企业的软件库中，然后通过软件库分发给生产设备。每个生产设备应当使用最初检验运营商提供的新软件时所用的相同的哈希码算法消息摘要或数字签名机制，对来自软件库的软件升级包进行验证。

5.1.6 安全管理框架结构

ITU-T M.3060 号文件条款 9.5 论述的第三个方面内容是"安全管理系统"这一概念。我们在此处集中探讨这一概念。M.3060 号文件发布后不久，有关这一个概念的研究工作就获得重大进展，从而推动 ITU-T 于 2008 年发布 M.3410 号文件。M.3410 号文件参照 ANSI-ATIS 0300074.2006 号标准，说明了安全管理系统功能方面的要求。M.3410 号文件拓展了安全管理概念的内涵，使这一概念增加了下面几个内容。

(1)管理员登录账户管理。

(2)管理员认证证书管理。

(3)攻击识别/辨别。

(4)安全服务机制配置管理。

(5)网络元件的缺陷和弱点分析。

后面将逐一探讨这几个方面内容。

M.3410 号文件旨在为一整套安全管理功能构建一个框架结构，这套安全管理功能把企业已经具备的安全管理机制全都考虑在内。图 5.1 描绘了安全管理系统框架结构中的功能群。我们先在此处探讨下面几个功能群，其他功能群将在后面探讨。

(1)通信接口。

(2)管理员接口。

(3)安全管理信息。

通信接口功能群由多种多样的功能实体组成，这些功能实体能够支持基础设施中各种型号的受管理设备和系统进行通信所需要的多种不同的协议。该功能群能够支持多种版本的简单网络管理协议(SNMP)，还能支持 XML、Telnet 或 SSH、基于 HTTP 的网页交互等远程管理方法。管理员接口功能群由多种多样的功能实体组成，这些功能实体能够支持多种多样的用户接口，例如，简单命令行、HTML/XML 网页及其他类型的人与系统之间的通信接口。

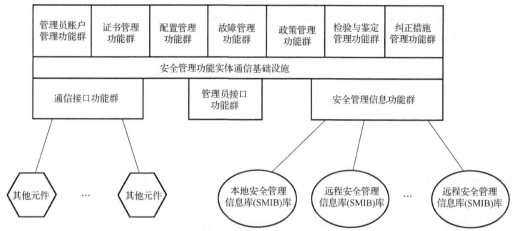

图 5.1　安全管理系统各种功能的组织结构

安全管理信息功能群，负责保存安全管理系统其他功能所使用的管理信息。因为安全管理系统很有可能与现有管理系统一起部署，而现有管理系统已经具备管理信息保存功能，所以安全管理信息功能群应当提供下面两个方面的功能。

（1）保存本地安全管理系统的管理信息。

（2）跟踪和访问现有的网元管理系统、网络管理系统、运营支撑系统及其他管理系统所保存的信息。

安全管理系统将会扩大现有管理系统的功能，提供一个通用方法来管理基础设施中各种构件的安全。图 5.2 描绘了安全管理系统与现有管理系统构件之间的关系。

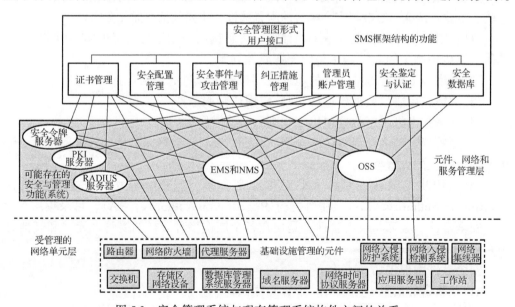

图 5.2　安全管理系统与现有管理系统构件之间的关系

下面我们探讨安全管理系统的其他几个功能群。

(1)认证证书管理。

(2)安全配置管理。

(3)安全事件、故障与攻击管理。

(4)纠正措施管理。

(5)管理员账户管理。

(6)安全鉴定与认证管理。

认证证书管理包括创建、存档、分配和吊销数字证书，用于支持各个层次多种多样的受管理元件的认证与授权，主要包括下面几个内容。

(1)处理主体申请认证型 X.509v3 证书，生成公开密钥和私人密钥，创建组织机构的公钥基础设施、加载资源库、保存和吊销证书。

(2)组织机构的电子密钥管理部门生成、安全分配、存档和吊销认证用共享非对称密钥。

(3)处理主体申请授权型 X.509v3 证书，生成公开密钥和私人密钥，创建组织机构的公钥基础设施、加载资源库、保存和吊销证书。

尽管电子设备的数字证书和相关私人密钥也需要进行认证证书管理，但是认证证书管理这一功能并不局限于基于公钥基础设施的证书管理，还能与现有的证书系统(如安全令牌、RSA SecureID 产品、RADIUS 服务器、认证本地设备所用的证书)进行交互，并管理现有的证书系统。

安全配置管理包括在各个层次多种多样的受管理元件和其他管理系统中，创建、存档、下载、认证、更改与安全相关的配置属性，主要包括下面几个内容。

(1)把组织机构的安全政策采用计算机可解读的规则进行解释说明，并调查跟踪其他组织机构制定的与安全相关的配置属性规则。

(2)网络和主机源地址、目的地址及端口数据包过滤规则(防火墙)。

(3)网络应用协议数据包过滤规则(应用代理服务器)。

(4)网络和主机深度数据包检测规则(入侵检测与防护)。

(5)受管理元件内部目标访问规则、认证、授权、数据完整性、数据保密性，记录和报告默认的配置参数。

(6)组织机构默认的对称和非对称加密参数、属性、算法、证书签发机构(Certificate Authority，CA)、注册机构(Registration Authority，RA)、目录等。

安全事件、故障与攻击管理，是指在各个层次多种多样的受管理元件和其他管理系统中，执行下列活动。

安全事件管理包括：

(1)接收事件信息——收集、报告和存档；

(2)受管理元件日志的收集、报告和存档(可采用远程"系统日志"管理系统和客户端)。

安全故障管理包括:

(1)分析事件中的攻击征兆;

(2)分析日志中的攻击征兆;

(3)生成、分发、跟踪和记录告警信息。

攻击识别/减缓管理包括:

(1)识别基础设施正在遭受或刚开始遭受的网络攻击;

(2)跟踪网络攻击(类似于故障单管理)。

可使用安全事件管理(SEM)和安全信息与事件管理工具,与现有管理系统的功能区进行连接和交互。

纠正措施管理,与"安全事件、故障与攻击管理"中的"攻击/减缓管理"进行交互,旨在保障系统生成建议书,说明如何隔离、封堵或减缓基础设施正在遭受或刚开始遭受的网络攻击。通过发布具体的重新配置指令,自动采取隔离、封堵或减缓措施,纠正措施管理还可与安全配置管理进行交互。

管理员账户管理,包括管理员账户的创建、存档、下载、认证和更改,各个层次多种多样的受管理元件的相关权限与属性,主要涉及下面几个内容。

(1)创建个体管理员用户的账户。

(2)明确说明管理员用户的标识符。

(3)重新设置管理员用户的密码。

(4)明确规定和维护管理员用户的访问权限。

安全鉴定与认证管理,与使用外部工具和系统相互协同,主要包括下面几个内容。

(1)审核受管理元件与安全相关的配置属性。

(2)对受管理元件进行渗透测试。

(3)基于网络的入侵检测。

(4)检查审核受管理元件是否遵守组织机构的安全政策。

这种管理功能将会与主机和网络扫描工具(如 ISS、Nessus、SAINT)、配置改动检测工具(如 Tripwire、OSSEC、AIDE、Samhain)实现交互。

尽管 M.3410 号文件明确说明了安全管理系统在该方面的安全要求,但是当前仍没有商用产品能够提供遵守 M.3410 号文件标准的安全管理系统。不过,在今后几年中,我们有望在市场上购买到基于 M.3410 号文件标准开发的商用管理应用软件。

下面开始探讨工作人员操作、管理和维护组织机构的信息处理与通信基础设施时应当遵守的安全机制、流程、规程等。

5.2 安全运营与维护

运营安全(OPSEC)着重于遵守组织机构的信息安全规划和政策。对作业安全至关重要的是,制定全面周密的《安全运营规程》,并结合形势的发展变化适时进行调整。《安全运营规程》不但要得到高层管理者的支持,而且要有高层管理者参与其中(见本书 3.4.1 节所述)。

5.2.1 安全运营规程

《安全运营规程》旨在确保遵守各项业务要求、政策声明和具体的安全规章制度。组织机构不应当认为《安全运营规程》把与安全相关的所有政策法规全都包含在内,也不应当把《安全运营规程》看作安全总规划。《安全运营规程》只不过是联系交流、调查跟踪、监督指导企业贯彻落实安全政策、法规与标准情况的一种规划。这种规划不是一个静态过程,而是一个周而复始的循环过程(图 5.3)。安全政策、法规和标准等推动着安全要求的发展,安全要求推动着安全机制的选择、部署和运行,每个循环过程的最后一个阶段是检查审核是否符合或遵守安全要求。

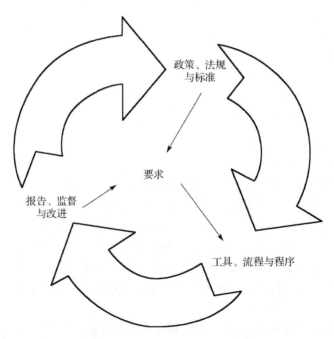

图 5.3 安全政策、法规与标准遵守情况核查流程的重要阶段

企业安全治理规划及相关的政策性文件,应当明确说明如何检查审核是否遵守企业的安全政策、法规和标准,并提出具体安全要求。所提出的安全要求,应当具有长效性,尽可能不受技术发展影响,并每年度进行审查。在这方面有一个很好的参考资料是三思(SANS)公司的《政策规划》,可从下列网址免费下载:http://www.sans.org/resources/policies/。

检查审核工作中主要使用的一些法规和标准有以下几个。

(1) HIPAA 法案(1996 年)。

(2) SOX 法案(2002 年)。

(3)《支付卡行业数据安全标准》(PCI DSS)。

(4)《个人验证信息法》(美国已有 46 个州制定颁布了这种法律)。

(5) FISMA(2002 年)。

制定的安全遵守程序应当符合以下几点。

(1)更加详细明确地说明安全要求,因为作业人员要严格遵守这些规程。

(2)明确说明必要的技术或流程细节。

(3)每年度进行审查,或者随着技术发展变化进行修订。

在遵守政策、程序和规定工具方面,非常好的一些参考资料可从下列组织机构的网站免费下载。

(1)美国国家标准与技术研究院(NIST),网址是 http//csrc.nist.gov/publications/PubsSPs.html。

(2)互联网安全中心(Center for Internet Security,CIS),网址是 http//www.cisecurity.org/。

(3)微软开发商网络(Microsoft Developer Network,MSDN),网址是 http//msdn.microsoft.com/en-us/library/ ms998408.aspx。

附录 M 举例说明了 Windows XP 专业版操作系统的基本加固程序。从内容中可以看出,这些程序非常明确具体,为遵照企业安全政策配置 XP 操作系统提供了详细指导。

"安全遵守框架结构"多种多样,我们已经在本书第 3 章中,从一般安全治理的角度论述了一些"安全遵守框架结构"。《信息与相关技术控制目标》(COBIT)、《信息技术基础架构库》(ITIL)、《联邦信息安全管理法案》(FISMA)等法规也提供了非常好的程序指南、程序示例、检查清单等作业安全方面的参考资料,在制定《安全运营规程》时,应当把这些参考资料全都包含在内。检查核对和修改完善《安全运营规程》的流程主要分为 3 个阶段。

(1)编制《安全遵守目录》。

(2)确定安全遵守工具和检查清单。

(3)报告、监督与改进安全遵守情况。

编制《安全遵守目录》时，要确定组织机构所依靠的关键信息和应用程序。要掌握数据在组织机构中的流动方式，也就是说，谁在何时何地动了哪些数据及原因。

选用安全遵守工具和检查清单时，最好选用自动化工具与清单。如果工具和清单达不到全部或部分自动化，应选用简单易懂和适用于特定技术或流程的工具与清单。选择工具和清单之后，判定下列问题并制成文件。

(1)谁负责进行审查、分析和判定等活动？

(2)哪些资产和流程重要或不重要？

(3)何时进行检查和审核，多长时间一次？

(4)如何报告，即报告什么内容，向谁报告，所报告的优先事项和整改计划是什么？

输入这些问题时，应当由组织机构的高层安全管理者和安全管理主要负责人进行监督。检查审核活动的直接监督，通常要与受检查(或受审核)单位的人员进行协调。其他情况应当由外部人员独立进行检查审核。选用检查工具和清单时，应当根据下列条件进行挑选：哪些工具和清单比较有利于对照明确具体的安全要求判定遵守程度或偏离程度。

安全遵守报告、监督与改进活动包括：报告检查审核情况，分析检查审核结果，持续监督遵守或违反安全政策和安全要求情况，提出整改建议，督导整改措施落实等。完成首次检查审核活动之后，应当对总体检查审核结果进行评估分析，撰写报告，提出纠正措施和改进意见，合理安排整改项目的先后顺序，制定整改计划，编制整改预算经费。从督导角度讲，应当指导整改工作稳步推进，着眼科学技术发展趋势，大力提高安全预警能力，及时修改具体安全要求。

1. 工具

下面举例说明了遂行多样化作业安全任务(包括检查审核安全政策和法规遵守情况)所用的工具。

(1)Nessus。一种专利型全面扫描漏洞工具，非商业环境中的人员可从下列网址免费下载：www.nessus.org/。

(2)安全管理员网络分析工具(SATAN)。一种测试和报告工具箱，能够收集联网主机的各种信息，可从下列网址下载：www.porcupine.org/satan/。

(3)Nmap。可在 Linux、Microsoft Windows、Solaris、BSD、Mac OS X 等操作系统上运行，用于检测计算机网络中的计算机和服务，也可用于判定远程计算机诸多方面的详细情况，主要包括操作系统、设备型号、正常运行时间、提供服务所用的软件类型、软件版本编号、采用的防火墙技术、远程访问网卡的销售商等方面的信息，可从下列网址下载：www.nmap.org/。

(4)安全事件管理员(SEM)。也称安全信息管理员(SIM)和安全信息与事件管理员(SIEM)，是企业数据网络中使用的一种由计算机控制的工具，能够集中存储和解读其他软件生成的安全日志或安全事件，还能够帮助达到美国法规所提出的安全要求(如 SOX 法案要求，应当把非法访问和篡改数据之类的安全事件记入安全日志，并把安全日志保存明确规定的一段时间)。

(5)防职业黑客攻击 Linux 系统工具包（PHLAK）。Linux 操作系统配发的一张自生系统光盘(能够运行系统但不能安装系统的光盘)，能够提供 nmap、nessus、snort、coroner、ethereal(现称 Whireshark)、hping2、proxychains、lczroex、ettercap、kismet、hunt、brutus 等一整套网络安全工具，可从下列网址下载：www.sourceforge.net/projects/phlakproject/。

(6)DenyHosts。SSH 服务器所用的一种安全工具，通过监控非法登录企图，封堵源 IP 地址，能够预防对 SSH 发动的强力攻击，可从下列网址下载：www.denyhosts.sourceforge.net/。

(7)网络安全工具包(NST)。Linux 操作系统配发的一张自生系统光盘，为网络安全管理员提供一整套开放源安全和联网工具，能够定时进行安全和联网诊断，还能监控网络计算环境中执行的任务，可从下列网址下载：www.networksecuritytoolkit.org/nst/index.html/。

(8)Yersinia。UNIX 之类的操作系统使用的一种网络安全或网络黑客工具，能够利用生成树协议(STP)、思科发现协议(CDP)、动态中继协议(DTP)、动态主机配置协议(DHCP)、热备份路由器协议(HSRP)、IEEE 802.1Q、IEEE 802.1X、虚拟局域网中继协议(VTP)等诸多种网络协议存在的一些弱点，仍然在开发目标攻击能力，可从下列网址下载：www.yersinia.net/。

(9)SekChek Local。一套自动化计算机安全分析与水准评估工具，能够评估分析局域网中主机或域采用的安全管控措施，主要由 3 种嵌入式安全分析工具组成：SekChek SAM、SekChek AD、SekChek SQL，可从下列网址下载：www.sekchek.com/SekCheklocalsw.htm。

(10)Netcat。一种计算机联网通用工具，能够读写采用 TCP 或 UDP 进行的网络连接，可从下列网址下载：netcat.sourceforge.net/。

(11)检查点完整性(check point integrity)。一种终端安全工具，能够让个人计算机和网络预防蠕虫、特洛伊木马、间谍软件、黑客入侵企图等，可从下列网址下载：www.checkpoint.com/products/endpoint_security/ index.html。

上述这些工具既可用于做好事，也可用于做坏事。这些工具能为网络安全工程师和管理员提供强大的安全防护能力，但是也能为黑客提供强大的网络攻击能力。因此，企业必须制定相关政策，严格限制这些工具的拥有和使用，只有经过授权才准拥有与使用这些工具。强烈建议，应当通告所有员工，拥有和使用这类软件务必严守纪律，未经授权拥有和使用这类软件，或者从事的工作没有必要拥有和使用这类软件，必须受到严厉惩罚。

2. 检查清单

在《安全运营规程》中使用检查清单，非常有利于保证操作人员活动的一致性。当前可用的检查清单有 233 个，分为 28 类（表 5.3），可从下列网址下载：http//web.nvd.nist.gov/view/ncp/repository。

表 5.3　美国国家标准与技术研究院开发的可用检查清单分类

杀毒软件	应用服务器	配置管理软件
恶意软件	桌面应用程序	桌面客户端程序
目录服务	域名服务器	电子邮件服务器
加密软件	企业应用程序	通用服务器
手持设备	身份管理	数据库管理系统
网络交换机	网络路由器	多功能辅助设备
成套办公应用软件	操作系统	外部设备
安全服务器	防火墙	虚拟软件
网页浏览器	网页服务器	无线电子邮件
无线网		

美国国家标准与技术研究院的检查清单是根据全球普遍接受的技术安全原则和实践做法，以及 SP 800-27 出版物《信息技术安全工程原则（安全底线）》和美国国家安全局《信息保障技术框架》研发的，这些参考资料可从下列网址下载：http://oai.dtic.mil/oai/oai?verb=getRecord&metadataPrefix=html&identifier=AD-A393328。

建议使用这些检查清单。

5.2.2　安全运营检查与审查

所有组织机构都应当指定 1 名人员担任安全总管（CSO），对本单位的安全治理负总责。这个职位对本单位受监督部门的依赖程度越小，所进行的安全运营检查与审查结果就会越为客观和可靠，从而保证受监督部门一贯遵守安全政策。安全总管向足够高的管理层汇报工作，有很大好处：安全总管有权要求各个部门遵守安全政策。组织机构应当从安全总管所在部门抽员组成检查与审查小组，进行技术和操作方面的检查与审查。安全运营检查与审查活动主要分为两种形式：全寿命安全检查和外部审核。

1. 全寿命安全检查

应当在设备、软件和流程的整个使用寿命内，定期进行检查。更具体地讲，企业基础设施的每个重要部位及其相关作业活动，应当由独立检查小组每年检查至少1次。附录 L、附录 N、附录 O 举例说明了这种安全检查活动中部分使用的检查程序。检查结果和结论中应当至少包含以下内容。

(1)发现的缺陷、漏洞或薄弱环节。

(2)为弥补弱点，降低遭受攻击概率，在改装升级设施设备、修订完善作业程序、调整充实组织机构等方面提出的意见、建议。

(3)作业人员配合或干扰程度。

(4)建议的整改时限。

(5)是否出现新型威胁或攻击？

(6)是否遵守了组织机构的所有安全政策和程序？

应当把检查结果送交受检部门的作业管理小组，并呈送安全总管所在部门的分管领导。如果双方就检查结果的意见建议产生矛盾和问题，应当上报给高级管理安全指导委员会协调解决。强烈建议，任何决策如果无视或偏离检查结果的意见建议，则都要由高级管理安全指导委员会明文批准。应当分析这种决策的风险与收益对比、费用与效果对比。

开展全寿命安全检查应当注意的另一个事项是保存所部署的安全能力、与安全相关的一切改装升级和调整变动情况、不适用安全政策的例外情况等方面的调查跟踪信息文档记录。这种文档记录还应当说明设备使用方式、设备存储的信息类型、获得授权的人员情况等。

定期进行安全检查的一个好处是能够为外部(第三方)审查做准备。几乎所有组织机构都会迎接外部审查。进行外部审查的原因和目的多种多样，例如，信用卡支付信息处理权限的审批是否遵守《支付卡行业数据安全标准》；审查是否遵守 HIPAA 法案；根据 SOX 法案进行的财务审计和报告；政府招标合同是否遵守 FISMA。定期进行安全检查，能够在外部审查之前及早掌握安全态势中存在的强项与弱点(即在遵守安全政策和法规方面好的做法与不足之处)。通过全面而深入地掌握安全态势，能够在外部审查之前查漏补缺，以更好的安全态势迎接外部审查，尽可能地减少负面审查结果。

2. 外部审查

外部审查是任何组织机构都必须面对的一个现实问题。受审查组织机构与外部审查组之间应当建立单线联络小组(Single Point of Contact，SPoC)。单线联络小组可以从中进行联系和协调，确保在整个审查过程中促进交流沟通，相互密切配合。鉴于安全总管所在部门的人员定期参加全寿命安全检查和制定相关的安全态势改善计划，应当让这些人员担任联络员，以便双方在审查结果上达成一致意见。

5.2.3 安全事件应对与事故管理

安全事故管理，是指在处理与安全相关的事件(包括网络攻击)过程中，管理和保护好计算机资产、网络和信息系统等。随着企业信息系统对人类社会的生命安全和经济利益越来越重要，所有组织机构(公有和私营部门、行业协会、企业等)，都应当明白在公共利益、员工福利和股东分红等方面所担负的责任。这种责任包含制定安全事件应对方案与程序，以便尽可能地降低安全事件造成的损失。

计算机安全事故管理涉及以下几个方面内容。

(1)监控与检测计算机和网络基础设施中的安全事件。

(2)针对破坏性的安全事件(如黑客入侵计算机)制定具有前瞻性且简明易懂的应急方案。

(3)对安全事件执行应对措施。

进行安全事故管理应当组建应急反应小组，并制定应对流程。计算机安全事故管理应当遵守国家事故管理系统(National Incident Management System，NIMS)中说明的标准和定义(可从下列网址下载：http://www.nimsonline.com)。每个单位在人员编组方面各不相同，所以我们很难详细具体地说明哪些部门机构应当参加安全事故管理。不过，进行安全事故管理，应当注意下列事项。

(1)客户、员工及其他人员应当向企业的服务台报告安全问题。

(2)服务台工作人员应当用问题反馈单记录下当事人所报告的情况。

(3)网络作业中心或安全运营中心的工作人员，应当履行管理、监视和监督职责，查明所反映的问题，还应当直接打开或创建问题反馈单。

打开问题反馈单之后，应当按照下列步骤行事。

(1)根据问题复杂性，受影响的网络单元、服务项目和客户数量，评估判定安全事件的严重程度。

(2)调查分析安全事件的根源。

(3)决定采取适当的隔离、纠治和恢复措施，明确收集证据目的。

(4)执行隔离、纠治和恢复措施以及调查取证程序。

(5)确认隔离、纠治和恢复措施得到了贯彻落实。

应对安全事件时，应急反应小组应当注意收集有关肇事者和损失等方面的证据(或信息)。这种收集活动称作"计算机调查取证"，是指运用计算机调查和分析技术收集适合提出诉讼的证据。进行计算机调查取证的目的，是为了进行全面深入的调查分析，收集保存好相关证据，明确判定计算机中到底发生了什么情况，谁对安全事件负责。

计算机调查取证通常采用下列程序。

（1）调查人员把发生问题的计算机进行物理隔离，确保不让其他人员接触，然后复制计算机硬盘中的数据。

（2）对原始硬盘中的数据进行复制后，把原始硬盘锁在安全箱或保密柜中，以保持其原始状态。

（3）所有调查分析都是用复制的数据进行的。

调查人员采用多种多样的技术和应用软件研究分析所复制的硬盘数据，从隐藏文件夹和未分配使用的磁盘空间中搜索删除、加密或破坏的文件复件，将所发现的证据小心存档，并记录在调查结果报告中与保存的原始数据进行核对，以便走法律程序。计算机调查取证已经成为一个非常重要的专业领域，该领域有大量文献资料做参考，发放各个专业方向的执业资格证书。

美国国家标准与技术研究院的计算机调查取证工具试验研究所已经发明了一套方法，用于测试计算机调查取证软件工具。这套方法包含工具使用说明、试验程序、试验标准、试验计划、试验硬件等。应当把试验结果提供给工具制造者、用户和参与调查的其他人员，以便工具制造者改良工具，用户在挑选工具时掌握更多信息，参与调查的其他人员了解工具的性能。应当确保试验结果精确客观。有关美国政府签约资助的卡内基梅隆大学计算机应急反应分队的详细情况，请访问下列网站：http://www.cert.org/。

5.2.4 渗透测试

渗透测试是通过模拟网络攻击，评估分析计算机系统和网络安全能力与漏洞的一种方法。这种试验方法应当积极主动地分析潜在网络攻击目标中可能存在的安全缺陷和漏洞。

（1）系统配置差或不当。

（2）掌握和未掌握的软硬件缺陷。

（3）在作业流程、程序或技术等方面存在的弱点。

应当站在网络攻击者的角度进行渗透测试，并把所发现的安全问题、网络攻击者可利用的安全漏洞、可能造成的后果评估分析情况、风险抵消建议和技术解决方案等方面的信息，主动提供给计算机系统的所有者。进行渗透测试的一般目的是，判定网络攻击的可行性、影响程度、成功概率等情况。进行渗透测试可采用下列两种方式。

（1）黑箱试验。假设事先一点也不掌握所要测试的网络基础设施情况，并采用自动化程序进行试验。

（2）白箱试验。依靠所掌握的网络基础设施情况（如网络拓扑、源代码、IP 地址等信息）进行试验。

黑箱试验和白箱试验中有诸多变量作参数。渗透测试需要具备高超的专业技能来降低受测试系统的风险，同时也需要付出大量的劳动。渗透测试期间，由于进行网络扫描和漏洞分析，用户很有可能会感觉到计算机系统反应迟钝。应当料想到渗透测试过程中计算机系统损坏或死机的可能性。为了降低对计算机系统和服务造成负面影响的可能性，且确保全面彻底地进行试验，试验小组应当采用成熟完善的方法。表 5.4 为选用渗透测试方法提供了指南，其中《开放源安全试验方法手册》（OSSTMM）提供的方法适用范围更广。

表 5.4　渗透测试方法示例

方法	有关信息
《开放源安全试验方法手册》	http://www.isecom.org/osstmm/
	相互审查方法和衡量标准
	综合测试 5 个方面问题：信息与数据管控措施；个人安全防患意识，电子诈骗与社会工程学等网络犯罪活动管控水平；计算机与电信网；无线通信设备、移动设备、物理安全访问控制、安全流程；物理位置（如建筑物、周围外围防护设施、军事基地等）
《开放源安全试验方法手册》	侧重从技术方面详细具体地说明哪些项目需要测试，测试之前、期间和之后所做的事情，如何衡量评定测试结果
	为测试员和客户明确交战规则，以保证测试正确而顺利进行
	结合国际社会新出台的最佳做法、法规制度和道德规范等，定期修订、增补和更新测试内容
美国国家标准与技术研究院探讨的渗透测试方法	http://csrc.nist.gov/publications/nistpubs/800-42/NIST-SP800-42.pdf
	http://csrc.nist.gov/publications/nistpubs/800-15/ SP800-115.pdf
	适用范围比不上《开放源安全试验方法手册》
	负责制定规章制度的部门机构更容易接受
《信息系统安全评估框架》	http://www.oissg.org/issaf
	"公开信息系统安全组织"相互审查安全框架结构
	把信息系统安全评估分为若干个领域，每个领域都有详细具体的评估或测试标准
	旨在提供能够反映实际情况的现场试验数据
	仍处于初级阶段

进行渗透测试有可能泄露受测试单位的敏感信息，因此在任命测试员时应当

慎之又慎。此项工作通常外包给安全服务机构或安全咨询机构。不过，受测试单位要清醒地认识到，渗透测试小组将会接触到受测试方高度敏感的信息。鉴于渗透测试直接关系到受测试单位含有敏感信息的资产安全，应当考虑聘请他人进行渗透测试可能带来的风险（例如，聘请的测试员有可能是黑客，也有可能成为黑客）。

与承包方签订合同时，应确保所有测试员都拥有执业资格证书，要求承包方严守法规和职业道德规范，并采用标准成熟的测试方法。某些行业和政府部门发放的资格证书，能够反映出某个公司有很高的信誉并一贯遵守行业的最佳做法。下述三个证书由国际电子商务顾问委员会（http://www.eccouncil.org/）颁发，并获得了美国政府许多部门机构的认可。

(1)道德黑客认证课程结业证书。

(2)计算机黑客调查取证培训结业证书。

(3)渗透测试员培训及其他培训结业证书。

此外，下列证书含金量也比较高：

(1)全球信息保障证书（Global Information Assurance Certification，GIAC）（http://www.giac.org/）。

(2)美国国家安全局颁发的基础设施评估方法证书（Infrastructure Evaluation Methodology，IEM）。

(3)开放式 Web 应用程序安全项目（Open Web Application Security Project，OWASP）（http://www.owasp.org/index.php/Main_Page），就基本标准框架结构提供了一系列建议。

(4)网页应用程序渗透测试服务，有利于确定下面几个问题。

① 应用程序中的漏洞与风险。

② 已经掌握和尚未掌握的漏洞。

③ 技术漏洞，例如，操纵统一资源定位符（URL）、结构化查询语言（SQL）注入、跨站脚本、后门认证、密码存储、会话劫持、缓冲区溢出、网页服务器配置、证书管理等方面的缺陷和弱点。

④ 商业风险，包括每天例行的威胁分析、未经授权登录、篡改个人信息，篡改价格表、未经授权转账、破坏客户信任等。

5.2.5 通用标准评估系统

想要说明和购买系统特别是与安全相关的系统时，一种有效的方法是查看美国政府认可的产品类型证书，也称通用标准（Common Criteria，CC）。通用标准：

(1)是计算机安全方面的国际标准（ISO/IEC 15408）；

(2)包括美国国家标准与技术研究院和国家安全局参加制定的标准；

(3) 从欧洲的《信息技术安全评估标准》（ITSEC，http://www.ssi.gouv.fr/site_documents/ITSEC/ITSEC-uk.pdf）和美国的《可信计算机系统安全评估标准》（TCSEC，http://csrc.nist.gov/publications/history/dod85.pdf）发展而来。

通用标准一般包括下面三个部分内容：第一部分"绪论和通用模型"；第二部分"安全功能要求"；第三部分"安全防护要求"。

常用评估方法（Common Evaluation Methodology，CEM）是第三部分内容的扩充，详细补充说明了如何进行安全防护活动和测试活动。通用标准和常用方法处于不断发展变化之中，签署国定期正式会晤进行修改。表5.5说明了通用标准的每个部分内容，对利益紧密相关的三方人员（客户、开发人员、评估人员）来讲所发挥的作用。

表 5.5   通用标准三个部分内容与三方人员之间关系

项目	利益相关人员		
	客户	开发人员	评估人员
第一部分"绪论和通用模型"	提供背景知识，说明确立参照标准的目的	为提高安全要求，制定评估对象的安全说明书提供参考	提供背景知识，说明确立参照标准的目的，为建议防护措施提供指导和框架结构
第二部分"安全功能要求"	为制定安全政策声明，细化安全功能要求提供指导和参考	为解释安全政策声明和安全要求，制定评估对象的功能说明书提供参考	说明必须遵守的评估标准，用以判定评估对象是否完全达到所声明的安全功能
第三部分"安全防护要求"	为判定所需的安全防护等级提供指导	为解释安全政策声明和安全防护要求，判定安全防护方法提供参考	说明必须遵守的评估标准，用以判定评估对象所需采取的防护措施，并评估分析防护措施的效果

通用标准框架结构还说明了评定安全防护能力等级的流程，这个流程类似于ITSEC和TCSEC中的安全防护能力等级评定系统（表5.6）。

表 5.6   安全防护等级评定标准对照

通用标准	TCSEC	ITSEC
EAL1—功能测试	—	—
EAL2—结构测试	C1：随意安排的安全防护措施	E1
EAL3—方法测试与检查	C2：采用访问控制的安全防护措施	E2
EAL4—方法设计、测试与审查	B1：标签型安全防护措施	E3
EAL5—半正式设计与测试	B2：组织严密的安全防护措施	E4
EAL6—半正式验证设计与测试	B3：安全领域	E5
EAL7—正式验证设计与测试	A1：验证设计	E6

通用标准框架结构中有一部分内容是开发产品安全防护文件，以证明贯彻落实安全要求的具体情况，主要包含下面几个方面。

（1）一份详细说明威胁总体情况的文件（对威胁态势和攻击类型等各种情况进行综合评估的文件）。

（2）产品在可能投入使用的环境中要达到的安全目标。

（3）针对产品可能投入使用的环境而设想的安全情况。

（4）明确具体的安全功能要求。

（5）用文本详细说明安全要求，并解释说明为何要达到所明确的安全功能要求。

根据通用标准框架结构，特别是产品安全防护框架，购买产品的组织机构能够确定所需具备的安全防护能力，还能知道如何对产品安全防护框架中所说的安全能力进行效果评估。产品制造商开发的产品安全防护框架，旨在证明产品的安全防护能力，即利用通用标准产品证书，向购买产品的组织机构说明产品所具备的安全防护能力。表 5.7 说明了为不同类型的设备或软件开发的安全防护框架。

表 5.7　带有安全防护框架的产品类型

经过验证的安全防护框架	安全防护框架草稿
杀毒软件	交换机和路由器
密钥恢复软件	生物特征检测软件
个人密钥信息/密钥管理基础设施	远程访问软件
生物特征检测软件	移动编码
认证管理软件	保密信息
令牌	多域解决方案
数据库管理系统	虚拟专用网络
防火墙	无线局域网
操作系统	防护装置
入侵检测系统/入侵防护系统	单层网页服务器
外部交换机	独立内核
智能卡	

若想根据通用标准框架结构对某个产品的安全防护能力进行鉴定，则必须把该产品送往获得从业资格认可的测试实验室。测试实验室必须遵守 ISO 17025 号国际标准。从业资格认可机构应当根据 ISO/IEC Guide 65 或 BS EN 45011 审批从业资格。国家级认可机构通常根据 ISO 17025 进行审批。例如：

（1）在加拿大，加拿大标准委员会（SCC）负责为通用标准鉴定机构签发证书；

（2）在法国，法国认可委员会（COFRAC）负责为通用标准合格评定机构签发从业资格证书，这些合格评定机构一般命名为信息技术安全评估中心(CESTI)，按照国家信息技术安全局(ANSSI)指定的规范与标准进行评定；

(3)在英国，英国认可局(UKAS)负责为商业标准合格评定机构(CLEF)签发从业资格证书；

(4)在美国，国家标准与技术研究院(NIST)国家志愿实验室认可规划部(NVLAP)负责为通用标准测试实验室(CCTL)签发从业资格证书。

目前，美国获得国家标准与技术研究院认可的实验室如下。

(1)ATSEC信息安全公司。

(2)COACT公司CAFE实验室。

(3)计算机科学公司。

(4)CygnaCom 方案公司。

(5)DSD信息保障实验室。

(6)InfoGard 实验室公司。

(7)科学应用国际公司(SAIC)通用标准测试实验室。

(8)Arca通用标准测试实验室。

(9)布茨-艾伦-汉密尔顿通用标准测试实验室。

5.2.6　认可与认证

人们经常混淆"认可"与"认证"这两个词，应当厘清这两个词的含义。

"认可"是指从业资格鉴定部门实施的、检查审核合格证书发放机构在官方标准评定方面是否具备能力、权威和信誉，是否经过官方审批许可的行为或过程。认可过程侧重于检查审核合格证书发放机构是否有能力对第三方进行测试、审核，是否遵守职业道德和操守，是否采用了适当的质量保证程序等。准许测试实验室的认可认证专家签发遵守既定标准的官方证书。

"认证"是指核查确认某个物体、人员或组织机构是否具备某些特点，经常以外部审查或评定的方式进行。事关信息安全的认证方式主要是产品认证和流程认证，这两种认证侧重于对工作流程和机制进行审核，旨在判定某项产品、服务或作业是否达到最低标准。

我们进一步探讨安全认证和认可与有关人员或机构(运营商、产品开发商、内容开发商、订户、消费者)之间的关系。

我们为"认证"一词下的定义是对某个系统的安全特征进行技术评估和鉴定，旨在判定该系统在设计、运行和使用方面达到具体安全要求的程度。此项活动既可从属于审批认可活动实施，也可辅助审批认可活动实施。

为"审查"一词下的定义是独立的组织机构在一定范围内对网络与计算机系统进行的检查审核活动，主要有三个目的：判定某个单位是否遵守规定的标准和最佳做法；是否容易遭受外界入侵(如黑客攻击、病毒感染、间谍监听截收传输信息等)；是否容易遭受自然灾害(火灾、龙卷风、地震等)破坏。

从全球行业标准来看，在质量、管理和安全认证方面，最有名的几个标准是ISO/IEC 9000/9001、ISO/IEC 14000、ISO/IEC 27001 号标准。ISO/IEC 只负责公布标准但不发放遵守符合标准的证书。遵守符合标准的证书由认证机构或注册机构发放。这些机构不受国际标准化组织管控，独立开展认证业务。这些机构都是经过行业或官方认可的第三方机构，对某个单位的管理系统进行认证时，主要是检查某个单位的工作或生产流程，审核该单位文档记录，发放证书说明该单位符合标准的等级或程度。

产品认证是为产品投入使用而进行的验证产品是否合格的活动。与其他证书一样，产品合格证向用户和有关管理部门提供了产品所遵守的标准等方面的信息。尽管某个产品受很多标准约束，但是该产品的认证可遵照一个或多个标准进行。

美国国家标准与技术研究院为政府民政部门进行认证提供了很多指导方针。这些指导方针为我们与政府部门进行业务往来提供了宝贵经验和优良做法。例如，美国国家标准与技术研究院以前发布的 NIST 800-37 号文件《联邦信息系统安全认证与认可指南》和最近发布的 NISTIR 7359 号文件《政府行政部门信息安全指南》。

1. ISO 9000/9001 号标准

上面已经指出，国际标准化组织本身并不是认证机构。很多国家都建立了自己的认可机构，负责审查认证机构是否遵守 ISO 9000 号标准进行认证。尽管通常称作ISO 9000:2000 号标准，但是质量管理认证所参照的标准实际上是 ISO 9001:2000 号标准。认可机构和认证机构都收取服务费。各种认可机构相互之间达成了协议，确保某个认可机构签发的从业资格证书能够得到全球普遍认可。

认证机构根据地点、功能、产品、服务、流程、问题清单等方面的大量样本，对某个单位进行审核，如果没有发现严重问题，就会发放符合 ISO 9001 号标准的证书；如果发现严重问题，但是接到了该单位安全管理部门制定的令人满意的改进计划，得知该单位如何解决这些问题，也会发放证书。

ISO 标准证书并非永久有效，需要认证机构定期审查与更换(通常 3 年左右更换一次)。与能力成熟程度模型相反的是，ISO 9001 号标准中的能力未分等级。

有两种类型的审查需要遵照 ISO 9001 号标准进行登记注册：外部认证机构进行的审查(外部审查)；受过专业培训的内部人员进行的审查(内部审查)。进行审查的目的是：通过一段时间的持续检查与评估，确认系统运行和工作情况符合相关标准，发现需要改进的地方，纠正问题或防止发生问题。内部审查人员不应当审查管辖自已的部门机构，以保持审查评定的独立性。遵照 ISO 9011/9001 号标准进行审查的活动，也适用 ISO 9000 号标准。

　　2. ISO 27001/27002 号标准

全球有很多认证机构遵照 ISO 27001 号标准进行认证。ISO 27001 号标准认证的审查过程通常分为两个阶段。

　　第一阶段是表面上的审查，主要审查是否制定了内容完备的关键文件资料（如安全政策、适用性说明、信息安全管理系统规划）。也就是说，受审查单位是否遵照 ISO 27001 号标准提出的安全要求，制定了与信息安全规划相关的各种文件资料。

　　第二阶段是深入细致的审查。例如，测试信息安全管理系统是否采取了安全管控措施，这些安全管控措施是否有支撑运行的文档，这些措施和文档产生的实际效果如何等。

　　安全认证需要定期进行审查，以便确认信息安全管理系统规划一直产生预期效果。

5.3　退出服务

　　假设某个单位购买的文件服务器已经连续使用了 4 年之久，保存了销售和产品规划方面的大量信息，但是最近发现文件服务器反应迟缓，而且厂家已停止生产该种型号的服务器，售后服务保障也将逐渐停止。该单位领导决定更换一台先进的新型服务器。设想一下，如何处理旧服务器，该不该把它扔到垃圾堆中？

　　从某个单位的垃圾堆中经常可以找到有关该单位的重要信息。这种情况已经成为图谋发动网络攻击的一种重要手段（翻垃圾）。破坏分子从垃圾堆中翻找电话簿、组织结构图、计算机存储介质（如软盘、光盘、U 盘、硬盘等）等能够提供敏感或重要信息的物品。执法部门也将垃圾作为掌握犯罪嫌疑人活动和计划等情况的一个情报来源。大多数单位都已认识到这种威胁，要求采用保密手段处理纸质文件资料，甚至把一些废弃的纸质文件资料全部烧毁。然而，很少有单位专门制定政策，明确规定如何安全处理废旧计算机和数据存储介质，通常是把这些废旧物品扔到垃圾中或者卖给收破烂的人。

　　因为这台服务器中含有重要商业信息，所以在废弃之前应当周密细致地进行保密处理。不要简单地认为，把文件和文件夹拖到垃圾箱中删除就可以了。实际上，文件和文件夹并未真正删掉。当某个文件放在垃圾箱中，或者成为 UNIX 操作系统删除文件命令（rm）的作用对象时，只是修改了该文件链接指针，并未清除文件内容，该文件所占磁盘空间成为可重新分配的空间，只要未存入新文件，采用数据恢复软件就能很容易找到原文件。然而，有些商业应用软件能够让安全管理人员重新分配被删除文件所占的磁盘空间，采用其他数据覆盖被删除文件的数据，使被删除文件无法恢复。有些操作系统(如苹果公司 MAC OS-X 操作系统)也具备这种能力。

2006 年，美国国家标准与技术研究院发布了一套计算机介质杀毒指导方针，供美国联邦政府使用，不过针对的对象仍然很广泛。

从联邦政府部门到商业机构再到家庭用户，每人都应当注意保护信息的保密性，要认识到相互连接和信息交换对于输送政府服务至关重要，这条指导方针可用于辅助决策采用哪些流程清理或销毁存储介质上的信息。

尽管很多组织机构认为美国国家标准与技术研究院的指导方针需要动用或投入额外资源，但是每个组织机构都会从中受益匪浅，至少能够意识到应当注意哪些事项，然后结合指导方针制定更加适合自身特点的安全目标。美国国家标准与技术研究院提供了很多有益的指导方针供其他组织机构参照使用,可用下列网址进行访问：http://csrc.nist.gov/publications/PubsSPs.html。

美国国防部已经制定了一套明确的清理标准，建议采用下列方法进行清理：
"用同一个字符覆盖所有可寻址的位置，完成后随意用另一个字符进行覆盖并校验。"表 5.8 说明了美国国防部推荐的、清除和清理可擦写介质中信息的方法。

表 5.8　美国国防部 5220.22-M 号清除与清理对照表

介质类别	介质类型	清除	清理
磁带	型号 I	a 或 b	a、b 或 m
	型号 II	a 或 b	b 或 m
	型号 III	a 或 b	m
磁盘	移动硬盘	a、b 或 c	m
	软盘	a、b 或 c	m
	固定硬盘	c	a、b、d 或 m
	移动硬盘	a、b 或 c	a、b、d 或 m
光盘	可读写多次的光盘	c	m
	只读光盘		m、n
	只能写一次，可读多次的光盘		m、n
存储器	动态随机存取存储区(DRAM)	c 或 g	c、g 或 m
	电可改写可编程只读存储器(EAPROM)	i	j 或 m
	电可擦除可编程只读存储器(EEPROM)	i	h 或 m
	可擦除可编程只读存储器(EPROM)	k	l 然后 c 或 m
	闪盘可擦除可编程只读存储器(FEPROM)	i	c 然后 i 或 m

续表

介质类别	介质类型	清除	清理
存储器	可编程只读存储器(PROM)	c	m
	磁泡存储器	c	a、b、c 或 m
	磁芯存储器	c	a、b、e 或 m
	镀磁线	c	c 和 f 或 m
	抗消磁存取器	c	m
	非易失性随机存取存储器(NOVRAM)	c 或 g	c、g 或 m
	只读存储器(ROM)		m
	静态随机存取存储器(SRAM)	c 或 g	c 和 f、g 或 m
打印机	针式打印机	g	p 然后 g
	激光打印机	g	o 然后 g

注：a. 用型号 I 消磁器消磁；b. 用型号 II 消磁器消磁；c. 用同一个字符覆盖所有可寻址的位置；d. 用同一个字符覆盖所有可寻址的位置，完成后随意用另一个字符进行覆盖并校验；e. 用同一个字符覆盖所有可寻址的位置，完成后随意用另一个字符进行覆盖；f. 每次用新数据覆盖保密数据时，要让新数据在存储器中保存的时间比保密数据长一些；g. 拆卸所有电源装置(包括电池)；h. 随意采用一种方式覆盖所有位置，用二进制"0"覆盖所有位置，或者用二进制"1"覆盖所有位置；i. 按照制造商提供的数据表，对芯片进行彻底清除；j. 执行 i，再执行 c，总共 3 次；k. 按照制造商提供的建议书，采用紫外线消磁；l. 执行 k，不过时间要长 3 倍；m. 破坏、拆解、烧毁、粉碎、融化；n. 只有含有涉密信息时才需要销毁；o. 打印 5 页不涉密文本；p. 必须销毁色带，清除滚筒上的痕迹

表 5.8 中的内容看上去十分复杂，不过有些商用产品(如 Webroot's Window Washer 杀毒应用软件)能够向各种知识和技能水平的用户提供这些功能。要想详细了解美国国防部 DoD 5220.22-M 号文件《国家工业安全规划操作指南》(2006 年 2 月 28 日出版发行)，请访问网址：http://www.dtic.mil/whs/directives/corress/html/522022m.htm。

不管企业遵守美国国家标准与技术研究院的指导方针、美国国防部的标准，还是采用其他方法，都要牢记这一点：简单地把设备扔进垃圾堆，将会给信息安全留下严重隐患。

5.4 小结

本章从管理所部署的安全机制角度，综合分析了现代网络与基础设施的管理。我们针对电信管理网每个层中的安全管理，论述了需要建立的管理机制，然后进一步论述了作业安全和必要的安全机制(包括调查取证、第三方审查、认证等)。我们在安全管理上考虑的第三个方面内容是运营人员和管理人员必须遵守安全政策与安全要求。本章最后论述了如何妥善处理退出服务的设备或报废设备，以防信息泄露。

5.5 结束语

不管是探讨当代网络还是下一代网络的安全管理,有一条基本原则是任何企业所制定的信息安全治理规划,都必须把本企业所有层次的人员不分职责主次全都包括在内。信息安全至关重要,高层管理人员应当在信息安全方面为所有员工提供明确的指导方针,并积极主动地做好这方面的领导管理工作。应当通过培训,让员工学习信息安全政策和相关的安全程序,使员工明确各自的职责分工。当代网络与下一代网络的一个主要差别是下一代网络接入的第三方越来越多,这是因为下一代网络中使用的外包应用软件和以云计算为基础的设施不断增多。这种情况也日益需要外部审查机构检查审核乙方是否遵守甲方的安全政策等。

附录

在编订本书时，考虑了以下几点。

(1)部分附录(特别是附录 A、附录 B、附录 C 和附录 F)对相关资料进行了回顾，与安全管理这一主题相比，这些资料的重要性相对较低。

(2)部分附录(特别是附录 D、附录 E、附录 I 和附录 J)所提供的资料读者可阅读电子版，电子版比印刷版更便于读者浏览。

(3)同时，为合理控制本书价格，印刷版本的规模也需要适当进行控制。

因此，下列附录可在 http://booksupport.wiley.com 网站浏览。

(1)附录 A：密码学在信息安全中的作用。

(2)附录 B：主题认证。

(3)附录 C：网络安全机制。

(4)附录 D：公司安全政策示例。

(5)附录 E：通用详细安全要求示例。

(6)附录 F：保护常用网络协议。

(7)附录 I：《征求意见书》安全附录示例。

(8)附录 J：ABC 提案关于《征求意见书》安全分析。

下列附录在本书中印刷出版。

(1)附录 G：第 M.3400 号建议书与第 M.3050 号系列建议书安全映射图。

(2)附录 H：截至 2010 年美国各州制定的保护个人隐私信息法。

(3)附录 K：工作安全声明示例。

(4)附录 L：Solaris 操作系统审查程序示例。

(5)附录 M：Windows XP 专业版操作系统基本加固程序。

(6)附录 N：网络审查程序示例。

(7)附录 O：UNIX-Linux 操作系统审查程序示例。

因此，本书印刷版中第一个附录为附录 G。

附录 G 第 M.3400 号建议书与第 M.3050 号系列建议书安全映射图

参照 ITU-T M.3050 号文件增强型电信运营图安全流程区绘制的 ITU-T M.3400 号文件(ITU-T M.3400)安全功能模块,是以 2004 年版 M.3050 号文件增补版为基础的,并补充列出了 2007 年版 M.3050.2 号文件中使用的增强型电信运营图流程标识符。

M.3400 号文件标识符	功能名称	2007 年版增强型电信运营图流程标识符	流程名称	2004 版增强型电信运营图流程标识符
5	性能管理	1.3.2	企业风险管理	1.E.2
5.3	性能管理控制	1.3.2.1	业务持续性管理	1.E.2.1
5.3	性能管理控制	1.3.2.4	审计管理	1.E.2.4
5.3.1	网络流量管理	1.3.2.1	业务持续性管理	1.E.2.1
5.3.6	审计报告功能模块	1.3.2.4	审计管理	1.E.2.4
8	会计管理	1.3.2	企业风险管理	1.E.2
8.4	企业控制	1.3.2.4	审计管理	1.E.2.4
8.4	企业控制	1.3.2.5	保险管理	1.E.2.5
8.4.2	审计功能模块	1.3.2.4	审计管理	1.E.2.4
8.4.8	保险分析功能模块	1.3.2.5	保险管理	1.E.2.5
9	安全管理	1.1.3.4	资源性能管理	1.A.3.4
9	安全管理	1.3.2	企业风险管理	1.E.2
9	安全管理	1.3.6	利益相关者与外部关系管理	1.E.6
9	安全管理	1.1.1	客户关系管理	1.OFAB.1
9	安全管理	1.1.2	服务管理与运行	1.OFAB.2
9.1	预防	1.3.2.2	安全管理	1.E.2.2
9.1	预防	1.3.6.5	法律管理	1.E.6.5
9.1	预防	1.1.1.5	命令处理	1.F.1.5
9.1.1	法律审查功能模块	1.3.6.5	法律管理	1.E.6.5
9.1.2	物理访问安全功能模块	1.3.2.2	安全管理	1.E.2.2
9.1.3	保护功能模块	1.3.2.2	安全管理	1.E.2.2
9.1.4	人员风险分析功能模块	1.3.2.2	安全管理	1.E.2.2
9.1.5	安全筛选功能模块	1.1.1.5.2	授权信用	1.F.1.5.2
9.2	检测	1.3.2.2	安全管理	1.E.2.2
9.2	检测	1.3.2.3	欺诈管理	1.E.2.3
9.2	检测	1.1.4.6	S/P 界面管理	1.FAB.4.6

续表

M.3400 号 文件标识符	功能名称	2007 年版增强型电信 运营图流程标识符	流程名称	2004 版增强型电信运营 图流程标识符
9.2	检测	1.1.3.5	资源数据收集 与处理	1.O.3.1
9.2	检测	1.2.3	资源开发与管理	1.SIP.3
9.2.1	收入方式变化情况 调查功能模块	1.3.2.3	欺诈管理	1.E.2.3
9.2.2	支持要素保护 功能模块	1.1.3.5.1	收集资源数据	1.AB.3.5.1
9.2.2	支持要素保护 功能模块	1.1.3.5.2	处理资源数据	1.AB.3.5.2
9.2.2	支持要素保护 功能模块	1.1.3.5.3	报告资源数据	AB.3.5.3
9.2.2	支持要素保护 功能模块	1.1.3.5.4	审计资源 使用数据	1.AB.3.5.4
9.2.3	客户安全警报功能 模块	1.3.2.2	安全管理	1.E.2.2
9.2.4	客户(外部用户)分析	1.3.2.3	欺诈管理	1.E.2.3
9.2.5	客户使用方式分析 功能模块	1.1.3.5.2	处理资源数据	1.AB.3.5.2
9.2.5	客户使用方式分析 功能模块	1.1.3.5.4	审计资源 使用数据	1.AB.3.5.4
9.2.5	客户使用方式分析 功能模块	1.3.2.3	欺诈管理	1.E.2.3
9.2.6	服务窃用调查功能 模块	1.3.2.3	欺诈管理	1.E.2.3
9.2.6	服务窃用调查功能 模块	1.1.1.9.3	分析与管理 客户风险	1.FAB.1.9.3
9.2.7	内部流量与活动模式 分析功能模块	1.1.3.1.2	赋能资源 性能管理	1.O.3.1.2
9.2.7	内部流量与活动模式 分析功能模块	1.1.3.1.4	赋能资源数据 收集与处理	1.O.3.1.4
9.2.8	网络安全警报功能 模块	1.3.2.2	安全管理	1.E.2.2
9.2.8	网络安全警报 功能模块	1.1.3.1.4	赋能资源数据 收集与处理	1.O.3.1.4
9.2.9	软件入侵审计 功能模块	1.1.3.5.4	审计资源 使用数据	1.AB.3.5.4
9.2.9	软件入侵审计 功能模块	1.3.2.2	安全管理	1.E.2.2
9.2.10	支持要素安全警报 报告功能模块	1.3.2.2	安全管理	1.E.2.2

M.3400 号文件标识符	功能名称	2007 年版增强型电信运营图流程标识符	流程名称	2004 版增强型电信运营图流程标识符
9.2.10	支持要素安全警报报告功能模块	1.1.3.1.4	赋能资源数据收集与处理	1.O.3.1.4
9.3	遏制与恢复	1.3.2.1	业务持续性管理	1.E.2.1
9.3	遏制与恢复	1.3.2.2	安全管理	1.E.2.2
9.3	遏制与恢复	1.3.6.5	法律管理	1.E.6.5
9.3	遏制与恢复	1.2.3.1	资源策略与规划	1.S.3.1
9.3.1	业务数据保护性存储功能模块	1.3.2.1	业务持续性管理	1.E.2.1
9.3.2	异常报告行动功能模块	1.1.3.2.2	配置与激活资源	1.F.3.2.2
9.3.2	异常报告行动功能模块	1.1.3.2.4	收集、更新、报告资源配置数据	1.F.3.2.4
9.3.3	服务窃用行动功能模块	1.3.2.2	安全管理	1.E.2.2
9.3.3	服务窃用行动功能模块	1.3.6.5	法律管理	1.E.6.5
9.3.3	服务窃用行动功能模块	1.1.3.2.4	收集、更新、报告资源配置数据	1.F.3.2.4
9.3.4	法律行动功能模块	1.3.6.5	法律管理	1.E.6.5
9.3.5	逮捕功能模块	1.3.2.2	安全管理	1.E.2.2
9.3.6	服务入侵恢复功能模块	1.1.2.2.4	执行与配置服务	1.F.2.2.4
9.3.7	客户撤销列表管理功能模块	1.3.2.2	安全管理	1.E.2.2
9.3.8	客户数据保护性存储功能模块	1.3.2.1	业务持续性管理	1.E.2.1
9.3.9	外部连接服务功能模块	1.1.3.2.2	配置与激活资源	1.F.3.2.2
9.3.10	网络入侵恢复功能模块	1.1.3.2.2	配置与激活资源	1.F.3.2.2
9.3.11	网络撤销列表管理功能模块	1.3.2.2	安全管理	1.E.2.2
9.3.12	网络配置数据保护性存储功能模块	1.3.2.1	业务持续性管理	1.E.2.1
9.3.13	内部连接服务功能模块	1.1.3.2.2	配置与激活资源	1.F.3.2.2
9.3.14	网络单元入侵恢复功能模块	1.1.3.2.2	配置与激活资源	1.F.3.2.2
9.3.15	网络单元撤销列表管理功能模块	1.3.2.2	安全管理	1.E.2.2

续表

M.3400 号 文件标识符	功能名称	2007 年版增强型电信 运营图流程标识符	流程名称	2004 版增强型电信运营 图流程标识符
9.3.16	网络单元配置数据保 护性存储功能模块	1.3.2.1	业务持续性管理	1.E.2.1
9.4	安全管理	1.1.2.5	服务与具体 事例评级	1.B.2.5
9.4	安全管理	1.3.2.1	业务持续性管理	1.E.2.1
9.4	安全管理	1.3.2.1	业务持续性管理	1.E.2.1
9.4	安全管理	1.3.2.2	安全管理	1.E.2.2
9.4	安全管理	1.3.2.4	审计管理	1.E.2.4
9.4	安全管理	1.1.4.6	S/P 界面管理	1.FAB.4.6
9.4	安全管理	1.2.3.1	资源策略与规划	1.S.3.1
9.4.1	安全政策功能模块	1.3.2.2	安全管理	1.E.2.2
9.4.2	灾难恢复规划 功能模块	1.3.2.1	业务持续性管理	1.E.2.1
9.4.3	管理保护功能模块	1.3.2.2	安全管理	1.E.2.2
9.4.4	审计跟踪分析 功能模块	1.3.2.2	安全管理	1.E.2.2
9.4.4	审计跟踪分析 功能模块	1.3.2.4	审计管理	1.E.2.4
9.4.5	安全警报分析 功能模块	1.3.2.2	安全管理	1.E.2.2
9.4.5	安全警报分析 功能模块	1.1.3.1.4	赋能资源数据 收集与处理	1.O.3.1.4
9.4.6	企业数据完整性评 估功能模块	1.3.2.2	安全管理	1.E.2.2
9.4.7	外部校验管理 功能模块	1.3.2.2	安全管理	1.E.2.2
9.4.8	外部访问控制 管理功能模块	1.3.2.2	安全管理	1.E.2.2
9.4.9	外部认证管理 功能模块	1.3.2.2	安全管理	1.E.2.2
9.4.10	外部加密与密钥 管理功能模块	1.3.2.2	安全管理	1.E.2.2
9.4.11	外部安全协议管理 功能模块	1.3.2.2	安全管理	1.E.2.2
9.4.12	客户审计跟踪 功能模块	1.1.2.5.3	分析使用记录	1.B.2.5.3
9.4.12	客户审计跟踪 功能模块	1.3.2.2	安全管理	1.E.2.2
9.4.12	客户审计跟踪 功能模块	1.3.2.4	审计管理	1.E.2.4

M.3400 号 文件标识符	功能名称	2007 年版增强型电信 运营图流程标识符	流程名称	2004 版增强型电信运营 图流程标识符
9.4.13	客户安全警报管理 功能模块	1.3.2.2	安全管理	1.E.2.2
9.4.13	客户安全警报 管理功能模块	1.1.3.1.4	赋能资源数据 收集与处理	1.O.3.1.4
9.4.14	审计跟踪机制 测试功能模块	1.3.2.4	审计管理	1.E.2.4
9.4.15	内部校验管理 功能模块	1.3.2.2	安全管理	1.E.2.2
9.4.16	内部访问控制 管理功能模块	1.3.2.2	安全管理	1.E.2.2
9.4.17	内部认证管理 功能模块	1.3.2.2	安全管理	1.E.2.2
9.4.18	内部加密与密钥管 理功能模块	1.3.2.2	安全管理	1.E.2.2
9.4.19	网络审计跟踪 管理功能模块	1.3.2.2	安全管理	1.E.2.2
9.4.19	网络审计跟踪 管理功能模块	1.3.2.4	审计管理	1.E.2.4
9.4.19	网络审计跟踪 管理功能模块	1.1.3.2.4	收集、更新、报 告资源配置数 据	1.F.3.2.4
9.4.20	网络安全警报 管理功能模块	1.3.2.2	安全管理	1.E.2.2
9.4.20	网络安全警报 管理功能模块	1.1.3.1.4	赋能资源数据 收集与处理	1.O.3.1.4
9.4.21	网络单元审计跟踪 管理功能模块	1.3.2.2	安全管理	1.E.2.2
9.4.21	网络单元审计跟踪 管理功能模块	1.3.2.4	审计管理	1.E.2.4
9.4.21	网络单元审计跟踪 管理功能模块	1.1.3.2.4	收集、更新、报 告资源配置数据	1.F.3.2.4
9.4.22	网络单元安全警报 管理功能模块	1.3.2.2	安全管理	1.E.2.2
9.4.22	网络单元安全警报 管理功能模块	1.1.3.1.4	赋能资源数据 收集与处理	1.O.3.1.4
9.4.23	网络单元密钥管理 功能模块	1.3.2.2	安全管理	1.E.2.2
9.4.24	一个网络单元密钥 管理功能模块	1.3.2.2	安全管理	1.E.2.2

附录 H　截至 2010 年美国各州制定的保护个人隐私信息法

州	法律条款 （颁布时间）	要求
阿拉斯加	A.S.45.48.010 (2009-07-01)	以物理形式或电子格式存在的未加密、未经过编辑修改的个人信息安全受到侵犯时，或者加密信息的密钥有可能遭到破坏时，应通知消费者。若经过调查有充足理由证明不可能对消费者造成损害，则不必通知。有关调查的书面材料应当保存 5 年。遵守《格雷姆-里奇-比利雷法案》的法人除外
亚利桑那	A.R.S.44-7501 (2006-12-31)	未加密、未经过编辑修改的计算机化个人信息安全受到侵犯时，应通知消费者。若经过调查有充足理由证明不可能对消费者造成损害，则不必通知。若法人遵守联邦法规，则认定遵守亚利桑那州法律
阿肯色	Ark.Code Ann. 4-110-101 至 108 (2005-03-31)	未加密的计算机化个人信息和以电子格式或物理形式存在的医疗信息安全受到侵犯时，应通知消费者。若有充足理由证明不可能对消费者造成损害，则不必通知。若法人遵守了能够提供更好防护的州或联邦法律，至少未造成信息泄露，则认定遵守了这些条款
加利福尼亚	Civil Code Sec. 1798.80-1798.82 (2003-07-01)	商业或政府部门保存的未加密的计算机化个人信息的安全、保密性或完整性受到侵犯时，应通知消费者。若法人采用自己制定的一套通知程序，遵照自己的安全政策及时通知了消费者，或者遵照州或联邦法律提供了更好的防护，没有泄露信息，则认定遵守了这些条款
科罗拉多	Co.Rev.Stat. 6-1-716(1)(a) (2006-09-01)	未加密、未经过编辑修改的个人信息安全受到侵犯时，应通知消费者。若经过调查判定没有发生滥用信息的情况，或者有充足理由证明不可能发生这种情况，则不必通知。若法人遵守了州或联邦法律，按照法律、规章制度或指导方针制定了相关程序，则认定遵守了这些条款
康涅狄格	699 Gen.Stat. Conn.36a-701 (2006-01-01)	若是本州商人侵犯了含有个人信息的未加密的计算机化数据、电子介质或电子文档安全，应通知消费者。若受侵犯方通过咨询联邦、州和当地执法部门判定这种行为不会造成损害，则不必通知。政府部门不必遵照这些条款进行通知。若根据《格雷姆-里奇-比利雷法案》规定，遵照主要管理者制定的规章制度或指导方针进行了通知，则认定遵守了这些条款
特拉华	Del.Code Ann. 第 6 条第 12B-101 至 12B-106 款 (2005-06-28)	未加密的计算机化个人信息安全受到侵犯时，若通过调查有充足证据判定特拉华州某个居民的信息已经被滥用或很可能被滥用，则应通知消费者。若法人受本州或联邦法律管理约束，根据本州或联邦主要管理部门制定的法律、规章制度或指导方针制定了相应的诉讼程序，并在侵犯安全的事件发生后及时通知了有可能受影响的居民，则认定遵守了这些条款
哥伦比亚特区	DC Code Sec 28-3851 等 (2007-01-01)	商业部门或政府部门保存的未加密、计算机化或其他电子格式的个人信息安全受到侵犯时，应通知消费者。这些条款不适用于受《格雷姆-里奇-比利雷法案》管理约束的法人，也不适用于按照自己制定的通知程序及时通知消费者的法人和按照自己制定的安全政策实际上已经通知消费者的法人

续表

州	法律条款 (颁布时间)	要求
佛罗里达	Fla. Stat. Ann. 817.5681 等 (2005-07-01)	本州商人保存的未加密、计算机化个人信息的安全、保密性或完整性受到侵犯时,应通知消费者。若经过调查或向执法部门咨询,判定没有发生且不会发生损害个人的安全事件,则不必通知。与判定相关的各种书面材料应当保存 5 年。若法人按照自己制定的通知程序及时通知了消费者,或者履行了主要管理部门制定的通知程序,则认定遵守了这些条款
佐治亚	Ga.Code Ann. 10-1-910 等 (2007-05-24)	信息经纪人或数据采集者保存的计算机化个人信息的安全、保密性或完整性受到侵犯时,应通知消费者
夏威夷	HRS Sec 487N-1 等 (2007-01-01)	发生未经授权访问(或获取)含有个人信息的未加密(或未准备出版)的档案或数据的安全事件时,若已经发生或很可能发生非法使用个人信息的情况而造成损害个人利益的风险,则应通知消费者。受《联邦政府机构有关未经授权访问消费者信息和通知消费者应急方案的指导方针》约束或受 HIPAA 法案中相关医疗保健规定约束的财政部门,不必遵照这些条款进行通知
爱达荷	Id.Code Ann. 28-51-104 (2006-07-01)	未加密、计算机化个人信息的安全受到侵犯时,若法人经过调查有充足证据判定已经发生或很可能发生滥用爱达荷州居民信息的情况,则应通知消费者。受州或联邦法律管理约束并遵守相关法律程序的法人,不必遵照这些条款进行通知
伊利诺斯	ILCS Sec. 530/1 等 (2006-01-01)	个人或政府部门信息系统中保存的个人信息的安全、保密性或完整性受到侵犯时,应通知消费者。若法人在信息安全政策个人信息处理方面有自己的一套通知程序,并且能够及时通知消费者,则不必遵照这些条款进行通知
印第安纳	Ind. Code Sec.4-1-11 等 (2006-06-30)	政府部门保存的计算机化个人信息的安全、保密性或完整性受到侵犯时,应通知消费者
	Ind. Code Sec.24-2-29 等 (2006-06-30)	当数据采集者知道、应当知道或本应当知道未经授权获取计算机化数据(包括计算机化数据被传送到其他介质中)的安全事件,已经导致或很可能导致盗用身份进行诈骗的犯罪活动时,应通知消费者。若法人拥有自己的一套防信息泄露程序,或者遵守了《美国爱国者法案》、《第 13224 号行政命令》、《公平信用报告法案》(FCRA)、《财务现代化法案》、HIPAA 法案,或者是遵守《联邦政府机构有关未经授权访问消费者信息和通知消费者应急方案的指导方针》的商务部门,则不必遵照这些条款进行通知
艾奥瓦	Iowa Code Chapter 2007-1154 (2008-07-01)	未加密、未经过编辑修改的电子格式个人信息安全受到侵犯时,应通知消费者。若经过调查有充足证据判定不可能对个人造成损害时,则不必通知。与判定相关的各种书面材料应当保存 5 年。若法人按照自己制定的通知程序及时通知了消费者,或者遵照州或联邦法律更好地保护了个人信息,或者遵照州或联邦主要执法部门制定的法律、规章制度、程序或指导方针至少达到了未泄露信息的要求,则不必遵照执行条款进行通知。受《格雷姆-里奇-比利雷法案》管理约束的法人,不受这些条款约束

续表

州	法律条款 (颁布时间)	要求
堪萨斯	Kansas Stat. 50-7a01, 50-7a02 (2007-01-01)	未加密、未经过编辑修改的电子格式个人信息安全受到侵犯时,若经过调查有充足证据判定已经发生或很可能发生滥用个人信息的安全事件,则应通知消费者
路易斯安那	La. Rev. Stat. Ann. Sec. 51 3071-3077 (2006-01-01)	本州商人侵犯到未加密、计算机化个人信息的安全、保密性或完整性时,应通知消费者。若数据拥有者经过调查有充足证据判定不可能对消费者造成损害,则不必通知。遵守联邦指导方针的财政部门也不必通知
缅因	Me. Rev. Stat. Ann. 10-21-B-1346 至 1349 (2006-01-31)	未加密、计算机化个人信息的安全、保密性或完整性受到侵犯时,若个人信息已经被未经授权的人获取,或者有充足证据确信个人信息已经被未经授权的人获取,应通知消费者。受州或联邦法律约束且遵守相关程序的法人,不必遵守这些条款进行通知
马萨诸塞	201 CMR 17.00 (2010-03-01)	发生未经授权获取未加密数据或加密电子数据及加密方法或密钥的安全事件,个人信息的安全、保密性或完整性受到危害,存在盗用个人身份进行诈骗的严重风险时,应通知消费者
密歇根	2006-PA-0566 (2007-07-02)	本州商人侵犯到未加密、计算机化个人信息的安全、保密性或完整性时,应通知消费者。若法人判定安全事件没有或不可能造成严重损害或者导致身份信息失窃时,则不必通知。这些条款不适用于财政部门和受 HIPAA 约束的法人
明尼苏达	Minn. Stat.324E.61 等 (2006-01-01)	本州商人侵犯到未加密、计算机化个人信息的安全、保密性或完整性时,应通知消费者。这些条款不适用于财政部门和受 HIPAA 约束的法人
蒙大拿	Mont. Code Ann 31-3-115 (2006-03-01)	个人或商业部门保存的计算机化个人信息的安全、保密性或完整性受到侵犯时,若安全事件已经对蒙大拿州居民造成了损害,或者有充足理由确信安全事件已经对蒙大拿州居民造成了损害,则应通知消费者。若法人在信息安全政策个人信息处理方面有自己的一套通知程序,并且能够及时通知消费者,则不必遵照这些条款进行通知
内布拉斯加	Neb. Rev. Stat. 87-801 等 (2006-07-16)	未加密、计算机化个人信息的安全受到侵犯时,若经过调查有充足证据判定已经发生或很可能发生滥用个人信息的安全事件,则应通知消费者。若法人有自己的一套通知程序并且能够及时通知消费者,或者法人采用的通知程序是其联邦主管部门制定的,则认定遵守这些条款
内华达	Nev. Rev. Stat. 607A.010 等 (2006-01-01)	数据采集者保存的未加密、计算机化个人信息(指政府部门、商业机构、社团协会等组织机构处理、收集、传播或以其他方式操作的未公开个人信息)的安全、保密性或完整性受到侵犯时,应通知消费者。若法人在信息安全政策个人信息处理方面有自己的一套通知程序并且能够及时通知消费者,或者受《格雷姆-里奇-比利雷法案》管理约束,则不必遵照这些条款进行通知

续表

州	法律条款 (颁布时间)	要求
新罕布什尔	NH RS 359-C：19 等 (2007-01-01)	发生未经授权获取个人信息的安全事件时,若判定个人信息已经或可能被滥用,则应通知消费者。若有足够证据判定已经发生或很可能发生滥用信息的情况,或者不能做出判定时,务必通知消费者。若法人在信息安全政策个人信息处理方面有自己的一套通知程序并且能够及时通知消费者,或者法人遵照 RSA 358-A:3 的要求从事商贸活动并遵照其主管部门制定的通知程序,则不必遵照这些条款进行通知
新泽西	NJ Stat 56:8-163 (2006-07-02)	商业部门或公共设施法人保存的未加密、计算机化个人信息的安全受到侵犯时,应通知消费者。若通过调查有充足证据判定不可能发生滥用信息的安全事件,则不必通知。有关调查的书面材料,应当保存 5 年。若法人在信息安全政策个人信息处理方面有自己的一套通知程序并且能够及时通知消费者,则不必遵照这些条款进行通知
纽约	NY. Bus. Law Sec. 899-aa (2005-12-08)	公有法人和私营法人保存的未加密或加密个人信息的安全受到侵犯时,应通知消费者
北卡罗来纳	N.C. Gen. Stat.75-65 (2005-12-01)	未加密、未经过编辑修改的书写、绘制、音频、视频或电磁个人信息的安全受到侵犯时,或者私营部门保存的加密个人信息的加密方法或密钥安全受到侵犯时,若有充足理由判定安全事件很有可能对北卡罗来纳州居民造成实质性的损害,则应通知消费者。受《联邦政府机构有关未经授权访问消费者信息和通知消费者应急方案的指导方针》约束的财政部门,不必遵照这些条款进行通知
北达科他	N.D. Cent. Code51-30 (2005-06-01)	北达科他州商人侵犯到未加密、计算机化个人信息的安全时,应通知消费者。这种个人信息包括出生日期、母亲结婚前的娘家姓氏、员工身份证号码、电子签名等。遵照联邦政府指导的财政部门,不必遵照这些条款进行通知
俄亥俄	O.R.C Ann.1349.19 等 (2006-02-17)	俄亥俄州政府部门、政治组织或商业机构保存的计算机化个人信息的安全或保密性受到侵犯时,若有充足理由确信,这种情况将会造成盗用个人身份诈骗俄亥俄州居民财产的风险,则应通知消费者。受联邦法律约束的财政部门、信托公司或信用合作社及其分支机构,不必遵照这些条款通知消费者,也不必通知遵守联邦法律的法人
俄克拉荷马	Okla. Stat. 74-3113.1 (2006-06-08)	俄克拉荷马州政府部门发现或收到通知,得知本州任何居民的未加密个人信息已经被或将会被未经授权的人获取后,应把这种侵犯电子数据安全的事件通知消费者。若政府部门、理事会、委员会或政府下属单位等法人,在信息安全政策个人信息处理方面有自己的一套通知程序,并且能够及时通知消费者,则不必遵照这些条款进行通知
俄勒冈	O.R.S.646A.604 (2007-10-01)	发生未经授权获取计算机化数据的安全事件,危害到法人保存的个人信息的安全、保密性或完整性时,应通知消费者。若经过调查或通过咨询联邦、州或当地的执法部门,有充足证据判定这种安全事件不可能对消费者造成损害,则不必通知。判定情况应当形成书面材料并保存 5 年。若法人遵照州或联邦法律,自己制定了一套通知程序,能够更好地保护个人信息,至少能遵照州或联邦主管部门制定的法律、规章制度、程序或指导方针防止信息泄露,则不必遵照这些条款进行通知。听从联邦政府指导的财政部门,也不必遵照这些条款进行通知

州	法律条款 （颁布时间）	要求
宾夕法尼亚	73 Pa. Cons. Stat.2303 （2006-06-30）	宾夕法尼亚州政府部门、政治组织或商业机构保存的计算机化个人信息的安全或保密性受到侵犯时，若有充足理由确信，这种个人信息已经被未经授权的人访问或获取，则应通知消费者。若法人在信息安全政策个人信息处理方面有自己的一套通知程序，并且能够及时通知消费者，则不必遵照这些条款进行通知。受《联邦政府机构有关未经授权访问消费者信息和通知消费者应急方案的指导方针》约束的财政部门，不受这些条款约束
波多黎各	10 L.P.R.A4051 等 （2006-01-05）	若未加密个人信息的安全、保密性或完整性受到侵犯，导致这种个人信息已经准许未经授权的人员访问，或者已经知道或有充足理由判定，怀有不法意图的未经授权人员已经访问了这种个人信息，则应通知消费者
罗得岛	RI Gen. Law 11-49.2-3 至 11-49.2-7 （2006-03-01）	未加密、计算机化个人信息的安全、保密性或完整性受到侵犯时，若安全事件造成个人信息已经被未经授权人员访问，或者有充足理由确信个人信息被未经授权人员访问，从而存在个人身份被盗用的严重风险，则应通知消费者。若经过调查或通过咨询联邦、州或当地的有关执法部门，有充足证据判定这种安全事件没有且不可能对消费者造成损害，则不必通知。这些条款不适用于遵守 HIPAA 法案的法人和遵守《联邦政府机构有关未经授权访问消费者信息和通知消费者应急方案的指导方针》的财务部门。遵守州或联邦其他法律的法人，只要能够更好地保护消费者，就不必遵照这些条款通知消费者
南卡罗来纳	SC Code §1-11-490 等 （2009-01-01）	未加密、未经过编辑修改的计算机化个人信息的安全受到侵犯时，或者加密信息的密钥遭到破坏时，若已经发生或者有充足理由确信将会发生非法使用个人信息的安全事件，对消费者构成了"实质性损害风险"，则应通知消费者。若法人在信息安全政策个人信息处理方面有自己的一套通知程序，并且能够及时通知消费者，则不必遵照这些条款进行通知
田纳西	Tenn. Code. Ann 47-18-21 （2005-07-01）	发生未经授权获取计算机化数据的安全事件，危害到个人信息的安全、保密性或完整性时，应通知消费者。本条款不适用于受《格雷姆-里奇-比利雷法案》第五条约束的法人
得克萨斯	Tex. Bus & Com. Code Ann 4-48-103 （2005-09-01）	本州商人侵犯到未加密、计算机化个人信息的安全、保密性或完整性时，应通知消费者。若法人在信息安全政策个人信息处理方面有自己的一套通知程序，并且能够及时通知消费者，则不必遵照这些条款进行通知
犹他	Utah Code 13-44-101 等 （2007-01-01）	未采取防盗用安全防护措施的计算机化个人信息受到侵犯时，应通知消费者。若法人遵照州或联邦其他法律通知了犹他州受影响的每个居民，则不受这些条款约束

续表

州	法律条款 (颁布时间)	要求
佛蒙特	Vt. Stat. Tit 9 Sec. 2435 (2007-01-01)	若通过调查发现滥用个人信息的安全事件已经发生,或者有充足理由确信将会发生盗用个人身份或电子诈骗等犯罪活动,则应通知消费者。若数据采集者有充足证据判定不可能发生滥用个人信息的情况,则不必通知。数据采集者应当向司法部长提供通知及相关解释说明材料。若数据采集者持有银行、保险、证券或医疗等部门机构的法人营业执照,还应当通知这些部门。受《联邦政府机构有关未经授权访问消费者信息和通知消费者应急方案的指导方针》约束的财政部门,不受这些条款约束
美属维尔京群岛	14 V.I.C.2208 等 (2005-10-17)	未加密、计算机化个人信息的安全受到侵犯时,若有充足理由确信个人信息已经被未经授权人员获取,则应通知消费者。若法人在信息安全政策个人信息处理方面有自己的一套通知程序,并且能够及时通知消费者,则不必遵照这些条款进行通知
弗吉尼亚	Va Code18.2-186.6 (2008-07-01)	未加密、未经过编辑修改的计算机化个人信息的安全受到侵犯时,或者加密信息的密钥遭到破坏时,若法人有充足理由确信所保存的个人信息已经被未经授权人员访问和获取,已经导致或将会导致盗用身份或电子诈骗等犯罪活动,则应通知消费者。若法人在信息安全政策个人信息处理方面有自己的一套通知程序,并且能够及时通知消费者,或者法人采用了联邦管理部门制定的通知程序,则不必遵照这些条款进行通知。这些条款不适用于受《格雷姆-里奇-比利雷法案》约束的法人
华盛顿	RCW 42.17 等 (2005-07-24)	个人、商业组织、政府部门侵犯到未加密、计算机化个人信息的安全、保密性或完整性时,应通知消费者。若是在技术方面侵犯了计算机系统的安全,并且不可能对消费者带来刑事犯罪活动的风险,则不必通知。若法人在信息安全政策个人信息处理方面有自己的一套通知程序,并且能够及时通知消费者,则不必遵照这些条款进行通知
西弗吉尼亚	WV Code 46A-2A-101 等 (2008-06-26)	未加密、未经过编辑修改的计算机化个人信息的安全受到侵犯时,或者加密信息的密钥遭到破坏时,若法人有充足理由确信所保存的个人信息已经被未经授权人员访问和获取,已经导致或将会导致盗用身份或电子诈骗等犯罪活动,则应通知消费者。受《联邦政府机构有关未经授权访问消费者信息和通知消费者应急方案的指导方针》约束的财政部门,不受这些条款约束
威斯康星	Wis. Stat. 895.507 (2006-03-16)	未加密、未经过编辑修改的计算机化个人信息(包括 DNA 和生物特征数据)的安全受到侵犯时,或者受到任何方式的改动而不能读取时,应通知消费者。若这种情况并未造成盗用身份或电子诈骗等实质性风险,则不必通知
怀俄明	W.S. 40-12-501 至 509 (2007-01-01)	发生未经授权获取计算机化数据的情况,对个人识别信息的安全、保密性或完整性造成实质性破坏,经过调查有充足证据判定已经发生或很可能会发生滥用个人验证信息的安全事件,应当通知消费者。受《格雷姆-里奇-比利雷法案》约束的财政部门,受 12 USC §1752 条款约束的信用合作社,不必遵照这些条款进行通知

附录 K　工作安全声明示例

1. 概述

1）总体目标

（1）供应商认同购买方的主要目标是：

① 确定供应商根据本协议向购买方出售或提供的设备中所包含的与安全相关的漏洞；

② 确定购买方网络（该网络的开发与本协议有关）部署架构（包括物理、地理与逻辑）中所包含的与安全相关的漏洞；

③ 以经济、及时的方式降低所发现的漏洞的影响。

（2）供应商同意与购买方合作并尽最大努力支持购买方实现上述目标。

（3）供应商进一步承认，购买方仍在评估其根据本协议购买的产品所需要的安全能力。供应商同意尽快对购买方下述相关问题做出回应：①产品最突出的安全能力是什么；②产品中目前并不突出、但根据产品规划、路线图在可预见的未来能够纳入到产品当中的能力是什么，能力预计可用日期，对供应商和购买方的成本影响，以及任何推荐的替代能力。

2）安全要求合规性

（1）供应商需负责确保其产品符合下述文件（附属本协议且为本协议的一部分）中所阐明的安全要求。

① 附件 A：安全要求遵规承诺电子表格。

② 附件 B：其他管理系统安全要求。

③ 附件 C：其他要素安全要求。

④ 附件 D：供应商安全路线图。

附件 A、附件 B 和附件 C 代表了信息处理与数据通信行业普遍接受的安全实践。作为供应商根据本协议条款正在开展的产品开发程序的一部分，供应商应集成符合此类安全要求的功能。

双方应诚挚磋商，确定附件 B 附加协议来详细说明此类要求。

（2）在供应商产品与购买方管理系统间传输的所有以互联网协议为基础的管理、控制、信令信息，应使用附件 B 中规定的互联网工程任务组（IETF）IPsec 协议进行保护。

（3）供应商与购买方应在后续会议中就 IPsec 配置与功能具体情况达成一致。

3）购买方提供的设备

购买方将提供硬件和操作系统软件，供应商管理应用软件将在上述硬件和操作系统软件上执行/驻留。

2. 购买方 Windows 操作系统加固要求

如果供应商提供的任何计算设备上使用了微软操作系统软件，则供应商应遵守本部分明确的要求。只有当供应商向购买方证明，遵守规定会导致系统故障或应用故障时，购买方才可就本部分要求批准例外情况。但是，在此种情况下，供应商应同意寻求并合理实施软件修复以消除系统/应用与相关要求间的冲突。关于寻求并合理实施软件修复以消除系统/应用与相关要求间冲突的进展情况，供应商应每季度进行一次汇总报告。

(1) 所有使用微软操作系统的机器在进行配置时要应用"最小特权"访问控制概念。只有被允许的服务和该设备业务功能运行所必需的协议才能运行。

(2) 只能使用 NTFS 文件系统。

(3) 应该安装最新可用服务补丁。

(4) 供货商应检查是否已经为每位用户创建了账户，包括系统管理员。

① 默认管理员账户应该重命名。

② 禁用来宾账户。

③ 清除所有不必要的账户——重复账户、测试账户等。

(5) 应该使用注册表命令对注册表进行下述安全修改。预先审核的购买方通用警告信息如下所示。在适当时，可使用"网络"一词来代替"系统"。

注意

本系统仅供授权用户开展合法公司业务使用。为适当管理系统，将对用户进行必要监控，识别未授权用户或超出其权限操作的用户，调查不当访问或使用情况。访问本系统，表明您已同意此种监控措施。

---

① 安装批准的警告标语。

"注意"位于 HKLM\Software\Microsoft\Windows
NT\CurrentVersion\Winlogon\LegalNoticeCaption
警告标语位于 HKLM\Software\Microsoft\Windows
NT\CurrentVersion\Winlogon\LegalNoticeText。

② 禁用 DirectDraw——防止直接访问视频硬件和内存，可能影响部分需要使用 DirectX(游戏)的程序，但大部分业务应用程序不会受到影响。

HKLM\SYSTEM\CurrentControlSet\Control\GraphicsDrivers\DCI
将 REG_DWORD 超时值设置为 0。

③ 关闭时清除页面文件。部分程序会在内存中存储密码及其他敏感信息。执行这一操作可清除这些信息。

HKLM\SYSTEM\CurrentControlSet\Control\Session

Manager\Memory Management

并将 ClearPageFileAtShutdown 的值设置为 1。

④ 禁用匿名登录。

HKLM\SYSTEM\CurrentControlSet\Control\Lsa

并设置 RestrictAnonymous=dword 00000002。

⑤ 保护防止感染.REG 木马文件。

HKLM\Software\Classes\regfile\shell\open\command

并且 value= @="notepade.exe\"%1\"''。

⑥ 不允许 ICMP 重新定向。

HKLM\SYSTEM\CurrentControlSet\Services\Tcpip\Parameters

并且 EnableICMPRedirect=0。

⑦ 启用 SYN-ACK 保护。

HKLM\SYSTEM\CurrentControlSet\Services\Tcpip\Parameters

并且 SynAttackProtect=1。

⑧ TCP\IP 过滤所有输入的 UDP 数据报、原始 IP 数据报和 TCP SYN。

HKLM\SYSTEM\CurrentControlSet\Services\Tcpip\Parameters

并且 EnableSecurityFilters=1。

⑨ 确定系统是否加载微软互联网信息服务器(IIS)(即使没有使用 IIS,注册表也必须进行修改)。

HKLM\Software\Microsoft\DataFactory\HandlerInfo

并且 HandlerRequired=1。

(6)如果存在,那么有以下几种情况。

① 删除 OS/2 子系统。

删除或禁用 WINNT\System32 文件夹内的下列文件:Os2.exe,Os2srv.exe,Os2ss.exe。

② 删除 POSIX 子系统。

删除或禁用 WINNT\System32 文件夹内的下列文件:Psxdll.dll,Posix.exe,Pax.exe,Psxss.exe。

(7)打开"管理工具"文件夹内的本地安全策略,检查/修改下述选项(表 K.1)。

① 账户策略-密码策略。

强制密码历史=4 个记住的密码

密码最长使用期限=90 天

密码最短使用期限=2 天

密码长度最小值=6 字符(建议使用 8 字符)

密码必须符合复杂性要求=已启用

② 账户策略–账户锁定策略。

账户锁定时间=30 分钟

账户锁定阈值=3 次无效登录

重置账户锁定计数器=30 分钟之后

(8)安全策略。管理工具>本地安全策略>本地策略>安全选项。

① 启用"不在登录屏幕中显示最后成功登录的用户名称。"

② 启用"在关机时清除虚拟内存页面文件。"

③ 启用"数字签名服务器通信(如果可能)。"

④ 禁用"允许系统在未登录的情况下关闭。"

(9)启用审核。

打开"管理工具"文件夹内的本地安全策略,检查/修改下述选项(表 K.1)。

表 K.1 本地策略–审核策略

事件	级别
账户登录事件	成功,失败
账户管理	成功,失败
登录事件	成功,失败
对象访问	成功
策略更改	成功,失败
特权使用	成功,失败

(10)访问控制。

要在目录或文件级别设置访问权限,在目录或文件名上单击右键。选择"属性";选择"安全"标签。

① 添加允许访问的组或用户。

② 为添加的组选择适当的允许权限。

③ 只要可能,就删除"Everyone"组。

应该根据"最小权限"访问控制概念授予用户文件夹访问权限。根据访问需求,执行组策略来实现本安全目标。

使用访问控制来保护"特殊"二进制文件和系统文件。保护这些可执行文件和二进制文件包括,确保只有"管理员"组对 C:\WINNT\System32 目录、C:\BACKUP 目录、C:\I386 目录和 C:\DOS 目录拥有可执行访问权限。

如果服务器服务已启用,则删除所有本地驱动器默认隐藏共享(如 C$、D$等)。

不允许使用 pcAnywhere 进行外部远程访问(拨号)。

(11)检查\WINNT 文件夹的安全权限。

① 删除"EVERYONE"。

② 检查\WINNT\System32\spool\Drivers 的安全权限。这可防止用户上传包含木马的驱动程序而分发给其他用户。

a. 删除"EVERYONE"。

b. 将"用户"更改为读取及执行。

(12)关闭不必要的服务。许多服务在安装过程中被安装并启用。下列服务是可以接受的(表 K.2)。

表 K.2 可接受服务

Computer	TCP/IP NetBIOS	NTLM SSP	WINS
browser	Helper		
Microsoft	Spooler	RPC Locator	Workstation
DNS Server			
Netlogon	Server	PRC Service	Event Log
Window	Task Scheduler	Plug and Play	Norton Services
management			
Network			
connection			

(13)安全模板。

Windows 附带了许多安全模板。在执行这些模板时应使用警告提示。需要特别注意的是,模板内的安全设置可能需要进一步修改以确保适当的安全级别。模板位于 Windows 根目录(通常为 WINNT)下\Security\Templates。下列模板可以在高级别安全环境下使用,如购买方网络。这些模板对基础模板增加了额外安全设置。

① Securedc.inf 和 Hisecdc.inf——供域控制器使用。

② Securews.inf 和 Hisecws.inf——供成员服务器和工作站使用。

下列模板只可在低级别安全环境下使用,因此不能在购买方网络内使用。

① Basicwk.inf——供 Windows 2000 专业版使用。

② Basicsv.inf——供 Windows 2000 服务器使用。

③ Basicdc.inf——供基于 Windows 2000 的域控制器使用。

(14)限制网络共享数量。

① 限制对受信任组和用户的访问。

② 在共享文件夹或驱动器上单击右键,单击共享。

③ 单击权限。添加或删除适当的用户或组。

(15)必须分配系统管理员。

(16)禁用转储文件创建转储文件可帮助排查原因不明的系统崩溃故障，并且可能向黑客提供敏感信息。这一功能可以必要时开启。

ControlPanel>System>Advanced>Startup and Recovery
并将"write debugging information"选项修改为 none。

(17)BIOS 应使用密码保护，并且只有系统管理员可以访问。

(18)更改 BIOS 内的启动顺序，将 C 盘驱动器调整到第一行。

(19)将屏幕保护程序设置为 15 分钟或以下，并启用密码保护。所有用户均应进行设置。

(20)应安装、启用 Windows 2000/2003 Norton AntiVirus 软件，并设置为每周至少更新一次。

(21)核实已经应用所有适用的 Microsoft 补丁和修复。

(22)不可启用任何可移动介质(软盘、CD ROM 等)，这些可移动介质可能会允许系统管理员以外的其他人下载/上传数据。

3. 购买方 IPSEC 使用要求

对于使用 IPsec 的网络接口，供应商应遵守下列要求。

(1)所有要素应执行 IETF RFC2409 规定的互联网密钥交换(IKE)协议和 IETF RFC2408 规定的互联网安全联盟密钥管理协议(ISAKMP)。

(2)IKE/ISAKMP 执行应支持使用预共享密钥进行"对等实体"验证。

(3)IKE/ISAKMP 执行应以 RSA 公开密钥加密和 X.509v3 数字证书为基础，支持使用数字签名进行"对等实体"验证。

(4)所有要素都应实现下述功能，即能够将预共享密钥、RSA 个人密钥、X.509v3 数字证书加载到要素当中。

(5)预共享密钥和 RSA 个人密钥加载应支持根据 PKCS#10 封装数据内容类型加密的预共享密钥和 RSA 个人密钥。

(6)预共享密钥和 RSA 个人密钥加载应支持根据 PKCS#12 封装数据内容类型加密的 RSA 个人密钥和数字证书。

(7)预共享密钥和 RSA 个人密钥加载需要授权的管理员输入密码才可执行。

(8)IKE/ISAKMP 执行应支持"积极模式"。

(9)已执行的 ISAKMP 保护组件应包括传输模式下使用 HMAC-MD5-96 进行空加密的 IPsec ESP。

(10)已执行的 ISAKMP 保护组件应包括传输模式下使用 HMAC-SHA1-96 进行空加密的 IPsec ESP。

(11)所有要素应执行 RFC2410。

(12) 所有要素应根据 IETF RFC2403 的规定执行 HMAC-MD5-96 算法。

(13) 所有要素应根据 IETF RFC2404 的规定执行 HMAC-SHA1-96 算法。

(14) 所有要素应根据 IETF RFC3706 的规定执行失效对端检测。

4. 附件列表

供应商与购买方承认并同意下述附件构成附录 A-3 的一部分。如果附录 A-3 中的要求与附件中的要求出现冲突，则应优先适用附录 A-3 中的条款要求 (表 K.3)。

表 K.3　附件要求

附件	标题	附件文件名
A	安全要求遵规承诺电子表格	附录 A-3 附件 A—工作声明 (SOW) 要求.xls
B	其他管理安全要求	附录 A-3 附件 B—管理.doc
C	其他要素安全要求	附录 A-3 附件 C—要素.doc
D	供应商安全路线图	附录 A-3 附件 D—供应商安全路线图.doc

附录 L　Solaris 操作系统审查程序示例

1) 核对主机名称、系统类型、系统发行许可证、系统版本

键入 uname -a。

2) 登录系统

(1) 登录提示符的前面是否正确显示警告标语？

(2) 警告标语是否位于/etc/issue 位置。

在《运营信息安全政策》文件中可以找到警告标语授权方面的信息。

3) 检查 umask

键入 umask。

(1) 把 umask 设置为 027，或者根据需要设置为更高数值。

(2) 输入/etc/profile 或/etc/default/login。

4) 测试用户密码 (可试着改为非法密码)

键入 passwd。

密码应至少 8 个字符。

5) 获取/etc/passwd 和/etc/shadow 文件清单

(1) 确认有一个具备身份证明用户账号，UID 为 0。

若多个账户的 UID 为 0，应设置为禁用。

(2)确认所有用户都使用同一个密码登录，否则设置为禁用。

(3)确认用户都有自己独特的 UID。

① 检查 GECOS 域有无不需要的信息。

② GECOS 中不应当有系统管理信息。

(4)所有主机都应当使用镜像 Shadow 文件。

(5)/etc/shadow 不应当让全局都能读写。准许 400 份文件。

(6)/etc/shadow。

① 检查密码。

② 检查密码是否过期，最多 90 天。

(7)检查和关闭 6 个月中未使用的休眠账户。

(8)用户应当能够改动自己的密码。

(9)应当把不需要的系统登录选项设置为禁用。

(10)检查新用户在最初登录时是否不得不改换密码。

(11)应当把 FAILLLIMIT（失败次数限定）选项设置为 3 次（连续输错 3 次密码就会锁定）。

6）获取/etc/group 文件清单

(1)检查密码是否已禁用。

任何登录不得有根目录之类的系统组。

(2)确认/etc/group 中没有密码。

(3)检查 0 值的登录 GID。

7）检查全局都能读写的目录

键入 find /-type d -perm -0002 -exec ls -ld { } \; >writable_dirs。

(1)只有全球都能读写的目录才应当成为 Spool/public 目录，才应当设置黏性位。

(2)查看系统目录。

8）检查全局都能读写的文件

键入 find/ -type f -perm -0002 -exec ls -ld { } \; >writable_files。

查看系统文件。

9）获取根目录 crontab 文件清单和其他所有账户 crontab

键入 pg/var/spool/cron/crontabs/root。

(1)确认允许的文件是 660 份。

(2)键入 ls -l/var/spool/cron/crontabs。

(3)键入 ls -l/var/spool/cron/atjobs。

(4)若只有 1 个 Crontab，则确认只许超级用户访问。

(5)掌握每个程序的功能。

(6)检查 cron.allow、cron.deny、at.allow 和 at.deny 文件。

10)获取启动过程中使用的/etc/inittab 文件清单

(1)键入 pg/etc/inittab。

(2)确认超级用户的终端只为 1 个用户启用。

(3)检查许可权限，不得为全局都能读写。

① /etc/inittab。

② /etc/init.d。

③ /sbin/rcx，其中 x=0,1,2,3,6。

(4)所有启动脚本文件，都应当有一个全面完整的路径说明。

11)获取 sulog 文件清单

(1)键入 pg/var/adm/sulog。

① 确认只有经过授权用户才有超级用户访问权限。

② 查找想获取超级用户访问权限但未得逞的尝试失败信息。

(2)检查 pg/var/adm/syslog。

(3)检查 pg/var/adm/loginlog（尝试登录失败）。

12)检查根目录的主目录

确认当前目录(.)不属于默认路径。

键入 echo $PATH。

13)确认没有.rhosts 文件

键入 find/ -name .rhosts -print。

14)确认没有.netrc 文件

键入 find/ -name .netrc -print。

15)检查 hosts.equiv 文件，确认谁是受信任的主机

(1)hosts.equiv 文件中不得有+或−，不能没有用户名。

(2)只有系统管理员的主机才是受信任的主机。

键入 find/ -name hosts.equiv -print。

16)审查/etc/default/login 文件

CONSOLE=/dev/console。

防止直接登录根目录，但控制台除外。

17) 获取 inetd.conf 文件清单

键入 pg/etc/inetd.conf。

(1) 检查服务，关闭不需要的服务项目。

(2) 应当关闭下列服务项目：

　　echo　　daytime chargen　time　　finger

　　discard　rusers　　　　wall　　　　　　　spray　　rex

(3) 检查需要使用的 HTTP 服务，若不需要使用则关闭。

访问日志。

(4) 检查 smtp(25) 简单邮件传输协议。

① 确认/etc/rc2.d 和/etc/rc3.d 文件中有 S88smtp。

② 关闭。

(5) 检查 uucp 协议。

① 若不需要则关闭。

② 检查 uucp 所拥有的文件。

③ 确认没有标准外壳。

④ 检查登录账户和密码。

(6) 检查 tftp 协议。

① 以安全模式运行。

② 检查 nfs(网络文件系统)。

(7) 键入 showmount -e xxxx，其中 xxxx=主机。

① 显示能够安装哪些文件。

② 只把所需要的目录和文件设置为只读模式。

(8) 键入 pg/etc/dfs/dfstab。

① 显示能够安装和允许访问的文件。

② 有些主机(作为终端引导的主机)可能需要 nfs 网络文件系统或 tftp 协议。

关闭不需要的服务，保障其他服务的安全。

18) 获取/etc/ftpusers 文件清单

(1) 该文件清单中含有不用文件传输协议的登录文件。

该文件清单上应当有系统登录文件。

(2) 在/etc/passwd 文件清单中查找文件传输协议中有无匿名文件传输协议。

① 确认没有匿名文件传输协议。

② 文件传输协议应当为最新版本。

19) 主目录应当只能让机主读写

(1) 键入 ls -l/home。

(2)检查独特的主目录。

20)确认除了系统管理员，用户没有系统提示符，只有菜单
(1)确认没有 telnet(远程登录协议)。
(2)确认没有 ftp(文件传输协议)。
(3)确认没有"r"命令。

-----<审查程序结束>-----

附录 M　Windows XP 专业版操作系统基本加固程序

1)检查操作系统版本
确保正在使用 NTFS 文件系统。

2)安装最新补丁包
第 3 版或更新版本的补丁程序。

3)用户账户
(1)查看是否采用标准的组织机构员工 ID，为每个用户(包括系统管理员)创建了账户。
(2)禁用来宾账户。
(3)清除所有不需要的账户(复制的账户、试验用账户、退休人员账户等)。

4)下列程序用于在注册时使用 regedit 命令改动安全控制措施
(1)安装运营信息安全政策文件批准的警告标语。
①　HKLM\Software\Microsoft\Windows\CurrentVersion\policy\system\LegalNotice-Caption
(专用系统通告 NOTICE—PROPRIETARY SYSTEM 所在位置)。
②　HKLM\Software\Microsoft\Windows\CurrentVersion\policy\system\Legal-NoticeText
(警告标语信息所在位置)。
(2)禁用 DirectDraw——防止直接访问视频硬件和存储器，可能会对一些需要 DirectX(游戏)支持运行的程序产生影响，但是大多数商业应用程序不会受影响。

HKLM\SYSTEM\ CurrentControlSet\Control\GraphicsDrivers\DCI
把 REG_DWORD 的暂停时间设置为 0。
(3)关机时清除分页文件。某些程序在内存中保存密码和其他敏感信息；这种方法将会清除这些信息。

HKLM\SYSTEM\CurrentControlSet\Control\Session Manager\Memory Management

把 ClearPageFileShutdown value 的数值改为 1。

(4)禁用匿名登录。

HKLM\SYSTEM\ CurrentControlSet\Control\Lsa
设置 RestrictAnonymous=deword 00000002。

(5)防备 Trojan.REG 文件。

HKLM\Software\ Classes\regfile\shell\open\command
设置 value=@="notepad.exe\"%1\""。

(6)禁止 ICMP 改变方向。

HKLM\SYSTEM\ CurrentControlSet\Services\Tcpip\Parameters
设置 EnableICMPRRedirect=0。

(7)打开 SYN-ACK 保护。

HKLM\SYSTEM\ CurrentControlSet\Services\Tcpip\Parameters
设置 SynAttackProtect=1。

(8)TCP\IP 对输入的所有 UDP 数据报、原始 IP 数据报、TCP SYN 进行过滤。

HKLM\SYSTEM\ CurrentControlSet\Services\Tcpip\Parameters
设置 EnableSecurityFilters=1。

(9)判定系统是否安装了微软公司开发研制的互联网信息服务器(IIS)(即便安装了这种服务器但未使用，注册时也要改动)。

HKLM\Software\ Mircosoft\DataFactory\HandlerInfo
设置 HandlerRequired=1。

5)密码策略

管理工具>本地安全策略>账户策略>密码策略，内容如表 M.1 所示。

表 M.1　密码策略

执行密码历史记录	记录 2 个或更多密码
密码最长使用时限	90 天或更多
密码最低长度	至少 6 个字符
密码应符合复杂性要求	启用

6)账户锁定策略

管理工具>本地安全策略>账户策略>账户锁定策略，内容如表 M.2 所示。

表 M.2　账户锁定策略

账户锁定期限	15 分钟
账户锁定限定次数	3 次无效尝试
账户锁定后解锁	15 分钟

7）安全策略

管理工具>本地安全策略>本地策略>安全策略，内容如表 M.3 所示。

表 M.3　安全策略

登录时不在屏幕上显示最后登录的用户名	启用
系统关闭时清除虚拟内存中的分页文件	启用
数字签名服务器通信（可能的话）	启用
允许不用登录就可关闭系统	禁用

8）启用审查

管理工具>本地安全策略>本地策略>审查策略，内容如表 M.4 所示。

表 M.4　启用审查

审查账户登录事件	成功，失败
审查账户管理	成功，失败
审查登录事件	成功，失败
审查访问对象	成功，失败
审查策略改动	成功，失败
审查权限使用	成功，失败
审查系统事件	成功，失败

9）事件查看器

管理工具>事件浏览器。

单击右键，查看"属性"栏。若检查了"不得覆盖事件信息"，则应手动清除日志。定期查看日志。

10）关闭不需要的服务项目

安装系统期间，会安装和启动很多服务项目。表 M.5 中服务项目在管理文件夹中是可接受的开放式服务。

表 M.5　可接受的开放式服务

计算机浏览器	TCP/IP	网络基本输入输出系统助手（NetBIOS Helper）
微软域名服务器	Spooler	Netlogon 服务器
NTLM	SSP	WINS
RPC 定位器	工作站	RPC 服务
事件日志	即插即用	"诺顿"服务
视窗管理	任务规划器	网络连接

11）限制网络共享数量

限制访问受信任的工作组和用户。

右键单击共享的文件夹或驱动器，单击共享。

单击许可和添加、删除有关用户或工作组。

12) 务必任命系统管理员

13) 禁用"垃圾文件创建"

垃圾文件有助于检修无法解释的系统崩溃，但也会为黑客提供敏感信息。若需要时再打开此项功能。

Control Panel>System>Advanced>Startup and Recovery

把"Write debugging information（记下调试信息）"的选项改为"none（否）"。

14) 务必使用密码保护基本输入输出系统（BIOS）

只许系统管理员访问该系统。

15) 改动基本输入输出系统中的引导顺序，把 C 盘设置为第一引导区

16) 设置屏幕保护程序等待时间为最多 15 分钟，并使用密码保护

这一设置必须适用于所有用户。

17) 安装 RSA SecurID 代理

18) 必须为 Windows XP 系统安装和启用"诺顿"杀毒软件，并把该软件的升级频率设置为至少每天 1 次（最好每天下午 5 点之后升级更新）

19) 为计算机提供物理安全防护

20) 确认相关的微软补丁程序和升级系统都已安装和启用

作为运行安全审查的部分技能，系统管理员务必了解补丁程序的动态，及时获取最新的补丁程序，并把补丁程序安装使用情况记录在案，供安全政策执行人员和内部审查人员使用。

21) 除系统管理员之外，任何人员都不得使用移动介质（如软盘、光驱等）上传或下载数据

22) 严禁使用嗅探类和扫描类软件工具

注意 1　添加应用软件可能会开启系统和网络服务项目。添加任何软件之后，都要反复检查，防止开启不需要的服务项目或留下安全漏洞和隐患。

注意 2　所建议的上述程序执行后，仅仅提供基本的安全配置。

对本地的计算机系统进行安全评估后，有可能需要对某些配置参数做出相应的改动，以便尽量减少安全漏洞和隐患。若计算机系统用作工作站而不是供系统管理员使用，则禁用一切移动介质。

附录 N 网络审查程序示例

1. 引言

高效的安全管理程序，有助于保持与提高计算机资源的可靠性和可用性。某个单位所有计算机的安全级别，与该单位信息安全政策中确立的网络要求和最低安全底线(Minimum Security Baseline，MSB)有直接或间接关系。确立最低安全底线，旨在保证联网计算机系统中的信息，不受网络中其他计算机系统的威胁。这套程序需要从技术方面理解计算机系统和网络的运行。这套程序：

(1)用专业术语表述；
(2)专门为操作系统制定；
(3)明确说明了网络构件的最低安全底线设置。

1)目的
制定审查程序的主要目的，是为了协助信息安全人员保障本单位网络的安全，防止未经授权的外部人员突防，防止获得授权的人员利用信息资源做出恶意行为，并尽可能地降低对广大用户的影响。

2)适用范围
这套程序适用于任何单位的分布式信息处理基础设施的所有构件，旨在防止分布式计算机、网络、数据被滥用和受到未经授权的访问。这套程序适用于各种网络外部连接设备，以及保障外部连接的设施(如公用网络设施)。

每个单位的信息安全政策和程序都会考虑网络诈骗、窃取信息、资源不可用等方面的安全威胁，不过这套程序并未说明如何应对这类安全威胁。

这套程序的某些内容与其他单位的信息安全文件发生矛盾冲突时，应当把这套程序视作权威性文件。

2. 外部网络安全审查清单

1)方法
应当把销售商提供的《安装与管理指南》用作参考文献。若每个系统上都有可用的安全工具，则经过授权的系统管理员或安全管理员应制定相关报告，用以协助审查。这份清单旨在为审查人员提供应当遵循的指导方针，确保审查时遵守受审单位的信息安全政策。

2）网络外部连接审查清单

遵照下列程序，检查核对本单位网络（不包括防火墙）的外部连接情况。

（1）确保本单位网络的所有外部连接都遵守本单位制定的信息安全政策。

（2）审查信息安全运营文件是否明确了各种网络构件的负责人。

（3）绘制网络外部连接图，确保结构布局方面的安全。

（4）审查所有网络外部构件的物理安全管控措施。

（5）审查所有网络外部构件的逻辑安全管控措施。

（6）检查调制解调器的连通性。

① 入站连接和出站连接。

② 串行线路网际协议（SLIP）。

③ 点对点协议（PPP）。

（7）审查路由器安全指导方针和远程访问流程。

（8）审查外部网页服务器指导方针。

（9）与有关工作人员探讨 IP 通道的使用情况和管控措施。

（10）审查专用分组交换机（PBX）指导方针。

（11）审查传真指导方针。

（12）审查移动设备（手机、智能电话、平板电脑、掌上电脑等）指导方针。

（13）确保有可用的工具监控网络外部构件。

① 收集信息输出情况报告。

② 判定每日检查安全事故时是否查看了这些报告。

（14）与有关工作人员探讨处理网络入侵事件的流程。

（15）与有关工作人员探讨网络构件的备用流程。

（16）审查安全补丁程序的安装使用流程，确保所有构件都安装运行最新版本的操作系统、应用软件和微码。

3）防火墙审查清单

遵照下列程序检查核对每个单位的防火墙情况。

（1）确认防火墙是正规商用软件，不是自己开发的"土货"。

（2）确保防火墙遵守相关的"ICSA 实验室防火墙认证标准模块"（安全底线、公司、企业、VoIP、高度可用性、IPv6）。

（3）审查接入互联网的操作授权和审批流程。

（4）绘制防火墙的外部连接和内部连接图，确保结构布局方面的安全。

（5）去除 inetd.conf 之类的文件中不需要的服务项目。

（6）确认 sendmail.cf 之类的文件配置得当。

（7）降低 printcap 之类的文件功能（无 lpd daemon）。

(8)确认主目录中没有.rhosts 类型的文件。

(9)审查密码文件(确认有一个隐含密码文件——开启了 C2 安全功能)。

(10)审查防火墙的筛选过滤规则(对所有应用软件都启用了这一安全策略),对照以往硬拷贝的信息判定变化情况。

(11)审查防火墙中使用的封堵和计量软件。

(12)检查哪些 TCP 和 UDP 数据包双向穿越防火墙,并检查通过中继站或代理服务器实现的连接,还要检查受拒绝的数据包发生什么情况,日志中是否记录了这种情况。

(13)确保对防火墙配置信息进行了备份且备份信息能够还原。查看程序中使用的日志文件和告警文件。特别要注意检查下列文件。

① sendmail.cf。

② fstab。

③ rc.config。

④ /etc/namedb/*(所有域名服务文件)。

⑤ syslog.conf。

⑥ inetd.conf。

⑦ screend.conf(只是网关)。

⑧ gated.conf。

⑨ 审计与计费文件。

(14)检查域名服务文件 nameservice(hosts 文件)是否配置得当。

(15)确保对日志文件和告警文件进行了审查并生成相关报告。

(16)确认只有通过控制台才可访问根目录。若需要远程访问,则只能用少量主机进行远程访问,并且用手持设备进行认证或者通过加密通道进行远程访问。

(17)确认没有可直接访问防火墙的拨号访问。

(18)确保防火墙上未配置和运行网络文件系统(NFS)。

(19)确保防火墙上未配置和运行 UNIX 至 UNIX 的拷贝(UUCP)。

(20)确认网络时间协议配置得当。

(21)确认 xdm 协议没有运行。

(22)确认防火墙物理安全。

(23)确保互联网与骨干网的实时连接标示得当。

(24)审查/etc/motd 文件是否只显示"禁止未经授权访问",确保没有使用带有"欢迎"字样的文本。

(25)审查防火墙上运行的安全工具和每个安全工具生成的最新报告。

(26)审查与防火墙相关的安全事态升级应对程序。

(27)确保安装最新版本的安全补丁程序。

(28)检查路由器安全策略清单，确保启用下列功能。

①数据包过滤。

②远程访问规则。

③控制台与远程访问。

④静态路由。

(29)确保未安装和配置网络信息服务(NIS，黄页)。

(30)确保未安装和配置 TFTP。

(31)审查每个网关箱的 inetd.conf 文件的配置，确保：在网关计算机上，除了一些特定端口上设置的网络陷阱(用于扫描网络刺探行为，向管理员告警)，把其他服务全都设置为禁用。

(32)审查防火墙的备份安全策略。

(33)确保最初安装防火墙时的原始备份信息能够使用。

附录 O　UNIX–Linux 操作系统审查程序示例

(其他版本的 UNIX 操作系统有可能在文件名称和位置方面稍微不同。)

1)核对主机名称、系统类型、系统发行许可证、系统版本

键入 uname –a。

2)登录系统

(1)登录提示符的前面是否正确显示欢迎标语。

(2)欢迎标语是否位于/etc/issue 位置。

(3)在《运营信息安全政策》文件中可以找到欢迎旗授权方面的信息。

3)检查 umask

键入 umask。

(1)把 umask 设置为 027，或者根据需要设置为更高数值。

(2)输入/etc/profile 或/etc/default/login。

4)测试用户密码(可试着改为非法密码)

键入 passwd。

密码应至少 8 个字符。

5)获取/etc/passwd 和/etc/shadow 文件清单

(1)确认有一个用户账户的 UID 为 0。

若多个账户的 UID 为 0，应设置为禁用。

(2)确认所有用户都使用同一个密码登录，否则设置为禁用。

(3)确认用户都有自己独特的 UID。

① 检查 GECOS 域有无不需要的信息。

② GECOS 中不应当有系统管理信息。

(4)所有主机都应当使用镜像 Shadow 文件。

(5)/etc/shadow 不应当让全局都能读写。准许 400 份文件。

(6)/etc/shadow。

① 检查密码。

② 检查密码是否过期，最多 90 天。

(7)检查休眠账户——SVR4——usermod—f 180 xxxx，其中 xxxx=登录，可使用最后用户账户、指纹或登录日志登录。

(8)用户应当能够改动自己的密码。

(9)应当把不需要的系统登录选项设置为禁用。

(10)检查新用户在最初登录时是否不得不改换密码。

(11)应当把 FAILLIMIT(失败次数限定)选项设置为 3 次(连续输错 3 次密码就会锁定)。

6)获取/etc/group 文件清单

(1)检查密码是否已禁用。

任何登录不得有根目录之类的系统组。

(2)确认/etc/group 中没有密码。

(3)检查 0 值的登录 GID。

7)检查全局都能读写的目录

键入 find /-type d -perm -0002 -exec ls -ld { } \; >writable_dirs。

(1)只有全局都能读写的目录才应当成为 Spool/public 目录，才应当设置黏性位。

(2)查看系统目录。

8)检查全局都能读写的文件

键入 find/ -type f -perm -0002 -exec ls -ld { } \; >writable_files。

查看系统文件。

9)获取根目录 crontab 文件清单和其他所有账户的 crontab

键入 pg/var/spool/cron/crontabs/root。

(1)确认允许的文件是 660 份。

(2)键入 ls -l/var/spool/cron/crontabs。

(3)键入 ls -l/var/spool/cron/atjobs。

（4）若只有 1 个 Crontab，则确认只许超级用户访问。

（5）掌握每个程序的功能。

（6）检查 cron.allow、cron.deny、at.allow 和 at.deny 文件。

10）获取启动过程中使用的/etc/inittab 文件清单

键入 pg/etc/inittab。

（1）确认超级用户的终端只为 1 个用户启用。

（2）检查许可权限，不得为全局都能读写。

（3）/etc/inittab。

（4）/etc/init.d。

（5）/sbin/rcx，其中 x=0,1,2,3,6。

（6）所有启动脚本文件，都应当有一个全面完整的路径说明。

11）获取所有 SUID 文件、SGID 文件和设备文件的清单

（1）键入 find/-perm -004000 -type f -print 获取 SUID 文件。

（2）键入 find/-perm -002000 -type f -print 获取 SGID 文件。

① 检查所有 SUID 文件和 SGID 文件是否有新文件。

② 所有设备文件都应当保存在/dev 目录中。

③ 除了/dev/null、/dev/tty、/dev/console 目录中的设备文件，其他设备文件都不应当为全局可读写文件。

12）获取 sulog 文件清单

键入 pg/var/adm/sulog。

（1）确认只有经过授权用户才有超级用户访问权限。

（2）查找想获取超级用户访问权限但未得逞的尝试失败信息。

13）检查根目录的主目录

（1）确认当前目录(.)不属于默认路径。

（2）键入 echo $PATH。

14）确认没有.rhosts 文件

键入 find/ -name .rhosts -print。

15）确认没有.netrc 文件

键入 find/ -name .netrc -print。

16）检查 hosts.equiv 文件，确认谁是受信任的主机

（1）hosts.equiv 文件中不得有+或-，必有用户名。

（2）只有系统管理员的主机才是受信任的主机。

键入 find/ -name hosts.equiv -print。

17) 审查/etc/default/login 文件

CONSOLE=/dev/console
防止直接登录根目录，但控制台除外。

18) 检查下列日志及其他日志
(1)/var/adm/syslog。
(2)/var/adm/loginlog（失败的登录尝试）。
(3)/var/adm/acct/sum/lastlogin（最近登录的所有用户）。

19) 获取 inetd.conf 文件清单
键入 pg/etc/inetd.conf。
(1) 检查服务，关闭不需要的服务项目。
(2) 应当关闭下列服务项目：

    echo   daytime   chargen   time   finger
(3) 检查需要使用的 HTTP 服务，若不需要使用则关闭。
访问日志。
(4) 检查 smtp(25) 简单邮件传输协议。
① 确认/etc/rc2.d 和/etc/rc3.d 文件中有 S88smtp。
② 关闭。
(5) 检查 uucp 协议。
① 若不需要则关闭。
② 检查 uucp 所拥有的文件。
③ 确认没有标准外壳。
④ 检查登录账户/文件和密码。
(6) 检查 tftp 协议。
以安全模式运行。
(7) 检查 nfs（网络文件系统）。
① 键入 showmount -e xxxx，其中 xxxx=主机。
② 显示能够安装哪些文件。
③ 只把所需要的目录和文件设置为只读模式。
④ 键入 pg/etc/dfs/dfstab。
⑤ 显示能够安装和允许访问的文件。
⑥ 有些主机（作为终端引导的主机）可能需要 nfs 网络文件系统或 tftp 协议。
关闭不需要的服务，保障其他服务的安全。

20) 获取/etc/ftpusers 文件清单

(1) 该文件清单中含有不用文件传输协议的登录文件。

该文件清单上应当有系统登录文件。

(2) 在/etc/passwd 文件清单中查找文件传输协议中有无匿名文件传输协议。

① 确认没有匿名文件传输协议。

② 文件传输协议版本应当为 WU2.1。

21) 主目录应当只能让机主读写

键入 ls -l/home。

检查独特的主目录。

22) 检查 SUID/SGID 文件

(1) 检查许可——4711。

(2) 参照基准运行 bash。

23) 确认除了系统管理员，用户没有系统提示符，只有菜单

(1) 确认没有 telnet(远程登录协议)。

(2) 确认没有 ftp(文件传输协议)。

(3) 确认没有"r"命令。

24) 检查 X-win 安全

(1) 确认使用了终端锁定(屏幕保护程序)密码。

(2) 确认终端配置参数设置使用了密码保护，并且只有系统管理员知道密码。

-----<审查程序结束>-----